Decker
Maschinenelemente
Tabellen und Diagramme

Decker

Maschinenelemente

Tabellen und Diagramme

Bearbeitet von Karlheinz Kabus, Frank Rieg,
Frank Weidermann, Gerhard Engelken
und Reinhard Hackenschmidt

17., aktualisierte Auflage

HANSER

Autoren:
Studiendirektor i. R. Karl-Heinz Decker (†), Berlin
Studiendirektor i. R. Dipl.-Ing. Karlheinz Kabus, Berlin
Bearbeiter:
Prof. Dr.-Ing. Frank Rieg, Universität Bayreuth, Federführender Bearbeiter
  (Kapitel 1.6, 14 bis 17, 19, 20)
Prof. Dr.-Ing. Frank Weidermann, Hochschule Mittweida
  (Kapitel 1.2, 1.4, 1.5, 4, 23, 24)
Prof. Dr.-Ing. Gerhard Engelken, Fachhochschule Wiesbaden, CIM-Zentrum Rüsselsheim
  (Kapitel 1.1, 2, 3, 18, 21, 22, 25 bis 30)
Dipl.-Wirtsch.-Ing. Reinhard Hackenschmidt, Universität Bayreuth
  (Kapitel 1.3, 5 bis 13)

Bibliografische Information der Deutschen Nationalbibliothek

Die Deutsche Nationalbibliothek verzeichnet diese Publikation in der Deutschen Nationalbibliografie; detaillierte bibliografische Daten sind im Internet über http://dnb.d-nb.de abrufbar.

ISBN 978-3-446-41759-5

Einbandbild: Schaeffler KG Herzogenaurach

Dieses Werk ist urheberrechtlich geschützt.
Alle Rechte, auch die der Übersetzung, des Nachdrucks und der Vervielfältigung des Buches oder Teilen daraus, vorbehalten. Kein Teil des Werkes darf ohne schriftliche Genehmigung des Verlages in irgendeiner Form (Fotokopie, Mikrofilm oder ein anderes Verfahren), auch nicht für Zwecke der Unterrichtsgestaltung, reproduziert oder unter Verwendung elektronischer Systeme verarbeitet, vervielfältigt oder verbreitet werden.

© 2009 Carl Hanser Verlag München
www.hanser.de
Projektleitung: Jochen Horn
Herstellung: Renate Roßbach
Einbandgestaltung: MCP · Susanne Kraus GbR, Holzkirchen
Satz, Druck und Bindung: Druckhaus Thomas Müntzer GmbH, Bad Langensalza
Printed in Germany

Inhaltsverzeichnis

1 Konstruktionstechnik

Tab. 1.1	Gegenüberstellung der alten und der neuen Kurznamen für einige wichtige Stähle (Auszug aus DIN- und DIN EN-Normen)	15
Tab. 1.2	Mindest-Festigkeitswerte in N/mm^2 der Stahlsorten nach DIN EN 10025 für warmgewalzte Erzeugnisse aus unlegierten Baustählen (Auszug, gültig für alle Gütegruppen)	15
Tab. 1.3	Gegenüberstellung der alten und der neuen Werkstoffbezeichnungen für Gusseisen und Temperguss (Auszug aus DIN- und DIN EN-Normen)	16
Tab. 1.4	Gegenüberstellung der alten und der neuen Werkstoffbezeichnungen für einige Leichtmetall-Legierungen (Auszug aus DIN- und DIN EN-Normen)	16
Tab. 1.5	Streckgrenzen R_e bzw. 0,2%-Dehngrenzen und Zugfestigkeiten R_m (bei Grauguss) in N/mm^2 von Eisenwerkstoffen (Auszug aus DIN- und DIN EN-Normen)	17
Tab. 1.6	0,2%-Dehngrenze $R_{p0,2}$ in N/mm^2 verschiedener Leichtmetalllegierungen (Auszug aus DIN- und DIN EN-Normen)	18
Tab. 1.7	Werkstoffbezeichnungen und 0,2%-Dehngrenze $R_{p0,2}$ verschiedener Kupfer-Gusslegierungen (Auszug aus DIN- und DIN EN-Normen)	19
Tab. 1.8	Festigkeitskennwerte in N/mm^2 für einige Stahlwerkstoffe (auszugsweise nach [1.5])	20
Tab. 1.9	Festigkeitskennwerte von Stahl und Gusseisem (Grauguss) für ruhende Beanspruchung	20
Tab. 1.10	Anhaltswerte für die Querschnittsformzahl f_q bei ruhender Biegebeanspruchung	21
Tab. 1.11	Biegebeanspruchte Träger	21
Tab. 1.12	Axiale Flächen- und Wiederstandsmomente einiger Querschnittsflächen	22
Tab. 1.13	Formzahlen (weitere siehe die Tabn. 15.3 bis 15.5)	23
Tab. 1.14	Dynamische Stützziffer n_χ in Abhängigkeit vom bezogenen Spannungsgefälle χ und von der Streckgrenze oder der Zugfestigkeit (aus VDI 2226)	24
Tab. 1.15	Größenbeiwert b_g für Stähle bei schwingender Beanspruchung (Anhaltswerte)	24
Tab. 1.16	Anhaltswerte für erforderliche Sicherheiten S_{Ferf} gegen Fließen und S_{Berf} gegen Bruch in Abhängigkeit vom Lastfall	25
Tab. 1.17	Anhaltswerte für erforderliche Sicherheiten S_{Derf} gegen Dauerbruch	25
Tab. 1.18	Druckfestigkeitsfaktor f_σ und Schubfestigkeitsfaktor f_τ (nach FKM-Richtlinie [1.5])	25
Tab. 1.19	Graugussfaktor K_{NL} (nach FKM-Richtlinie [1.5])	25
Tab. 1.20	Anisotropiefaktor K_A (nach FKM-Richtlinie [1.5])	25
Tab. 1.21	Schweißnahtfaktor α_W nach DIN 18800 Teil 1 (nach FKM-Richtlinie [1.5])	26
Tab. 1.22	Sicherheitsfaktor j (nach FKM-Richtlinie [1.5])	26
Tab. 1.23	Zugdruckwechselfestigkeitsfaktor $f_{W,\sigma}$ und Schubwechselfestigkeitsfaktor $f_{W,\tau}$ (nach FKM-Richtlinie) [1.5]	26
Tab. 1.24	Bauteilklassen für Nennspannung (Normalspannung) (nach [1.6])	27
Tab. 1.25	Der Graugussfaktor $K_{NL,E}$ berücksichtigt das nichtlinear-elastische Spannungs-Dehnungs-Verhalten von Grauguss bei Zug-Druck- und Biegebelastung (nach FKM-Richtlinie [1.5])	27
Tab. 1.26	Eigenspannungsfaktor $K_{E,\sigma}$, $K_{E,\tau}$ und Mittelspannungsempfindlichkeit M_σ, M_τ (nach FKM-Richtlinie [1.5])	27
Tab. 1.27	Knickpunktzyklenzahlen N_D und Neigungsexponenten sowie Werte $f_{II,\sigma}$ und $f_{II,\tau}$ der Bauteil-Wöhlerlinien (WL) (nach FKM-Richtlinie [1.5])	28
Tab. 1.28	Konstante $\tilde{K}_f$ (nach FKM-Richtlinie [1.5])	28
Tab. 1.29	Effektiver Durchmesser d_{eff} (nach FKM-Richtlinie [1.5])	28
Tab. 1.30	Konstanten a_G und b_G (nach FKM-Richtlinie [1.5])	29
Tab. 1.31	Bezogene Spannungsgefälle $\bar{G}_\sigma(r)$ und $\bar{G}_\tau(r)$ für einfache Bauformen (nach FKM-Richtlinie [1.5])	29
Tab. 1.32	Konstante $a_{R\sigma}$ und minimale Zugfestigkeit in der Werkstoffgruppe, $R_{m,N,min}$ (nach FKM-Richtlinie [1.5])	30
Tab. 1.33	Konstante a_M und b_M (nach FKM-Richtlinie [1.5])	30
Tab. 1.34	Ertragbare Minersumme D_M, empfohlene Werte (nach FKM-Richtlinie [1.5])	30
Tab. 1.35	Technologische Größeneinflussfaktoren $K_{d,m}$ und $K_{k,p}$ (d_{eff} siehe Tab. 1.29), weitere Werte siehe FKM-Richtlinie [1.5]	30
Diagr. 1.1	Zug-Druck-Dauerfestigkeit von Baustählen nach DIN EN 10025 (bis 40 mm Dicke)	31
Diagr. 1.2	Dauerfestigkeitsschaubilder von E295 (St50-2 bis 40 mm Dicke) für Biegung, Zug-Druck und Torsion	31
Tab. 1.36	Berechnung des Mittelspannungsfaktors $K_{AK,zd}$ (nach FKM-Richtlinie [1.5]), analog andere Spannungen	32

2 Maße, Toleranzen und Passungen

Tab. 2.1	Normzahlen nach DIN 323 (Auszug)	33
Tab. 2.2	Grundtoleranzen in μm (Auszug aus DIN ISO 286-1)	33
Tab. 2.3	Obere Abmaße $es = A_{oW}$ in m von Wellen (Auszug aus DIN ISO 286-1)	34
Tab. 2.4	Untere Abmaße $EI = A_{uB}$ in μn von Bohrungen (Auszug aus DIN ISO 286-1)	34
Tab. 2.5	Untere Abmaße $ei = A_{uW}$ in μn von Wellen (Auszug aus DIN ISO 286-1)	35
Tab. 2.6	Obere Abmaße $ES = A_{oB}$ in m von Bohrungen (Auszug aus DIN ISO 286-1)	36
Tab. 2.7	Grenzabmaße in mm der Allgemeintoleranzen (nach DIN ISO 2768-1)	36
Tab. 2.8	Für allgemeine Anwendung empfohlene Toleranzklassen (nach DIN 7157)	37
Tab. 2.9	Zu empfehlende Passungen für allgemeine Anwendung	37

3 Gestaltabweichung der Oberflächen

Tab. 3.1	Erreichbare Rautiefen je nach Fertigungsverfahren (Auszug aus DIN 4766)	38

4 Schmelzschweißverbindungen

Tab. 4.1	Fugenformen an Stahl entspr. DIN EN 29692 (Auszug)	39
Tab. 4.2	Grenzwerte für Unregelmäßigkeiten nach DIN EN 25817 (Auszug)	41
Tab. 4.3	Allgemeintoleranzen in mm für Schweißkonstruktionen (nach DIN EN ISO 13920 (DIN 8570))	42
Tab. 4.4	Anhaltswerte für zulässige Spannungen in N/mm^2 in den Schweißnähten und den Anschlussquerschnitten S von Bauteilen im Maschinenbau	43
Tab. 4.5	Anwendungs-, Stoß- oder Betriebsfaktoren K_A (Allgemeine Erfahrungswerte)	43
Tab. 4.6	Grenzabmaße in mm für vorgefertigte Stahlteile im Hochbau (nach DIN 18203-2)	44
Tab. 4.7	Zulässige Spannungen in N/mm^2 für Stahlbauteile beim Allgemeinen Spannungsnachweis	44
Tab. 4.8	Zulässige Spannungen in N/mm^2 für Schweißnähte beim Allgemeinen Spannungsnachweis	44
Tab. 4.9	Knickzahlen ω nach DIN 4114 (Auszug für Druckstäbe, außer Rundrohre)	45
Tab. 4.10	Warmgewalzter gleichschenkliger rundkantiger Winkelstahl (nach DIN 1028, Vorzugsreihe)	45
Tab. 4.11	Warmgewalzter ungleichschenkliger rundkantiger Winkelstahl (nach DIN 1029, Vorzugsreihe)	46
Tab. 4.12	Warmgewalzter gleichschenkliger T-Stahl mit gerundeten Kanten (nach DIN EN 10055) (z. T. DIN 1024)	47
Tab. 4.13	Warmgewalzter rundkantiger U-Stahl (nach DIN 1026)	47
Tab. 4.14	Warmgewalzte I-Träger (nach DIN 1025-1)	48
Tab. 4.15	Warmgewalzte breite I-Träger (nach DIN 1025-2)	48
Tab. 4.16	Charakteristische Werte für Walzstahl nach DIN 18800-1:1990-11 (Auszug)	49
Tab. 4.17	Beiwerte a_w für Grenzschweißnahtspannungen nach DIN 18800-1:1990-11 (Auszug)	49
Tab. 4.18	Grundwerte der zulässigen Spannungen und Zusammenhang mit den Zulässigen Oberspannungen beim Betriebsfestigkeitsnachweis nach DIN 15018 (Auszug)	50
Tab. 4.19	Beispiele für die Zuordnung üblicher Schweißanschlüsse in Normalgüte zu den Kerbfällen nach DIN 15018 (Auszug)	51
Tab. 4.20	Beanspruchungsgruppen nach Spannungsspielbereichen und Spannungskollektiven (nach DIN 15018)	52
Tab. 4.21	Nahtlose Stahlrohre (nach DIN 2448)	53
Tab. 4.22	Geschweißte Stahlrohre (nach DIN 2458)	53
Tab. 4.23	Kaltgefertigte geschweißte quadratische und rechteckige Stahlrohre nach DIN 59411 (Auszug)	54
Tab. 4.24	Knickzahlen ω für einteilige Druckstäbe (nach DIN 4114[1])	55
Tab. 4.25	Einige Stahlwerkstoffe für Druckbehälter und Kessel (zusammengestellt nach DIN-Normen und AD-Merkblättern)	56
Tab. 4.26	Berechnungsbeiwerte β für gewölbte Böden (zusammengestellt nach AD-Merkblatt B3)	56
Tab. 4.27	Sicherheitsbeiwerte S und S' und Wanddickenzuschläge c für Druckbehälter und Dampfkessel (nach AD-Merkblatt B0 und TRD 300)	57
Tab. 4.28	Festigkeitskennwerte K in N/mm^2 von Stahlwerkstoffen für Druckbehälter und Kessel (Auszug aus DIN-Normen und AD-Merkblättern)	58
Tab. 4.29	Festigkeitskennwerte K in N/mm^2 von Stahlrohrwerkstoffen (Auszug aus DIN-Normen)	59
Tab. 4.30	Berechnungsbeiwerte C für ebene Böden und Platten (nach AD-Merkblatt B5)	59

5 Pressschweißverbindungen

Tab. 5.1	Übliche Abmessungen von Punktschweißverbindungen	60
Tab. 5.2	Zulässige Spannungen in N/mm^2 für Punktschweißverbindungen	60
Tab. 5.3	Abmessungen von Rundbuckeln (nach DIN EN 28167) sowie von Lang- und Ringbuckeln (nach DIN 8519)	61

6 Lötverbindungen
Tab. 6.1 Hartlote – Lotzusätze (Auswahl nach DIN EN 1044:01999-07) 62
Tab. 6.2 Anhaltswerte für Festigkeit und zulässige Spannungen in N/mm^2 für Lötverbindungen 62

7 Klebverbindungen
Tab. 7.1 Einige Klebstoffe zum Verbinden von Metallen untereinander und mit anderen Werkstoffen, warm abbindend (Auszug aus VDI 2229) 63
Tab. 7.2 Einige Klebstoffe zum Verbinden von Metallen untereinander und mit anderen Werkstoffen, warm und kalt/warm abbindend (Auszug aus VDI 2229). 64
Tab. 7.3 Oberflächenbehandlung nach dem Entfetten (Auszug aus VDI 2229). 65
Tab. 7.4 Berechnungskennwerte einiger Loctite-Klebstoffe (nach LOCTITE) 65
Tab. 7.5 Einflussfaktoren $f_1 \ldots f_8$ zur Ermittlung der Zugscherfestigkeit von Klebverbindungen (nach LOCTITE). 66

8 Nietverbindungen
Tab. 8.1 Abmessungen in mm der Halbrundniete DIN 660 und Senkniete DIN 661 67
Tab. 8.2 Anhaltswerte für zulässige Spannungen in N/mm^2 von Nietverbindungen im Maschinenbau. 67
Tab. 8.3 Werkstoffe für Aluminiumniete und zulässige Spannungen in N/mm^2 (nach DIN 4113-1/A1). 68
Tab. 8.4 Rand- und Lochabstände von Nieten und Schrauben in Aluminiumkonstruktionen (nach DIN 4113-1/A1). 68
Tab. 8.5 Zulässige Spannungen in N/mm^2 der Aluminiumbauteile (nach DIN 4113-1/A1) . . . 68
Tab. 8.6 Knickzahlen ω einiger Aluminiumlegierungen nach DIN 4113-1/A1 (Auszug) 69
Tab. 8.7 Bezeichnungen und Mindest-Festigkeitswerte von Aluminium und Aluminium-Legierungen für Blech, Bänder und Rohre nach DIN EN 485-2 (Auszug) 69

9 Pressverbände
Tab. 9.1 Haftsicherheiten und Haftbeiwerte für Pressverbände 70
Tab. 9.2 Querdehnzahlen ν, Elastizitätsmodul E und Wärmedehnungsbeiwerte verschiedener Werkstoffe (z. T. nach DIN 7190). 70
Tab. 9.3 Übermaße in μm verschiedener Presspassungen mit H7 und h6 71
Tab. 9.4 Bezogener Plastizitätsdurchmesser ζ (Anhaltswerte nach [9.4]) 71
Tab. 9.5 Technische Daten von RINGFEDER-Spannelementen (Werksangaben) 72
Tab. 9.6 Technische Daten von RINGSPANN-Sternscheiben 72

10 Befestigungsschrauben
Tab. 10.1 Abmessungen und Querschnitte des metrischen ISO-Gewindes DIN 13 (Auszug) . . . 73
Tab. 10.2 Kennzeichen und Festigkeitswerte in N/mm^2 von Schrauben- und Mutternstahl (nach DIN EN 20898 und DIN EN ISO 89-6). 74
Tab. 10.3 Durchgangslöcher in mm für Schrauben (Auszug aus DIN EN 20273) 74
Tab. 10.4 Für die Berechnung wichtige Abmessungen in mm einiger Schraubenköpfe, Muttern und Unterlegscheiben 74
Tab. 10.5 Mindesteinschraubtiefen m_{erf} (nach [10.6]) 75
Tab. 10.6 Richtwerte für den Anziehfaktor α_A (Auszug aus VDI 2230) 75
Tab. 10.7 Reibwerte μ_G und μ_K für verschiedene Oberflächen- und Schmierzustände (nach [10.17]) . 76
Tab. 10.8 Zulässige Montagevorspannkräfte F_{Mzul} und Anziehdrehmomente M_{Azul} für Schaftschrauben (nach VDI 2230) 77
Tab. 10.9 Zulässige Montagevorspannkräfte F_{Mzul} und Anziehdrehmomente M_{Azul} für Taillenschrauben (nach VDI 2230) 78
Tab. 10.10 Richtwerte für Setzbeträge f_Z von Schraubenverbindungen (zusammengestellt nach VDI 2230). 79
Tab. 10.11 Ausschlagsfestigkeit σ_A des Kerns von Regelgewinden unter Vorspannung (nach [10.4]). 79
Tab. 10.12 Zulässige Flächenpressung p_{Bzul} gedrückter Bauteile in Schraubenverbindungen . . . 79
Tab. 10.13 Anhaltswerte für zulässige Betriebsspannungen und mittlere Vorspannungen für Schrauben der Festigkeitsklassen unter 8.8 bei gefühlsmäßigem Anziehen 80
Tab. 10.14 Anhaltswerte für zulässige Spannungen querbeanspruchter Schraubenverbindungen im Maschinenbau. 80
Tab. 10.15 Erfahrungswerte für übliche Sicherheiten und Reibwerte bei trockenen und glatten Trennflächen querbeanspruchter Schraubenverbindungen 80

11 Bewegungsschrauben
Tab. 11.1 Abmessungen in mm des Trapez- und des Sägengewindes 81
Tab. 11.2 Anhaltswerte für Reibwerte und zulässige Spannungen für Bewegungsschrauben. . . . 81

12 Welle-Nabe-Verbindungen
Tab. 12.1 Zulässige Flankenpressungen von Nabenverbindungen (Erfahrungswerte). 82

Tab. 12.2	Abmessungen in mm der Treib-, Einlege- und Nasenkeile (nach DIN 6886 und 6887)	82
Tab. 12.3	Abmessungen in mm der Passfedern (nach DIN 6885)	82
Tab. 12.4	Abmessungen in mm der Passfedern (nach DIN 6885)	83
Tab. 12.5	Abmessungen in mm der Scheibenfedern (nach DIN 6888)	83
Tab. 12.6	Abmessungen in mm des Keilwellen- und Keilnabenprofils	84
Tab. 12.7	Zu bevorzugende Toleranzklasssen für Keilnaben und Keilwellen	84
Tab. 12.8	Abmessungen in mm des Kerbzahnprofils	85
Tab. 12.9	Abmessungen in mm des Evolventenzahnprofils (Auswahl)	85
Tab. 12.10	Abmessungen in mm der Polygonprofile P3G und P4C	86
Tab. 12.11	Abmessungen der kegeligen Wellenenden mit Kegel 1:10 nach DIN 1448 (Auszug)	86
Tab. 12.12	Abmessungen der Stirnverzahnung	87

13 Stift- und Bolzenverbindungen

Tab. 13.1	Zulässige Beanspruchungen in N/mm² für Stift- und Bolzenverbindungen bei Stiften oder Bolzen aus Stahl (Erfahrungswerte)	87
Tab. 13.2	Abmessungen in mm der Sicherungsringe nach DIN 471 und 472 (Auszug)	88
Tab. 13.3	Genormte Durchmesser d nach ISO und Längen l in mm von Stiften und Bolzen	88

14 Federn

Tab. 14.1	Güteeigenschaften (Anhaltswerte) und Verwendungsbeispiele von warmgewalzten Stählen für vergütbare Federn zur Warmformgebung durch Prägen, Biegen oder Wickeln	89
Tab. 14.2	Güteeigenschaften nach DIN 17222 von kaltgewalzten Stahlbändern für Federn zur Kaltformgebung durch Schneiden, Stanzen, Prägen Biegen und Wickeln. Für vielseitige Zwecke geeignet. Ölhärtung	89
Tab. 14.3	Runder Federstahldraht nach DIN 17223-1 und -2 (Auszug)	89
Tab. 14.4	Mindestzugfestigkeit in N/mm² von rundem Federstahldraht nach DIN 17223-1 und -2 (Auszug)	90
Tab. 14.5	Grenzabmaße in mm (nach DIN 2076 und 17223) für runden Federstahldraht	90
Tab. 14.6	Stabdurchmesser d (nach DIN 2077) für warmgewalzten Federstahldraht (nach DIN 17221) (Ausnahme 38Si7 und 54SiCr7) und für nach dem Warmwalzen gemäß DIN 2096 bearbeiteten Federstahl, beide für Federn nach DIN 2096	90
Tab. 14.7	Auswahl von Dicken t in mm von kaltgewalztem Band aus Stahl nach DIN EN 10140 (DIN 1544) bis Breiten $b = 125$ mm und zulässige Dickenabweichungen	91
Tab. 14.8	Abmessungen in mm von warmgewalztem Federstahl für geschichtete Blattfedern (nach DIN 4620)	91
Tab. 14.9	Kennwerte bei Raumtemperatur für die Berechnung von Federn (nach DIN 2089)	91
Tab. 14.10	Zulässige Schubspannungen für zylindrische Schraubenfedern bei ruhender (statischer) Beanspruchung	91
Tab. 14.11	Baugrößen für kaltgeformte zylindrische Schraubendruckfedern aus runden Drähten ab $d = 0,5$ mm (nach DIN 2098-1)	92
Tab. 14.12	Beiwerte a_F, k_f und Q zur Errechnung der zulässigen Abweichungen von zylindrischen Schraubendruckfedern aus runden Drähten (nach DIN 2095 und 2097)	93
Tab. 14.13	Hubfestigkeiten τ_{kF} in N/mm² bei $\tau_{kU} = 0$ und zulässige Schubspannungen τ_{k2zul} für Schraubendruckfedern (nach DIN 2089-1)	93
Tab. 14.14	Knickgrenze von zylindrischen Schraubendruckfedern (nach DIN 2089-1)	94
Tab. 14.15	Vorspannbeiwerte (näherungsweise) für kaltgeformte zylindrische Schraubenzugfedern aus runden Drähten (nach DIN 2089-2)	94
Tab. 14.16	Abmessungen der Tellerfedern in mm (nach DIN 2093)	95
Tab. 14.17	Grenzabmaße A_t in mm von t bzw. t', A_l in mm von l_0 und Grenzabweichungen A_F von F (nach DIN 2093)	95
Tab. 14.18	Empfohlenes Spiel zwischen Führungselement und Federteller	96
Tab. 14.19	Kennwerte K_1, K_2, K_3, K_4 und K_5 für Tellerfedern (nach DIN 2092)	96
Tab. 14.20	Hubfestigkeiten σ_F bei $\sigma_U = 0$ und Oberspannung σ_{Omax} (nach DIN 2092)	96
Tab. 14.21	Schichtung der Tellerfedern zu Federsäulen	96
Tab. 14.22	Spannungsbeiwerte q zur Berücksichtigung der Drahtkrümmung von gewundenen Schenkelfedern (nach DIN 2088) und zulässige Spannungen σ_{zul} und σ_{q2zul}	97
Tab. 14.23	Zulässige Spannungen τ_{zul} und Hubfestigkeiten τ_F von Drehstabfedern aus Edelstahl bei $\tau_U = 0$, Stäbe geschliffen, kugelgestrahlt sowie vorgesetzt (nach DIN 2091)	97
Tab. 14.24	Formbeiwerte k_1 und zulässige Biegespannungen σ_{bzul} für Blattfedern	97
Tab. 14.25	Grundformen von Gummifedern und deren Berechnungsgleichungen	98
Tab. 14.26	Anhaltswerte für zulässige Spannungen in N/mm² von Gummifedern	99
Tab. 14.27	Abmessungen und Drehmomente der ROSTA-Gummifederelemente Typ DR-S	99
Diagr. 14.1	Kennlinien von Tellerfedern (nach DIN 2092)	100
Diagr. 14.2	Statischer Elastizitätsmodul E in Abhängigkeit von der Härte und vom Formfaktor, statischer Gleitmodul G in Abhängigkeit von der Härte	100

15 Achsen und Wellen

Tab. 15.1	Zulässige Spannungen für Überschlagsrechnungen und Festigkeitswerte in N/mm² für Achsen und Wellen	101
Tab. 15.2	Widerstandsmomente W_b und W_t sowie Flächenmomente I_b und I_t zweiten Grades verschiedener Querschnitte	101
Tab. 15.3	Anhaltswerte für die Formzahlen α_{kb} und α_{kt} für Achsen und Wellen sowie die für das bezogene Spannungsgefälle einzusetzenden Radien ϱ	102
Tab. 15.4	Formzahlen α_{kb} und α_{kt} für Achsen und Wellen mit Absätzen und Querbohrungen	103
Tab. 15.5	Formzahlen α_{kb} und α_{kt} für Achsen und Wellen mit Rundrillen und Kerbwirkungszahlen β_{kb} für Achsen und Wellen mit spitzen Ringrillen	104
Tab. 15.6	Bezogenes Spannungsgefälle χ für verschiedene Kerbformen und Beanspruchungsarten (nach *Siebel* [15.11])	105
Tab. 15.7	Auswahl an Biegelinien	106
Tab. 15.8	Technologischer Größeneinfluss $K_1(d_{\text{eff}}$ nach DIN 743-2)	109
Tab. 15.9	Statische Stützwirkung K_{2F} (nach DIN 743-1)	110
Tab. 15.10	Erhöhungsfaktor der Fließgrenze γ_F bei Umdrehungskerben (nach DIN 743-1)	110
Tab. 15.11	Geometrischer Größeneinfluß $K_2(d)$ (nach DIN 743-2)	110
Tab. 15.12	Einflussfaktor der Oberflächenrauheit (nach DIN 743-2)	110
Tab. 15.13	Einflussfaktor der Oberflächenverfestigung (Auszug aus DIN 743-2)	110
Diagr. 15.1	Dynamische Stützziffern n_χ in Abhängigkeit von Werkstoff und bezogenem Spannungsgefälle χ (nach *Siebel* [15.11])	111
Diagr. 15.2	Oberflächenbeiwert b_1 in Abhängigkeit von Rautiefe und Bruchfestigkeit	112
Diagr. 15.3	Größenbeiwert b_2 in Abhängigkeit vom Durchmesser	112

16 Tribologie: Reibung, Schmierung und Verschleiß

Tab. 16.1	Verschiedene Reibwerte (nach [16.1], [16.5], [16.6])	113
Tab. 16.2	Kinematische Viskosität der Schmierstoffe für Verbrennungsmotoren und Kraftfahrzeuggetriebe	113
Tab. 16.3	Umschlüsselung von DIN-VG und SAE-Klassen	114
Tab. 16.4	NLGI-Konsistenzklassen nach DIN 51818 und Anwendung von Schmierfetten (nach *Möller* und *Boor*)	114
Tab. 16.5	Zahlenwerte für die Koeffizienten a, b und c der Vogelschen Gleichung für die Temperaturabhängigkeit der dynamischen Viskosität η für die US-amerikanische SAE-Klasse von Motorölen (nach [16.2])	115
Tab. 16.6	Grundöle für moderne Schmieröle (nach Angaben von Klüber Lubrication München [16.9])	115
Tab. 16.7	Reibwerte von Festschmierstoffen im Beharrungszustand (nach *Bartz* und *Holinski*)	115
Tab. 16.8	Einfluss des Dickungsstoffes auf das Schmierfettverhalten (nach Klüber Lubrication München KG [16.9])	116
Diagr. 16.1	Dynamische Viskosität η in Abhängigkeit von der Temperatur t für Schmieröle (nach DIN 51519) mit der Dichte $\varrho = 900$ kg/m³	117

17 Gleitlager

Tab. 17.1	Schmiernuten (nach DIN ISO 12128 (DIN 1591))	118
Tab. 17.2	Schmiertaschen (nach DIN ISO 12128 (DIN 1591))	118
Tab. 17.3	Schmierlöcher (nach DIN ISO 12128 (DIN 1591))	119
Tab. 17.4	Randabstände von Schmiernuten (nach DIN ISO 12128 (DIN 1591))	119
Tab. 17.5	Blei- und Zinn-Gusslegierungen (nach DIN ISO 4381) (Kurzzeichen und Verwendung)	119
Tab. 17.6	Kupfer-Zinn- und Kupfer-Zinn-Zink-Gusslegierungen (Guss-Zinnbronze und Rotguss) (nach DIN EN 1982 (DIN 1705)) für Gleitlager	120
Tab. 17.7	Kupfer-Blei-Zinn-Gusslegierungen (Guss-Zinn-Bleibronze) (nach DIN EN 1982 (DIN 1716)) für Gleitlager	120
Tab. 17.8	Verbundwerkstoffe (nach DIN ISO 4383) für dünnwandige Gleitlager (Kurzzeichen und Verwendung)	121
Tab. 17.9	Abmessungen in mm der Gleitlagerbuchsen der Formen C und F nach DIN ISO 4379-1 (DIN 1850-1)	122
Tab. 17.10	Abmaße und Spiele für Gleitlagerungen in Abhängigkeit vom mittleren relativen Lagerspiel ψ_m nach DIN 31698 (Auszug)	123
Tab. 17.11	Anhaltswerte für zulässige Belastungen einfacher Gleitlager aus Gleitmetall	124
Tab. 17.12	Erfahrungswerte für die höchstzulässige spezifische Lagerbelastung $\bar{p}$ bei hydrodynamischen Gleitlagern (nach DIN 31652-3)	124
Tab. 17.13	Reibwerte von Gleitlagern und zu empfehlende Schmierstoffe	124
Tab. 17.14	Erfahrungswerte für höchstzulässige Lagertemperaturen t_B (nach DIN 31652-3)	124
Tab. 17.15	Sommerfeld-Zahl So in Abhängigkeit von der relativen Exzentrizität ε und von der relativen Lagerbreite B/D (nach DIN 31652-2)	125
Tab. 17.16	Verlagerungswinkel β in Abhängigkeit von der relativen Exzentrizität ε und von der relativen Lagerbreite B/D (nach DIN 31652-2)	125

Tab. 17.17 Bezogener Reibwert μ/ψ_{eff} in Abhängigkeit von der relativen Exzentrizität ε und von der relativen Lagerbreite B/D (nach DIN 31652-2) 126
Tab. 17.18 Bezogener Schmierstoffdurchsatz q_1 infolge Eigendruckentwicklung im Schmierspalt in Abhängigkeit von der relativen Exzentrizität ε und der relativen Lagerbreite B/D (nach DIN 31652-2) 126
Tab. 17.19 Bezogener Schmierstoffdurchsatz q_2 in Abhängigkeit von der Anordnung der Schmierstoff-Zuführungselemente (nach DIN 31652-2) 127
Tab. 17.20 Erfahrungswerte für die kleinstzulässige Schmierfilmdicke h_{0lim} in µm (nach DIN 31652-3) 127
Tab. 17.21 Thermoplastische Kunststoffe für Gleitlager (aus VDI 2541) 128
Tab. 17.22 Anhaltswerte für zulässige Belastungen von Kunststoff-Gleitlagern bei $t \leq 30\,°C$ (nach VDI 2541). 129
Tab. 17.23 Charakteristiken und Eigenschaften der gebräuchlichsten Thermoplaste (ungefüllt) (nach DIN ISO 6691). 129
Tab. 17.24 Richtwerte für Reibwerte von Kunststoff-Gleitlagern und Folienlagern aus PTFE (nach VDI 2541). 130
Tab. 17.25 Eigenschaften von Kunststoffen für Gleitlager (nach VDI 2541). 131
Tab. 17.26 Tragzahl So_{ax} und Reibbeiwert K bei hydrodynamischen Axial-Gleitlagern (nach VDI 2204). 132
Tab. 17.27 Gemittelte Rautiefe R_z, Schmierfilmdicke $h_{ü}$ beim Übergang in die Flüssigkeitsreibung und Mindestschmierfilmdicke $h_{0\,lim}$ (nach VDI 2204) 132
Tab. 17.28 Spezifische Lagerbelastungen und Gleitgeschwindigkeiten 133
Tab. 17.29 Thermoplastische Kunststoffe für Gleitlager 133
Tab. 17.30 Lagerschalen für die Lager Nr.1, 2, 4 und 5 133

18 Wälzlager
Tab. 18.1   Toleranzen für den Einbau von Radial-Wälzlagern (nach DIN 5425) 134
Tab. 18.2   Toleranzen für den Einbau von Axial-Wälzlagern (nach DIN 5425) 135
Tab. 18.3   Daten (nach FAG) für Rillenkugellager (nach DIN 625) 135
Tab. 18.4   Daten (nach FAG) für Schrägkugellager (nach DIN 628). 136
Tab. 18.5   Daten (nach FAG) für Nadellager (nach DIN 617) 136
Tab. 18.6   Daten (nach FAG) für Zylinderrollenlager (nach DIN 5412) 137
Tab. 18.7   Daten (nach FAG) für weitere Zylinderrollenlager (nach DIN 5412). 138
Tab. 18.8   Daten (nach FAG) für Kegelrollenlager (nach DIN 720) 139
Tab. 18.9   Daten (nach FAG) für weitere Kegelrollenlager (nach DIN 720) 140
Tab. 18.10 Daten (nach FAG) für Axial-Rillenkugellager (nach DIN 711) 140
Tab. 18.11 Temperaturfaktor für Wälzlager 141
Tab. 18.12 Übliche nominelle Lebensdauer von Wälzlagern 141
Tab. 18.13 Für die Berechnung von Kegelrollen- und Schrägkugellagern einzusetzende Axialbelastungskräfte F_{aA} und F_{aB} (nach FAG) 141
Tab. 18.14 Anhaltswerte für Drehzahlkonstanten K in Abhängigkeit von der Bauform der Wälzlager 142
Tab. 18.15 Beiwerte Z_S, K_D und Z_K zur Grenzdrehzahl von Wälzlagern 142

19 Lager- und Wellendichtungen
Tab. 19.1   Abmessungen in mm der Filzringe und Ringnuten (nach DIN 5419) 143
Tab. 19.2   Beispiele für die Beständigkeit der Elastomere von Radial-Wellendichtringen (nach DIN 3760). 143
Tab. 19.3   Abmessungen in mm der Radial-Wellendichtringe (nach DIN 3760) 144
Tab. 19.4   Eigenschaften von elastomeren Werkstoffen für Simmerringe® (nach Angaben von *Freudenberg Simrit*) 144
Tab. 19.5   Übersicht über syntetische Öle (nach Angaben von *Freudenberg Simrit*) 145

20 Wellenkupplungen und -bremsen
Tab. 20.1   Kennwerte für elastische ROTEX-Kupplungen (KTR) (ψ für alle Größen $= 0,8$) ... 146
Tab. 20.2   Kennwerte für hochelastische BoWex-ELASTIC-Kupplungen (KTR) 147
Tab. 20.3   Einflussfaktoren für nachgiebige (elastische) Wellenkupplungen. 149
Tab. 20.4   Temperaturgrenzen für Zahnkranzmaterialien (KTR) 150
Tab. 20.5   Spezielle Einsatzbereiche für elastische Kupplungen (KTR) 150
Tab. 20.6   Reibwerte und Kennwerte für verschiedene Reibpaarungen (nach VDI 2241). ... 151
Tab. 20.7   Brems- und Kupplungsbeläge für verschiedene Anwendungsgebiete (Bremskerl) ... 152

22 Abmessungen und Geometrie der Stirn- und Kegelräder
Tab. 22.1   Moduln m in mm (nach DIN 780) 154
Tab. 22.2   Evolventenfunktion inv $\alpha = \tan\alpha - \widehat{\alpha}$. 154
Tab. 22.3   Schrägungswinkelfunktion sin β für Stirnradverzahnungen der Reihe 1 nach DIN 3978 (Auszug) 154

Diagr. 22.1   Geometrische Grenzen der Evolventenverzahnung mit $\alpha_n = 20°$ und $h_a = m_n$
(nach DIN 3960 und DIN 3993). 155

23 Gestaltung und Tragfähigkeit der Stirn- und Kegelräder
Tab. 23.1   Anhaltswerte für den Anwendungsfaktor K_A (nach DIN 3990) 155
Tab. 23.2   Richtwerte für Zahnbreiten b und Mindestzähnezahlen z von Stirnrädern. 156
Tab. 23.3   Anhaltswerte für die Wahl von Verzahnungsqualität, Toleranzklasse und Rauheitswert
von Verzahnungen aus Metallen und Kunststoffen (nach [23.1] und VDI 2545) 156
Tab. 23.4   Achsabstandsmaße $\pm A_a$ in µm von Gehäusen für Stirnradgetriebe (nach DIN 3964) . . 157
Tab. 23.5   Toleranzen für Achsschränkung $f_{\Sigma\beta}$ und Achsneigung $f_{\Sigma\delta}$ (Achslagetoleranzen) in µm
(nach DIN 3964) 157
Tab. 23.6   Zulässige Teilungs- und Eingriffsteilungs-Abweichungen für Verzahnungen
auszugsweise (nach DIN 3962) 158
Tab. 23.7   Zahndickenabmaße und Zahndickentoleranzen in µm (nach DIN 3967) 158
Tab. 23.8   Viskosität bei 40 °C für Schmieröle von Zahnradgetrieben in Abhängigkeit vom
Schmierkennwert k_S/v (nach DIN 51509). 159
Tab. 23.9   Lastkorrekturfaktoren f_F und Verzahnungsfaktoren K zur Berechnung des Dynamikfaktors K_v (nach DIN 3990 und [23.1]) 159
Tab. 23.10   Breitengrundfaktor K_β (nach DIN 3990) für Stahlräder mit einer Linienbelastung
$w_t = 350$ N/mm 159
Tab. 23.11   Korrekturfaktoren f_w für die Linienbelastung w_t (nach DIN 3990) 160
Tab. 23.12   Werkstoffpaarungsfaktor f_p (nach DIN 3990) 160
Tab. 23.13   Eingriffssteifigkeit c_γ (nach DIN 3990). 160
Tab. 23.14   Kopffaktor Y_{FS} für Verzahnungen mit Bezugsprofil nach DIN 867 mit einer Kopfrundung des Verzahnungswerkzeugs $\varrho_{fP} = 0{,}25m_n$ und einem Kopfspiel $c_P = 0{,}25m_n$
(nach DIN 3990) 160
Tab. 23.15   Anhaltswerte für Zahnradwerkstoffe aus Eisenmetallen (nach [23.1]). 161
Tab. 23.16   Größenfaktoren Y_X für die Zahnfußfestigkeit und Z_X für die Flankenfestigkeit
(nach DIN 3990) 161
Tab. 23.17   Lebensdauerfaktoren Y_{NT} und Z_{NT} (DIN 3990) 162
Tab. 23.18   Elastizitätsfaktoren Z_E für einige Werkstoffpaarungen (nach DIN 3990) 162
Tab. 23.19   Berechnungsfaktoren Z_L, Z_v, Z_R und Z_w für den Sicherheitsfaktor S_H (nach DIN 3990) 163
Tab. 23.20   Stirn-Breitenfaktor $K_{\alpha\beta}$ für die Zahnfußspannung von Kegelrädern (Anhaltswerte,
nach DIN 3991) 164
Tab. 23.21   Anhalt für zulässige Belastungskennwerte c_{zul} von thermoplastischen Kunststoffzahnrädern (nach VDI 2545) 164
Tab. 23.22   Beiwerte zur Berechnung der Zahntemperatur und der Flankentemperatur von thermoplastischen Kunststoffzahnrädern (nach VDI 2545). 164
Tab. 23.23   Zeitschwellfestigkeit σ_{FN} der Zähne von Rädern aus thermoplastischen Kunststoffen
(nach VDI 2545) 165
Tab. 23.24   Elastizitätsfaktoren Z_E von Rädern aus thermoplastischen Kunststoffen (nach VDI 2545) 165
Tab. 23.25   Zeitwälzfestigkeit σ_{HN} für Zahnräder aus thermoplastischen Kunststoffen
(nach VDI 2545) 166
Tab. 23.26   Beiwerte φ und ψ zur Berechnung der Zahnverformung (nach VDI 2545) 166
Tab. 23.27   Zahnformfaktoren Y_{Fa} in Abhängigkeit von den Profilverschiebungsfaktoren x und den
Ersatzzähnezahlen z_n bzw. z_{vn} (nach DIN 3990) 167
Tab. 23.28   Übliche erforderliche Sicherheitsfaktoren für Zahnräder 167

24 Zahnradpaare mit sich kreuzenden Achsen
Tab. 24.1   Zulässige Belastungskennwerte für Schraubstirnradpaare (Erfahrungswerte nach *Thomas/
Charchut*) 168
Tab. 24.2   Vorzugsreihe für Schneckenradsätze mit Zylinderschnecken, Erzeugungswinkel
$\alpha_0 = 20°$ (aus DIN 3976) 168
Tab. 24.3   Erfahrungswerte für den wirksamen Reibwinkel ϱ von Schneckenradsätzen 168
Tab. 24.4   Erforderliche Ölviskosität v in mm²/s bei 40 °C für Schneckengetriebe (nach DIN 51509) 168
Tab. 24.5   Kontaktfaktoren Z_ϱ (nach [24.2]) 168
Tab. 24.6   Werkstoffkennwerte für Schneckengetriebe (nach [24.2]) 169

25 Kettentriebe
Tab. 25.1   Abmessungen und technische Daten von Buchsenketten (nach DIN 8154) 169
Tab. 25.2   Abmessungen und technische Daten von Rollenketten 170
Tab. 25.3   Detailabmessungen von Kettenrädern nach DIN 8196 für Rollenketten (nach DIN 8187
und 8188) 171
Tab. 25.4   Anwendungsfaktor f_1 für Kettentriebe (nach DIN ISO 10823) 171
Tab. 25.5   Betriebsbedingungen für treibende Maschinen 171
Tab. 25.6   Betriebsbedingungen für angetriebene Maschinen 171

Tab. 25.7	Zähnezahlfaktor f_2 für Kettentriebe (nach DIN ISO 10823)	. . . .	171
Tab. 25.8	Achsabstandsfaktor f_4 für Kettentriebe [DIN ISO 10823].	. . . .	172
Tab. 25.9	Zulässige Gelenkpressungen von Rollenketten (nach [iwis]) Werte unter der Stufenlinie möglichst vermeiden		172
Diagr. 25.1	Typisches Leistungsschaubild für eine Auswahl von Einfachketten Typ B nach ISO 606 (entspricht DIN 8187) basierend auf einem Kettenrad mit 19 Zähnen (nach DIN ISO 10823)		173
Diagr. 25.2	Typisches Leistungsschaubild für eine Auswahl von Einfachketten Typ A nach ISO 606 (entspricht DIN 8188), basierend auf einem Kettenrand mit 19 Zähnen (nach DIN ISO 10823)		174
Diagr. 25.3	Wahl der Schmierungsart für Rollenketten (nach DIN ISO 10823).		175

26 Flachriementriebe

Tab. 26.1	Hauptabmessungen in mm der Riemenscheiben (nach DIN 111)		176
Tab. 26.2	Zu empfehlende Innenlängen L_i in mm endlos hergestellter Flachriemen.		176
Tab. 26.3	Technische Daten (Mittelwerte) für Flachriemen (außer Mehrschichtriemen)		176
Tab. 26.4	Betriebsfaktoren C_B für Riementriebe (nach DIN 2218)		177
Tab. 26.5	Reibungsfaktoren C für Flachriementriebe.		177
Tab. 26.6	Anhaltswerte für die Auflagedehnung ε_0 und die Achskraft F_w (nach [26.1])		177
Tab. 26.7	Größenauswahl und Standardbreiten der Extremultus-Mehrschichtriemen (nach Siegling).		178
Tab. 26.8	Zulässige Biegefrequenzen f_{Bzul} in s^{-1} für Extremultus-Mehrschichtriemen (nach Siegling).		178
Tab. 26.9	Spezifische Nennleistung P_N bei $\beta = 180°$ von Extremultus-Mehrschichtriemen (nach Siegling).		178
Tab. 26.10	Betriebsfaktoren C_B zur Auslegung von Mehrschichtriemen (nach Siegling).		179
Tab. 26.11	Umschlingungsfaktoren C_β (Winkelfaktoren) für Flachriementriebe		179
Tab. 26.12	Faktoren C_2 bis C_4 für Extremultus-Mehrschichtriemen (nach Siegling)		179
Tab. 26.13	Technische Daten der Habasit-Mehrschichtriemen (nach Habasit).		179
Tab. 26.14	Vorwahl von Scheibendurchmesser d_k, Riemenausführung und -größe für Habasit-Mehrschichtriemen (nach Habasit)		179
Tab. 26.15	Betriebsfaktoren C_B für Habasit-Mehrschichtriemen (nach Habasit)		180
Tab. 26.16	Faktoren C_1 und C_2 für Habasit-Mehrschichtriemen (nach Habasit)		180
Tab. 26.17	Dehnkraft F_e und Korrekturfaktor C_3 für Habasit-Mehrschichtriemen (nach Habasit) .		180
Tab. 26.18	Mindestabstand e_{min} für Habasit-Mehrschichtriemen (nach Habasit)		180
Diagr. 26.1	Spezifische Nennleistungen P_N von Habasit-Mehrschichtriemen bei $\beta = 180°$ (nach Habasit)		181

27 Keilriementriebe

Tab. 27.1	Abmessungen in mm der Normal- und Schmalkeilriemen		182
Tab. 27.2	Abmessungen in mm der Keilriemenscheiben für Schmalkeilriemen (nach DIN 7753) (Auszug aus DIN 2211)		182
Tab. 27.3	Abmessungen in mm und Kenndaten der Keilrippenriemen und -scheiben (nach DIN 7867 und Herstellerangaben Conti Tech).		183
Tab. 27.4	Querschnittsabmessungen in mm der endlosen Breitkeilriemen (nach DIN 7719) . . .		184
Tab. 27.5	Nennleistungen P_N von endlosen Normalkeilriemen (nach DIN 2218)		184
Tab. 27.6	Nennleistungen P_N von endlosen Schmalkeilriemen (nach DIN 7753)		185
Tab. 27.7	Nennleistungen P_N von Keilrippenriemen je Rippe (Auswahl nach Conti Tech) . . .		186
Tab. 27.8	Längenfaktoren c_L von endlosen Normalkeilriemen (klassische Keilriemen) DIN 2215 (nach DIN 2218)		187
Tab. 27.9	Längenfaktoren c_L von endlosen Schmalkeilriemen (nach DIN 7753)		187
Tab. 27.10	Längenfaktoren c_L von Keilrippenriemen DIN 7867 (Auszug nach Conti Tech) . . .		188
Tab. 27.11	Winkelfaktoren c_β für Keilriemen und Keilrippenriemen		188
Tab. 27.12	Zulässige Biegefrequenzen f_{zul} in s^{-1} für Keilriemen und Keilrippenriemen		188
Diagr. 27.1	Richtlinien für die Profilwahl von Normalkeilriemen (nach DIN 2218)		188
Diagr. 27.2	Richtlinien für die Profilwahl von Schmalkeilriemen (nach DIN 7753)		189
Diagr. 27.3	Richtlinien für die Profilwahl von Keilrippenriemen DIN 7867 (nach Conti Tech) . . .		189

28 Synchron- oder Zahnriementriebe

Tab. 28.1	Abmessungen und Daten für Synchron- oder Zahnriementriebe (nach WHM)		190
Tab. 28.2	Abmessungen von HTD-Zahnriementriebe (nach WF)		190
Tab. 28.3	Faktor C_L und Zuschlag C_i für Power Grip HTD-Zahnriemen (nach WF)		190
Tab. 28.4	Belastungsfaktoren C_B für Zahnriemen (Synchronriemen) (nach WF)		191
Tab. 28.5	Spezifische Nennleistungen P_N von Synchroflex-Zahnriemen (nach WHM)		192
Tab. 28.6	Spezifische Nennleistungen P_N von Power Grip HTD-Zahnriemen (nach WF)		192
Tab. 28.7	Breitenfaktoren k für Power Grip HTD-Zahnriemen (nach WF)		192

29 Rohrleitungen

Tab. 29.1	Bevorzugte DN-Stufen (nach DIN EN ISO 6708)	193
Tab. 29.2	Nenndruckstufen (nach DIN EN 1333 (Fettdruck) und ISO 2944)	193
Tab. 29.3	Kennfarben für Rohrleitungen nach dem Durchflussstoff (nach DIN 2403)	193
Tab. 29.4	Normenübersicht für Stahlrohre	193
Tab. 29.5	Stahlrohre (nach DIN EN 10216) – Nahtlose Stahlrohre, d_a Außendurchmesser. Bezeichnungsbeispiel für ein Rohr mit Außendurchmesser 168,3 mm und einer Wanddicke von 4,5 mm, hergestellt aus der Stahlsorte P265GH mit Abnahmeprüfzeugnis 3.1.C nach EN 10204: Rohr – 168,3 × 4,5 – DIN EN 10216-2 – P265GH – Option 12: 3.1.C	194
Tab. 29.6	Stahlrohre (nach DIN EN 10217) – Geschweißte Stahlrohre, d_a Außendurchmesser. Bezeichnungsbeispiel für ein Rohr mit Außendurchmesser 168,3 mm und einer Wanddicke von 4,5 mm, hergestellt aus der Stahlsorte P235TR2 mit Abnahmeprüfzeugnis 3.1.C nach EN 10204: Rohr – 168,3 × 4,5 – DIN EN 10217-1 – P235 TR2 – Option 10: 3.1.C	195
Tab. 29.7	Abmessungen der Vorschweißflansche für PN 25 (nach DIN 2634) (Auszug, Maße in mm)	196
Tab. 29.8	Beziehungen für Temperaturdifferenzen (nach GF)	196
Tab. 29.9	Richtwerte für die mittlere Strömungsgeschwindigkeit w	197
Tab. 29.10	Dichte ϱ und kinematische Viskosität ν einiger Flüssigkeiten und Gase bei der Temperatur ϑ.	197
Tab. 29.11	Anhaltswerte für die absolute Rauigkeit k der Rohrinnenwand bei verschiedenen Rohrarten	198
Tab. 29.12	Zuschläge für Wanddickenunterschreitung	198
Tab. 29.13	Anhaltswerte für die Verlustzahl ζ verschiedener Rohrleitungsbauteile	199
Tab. 29.14	Festigkeitskennwert K und Sicherheitsbeiwert S (nach DIN 2413) (Auszug)	200
Tab. 29.15	Festigkeitswerte K in N/mm^2 von Stahlrohrwerkstoffen	200
Diagr. 29.1	λ, Re-Diagramm	201

Sachwortverzeichnis . . . 202

Tab. 1.1 Gegenüberstellung der alten und der neuen Kurznamen für einige wichtige Stähle (Auszug aus DIN- und DIN EN-Normen)

Stahlart	Stahlsorte					
	früher nach	neu nach	Werkstoff-Nr.	früher nach	neu nach	Werkstoff-Nr.
Unlegierte (allgemeine) Baustähle	DIN 17100[*)]	DIN EN 10025	DIN EN 10027	DIN 17100[*)]	DIN EN 10025	DIN EN 10027
	St33	S185	1.0035	St44-3U	S275JO	1.0143
	St37-2	S235JR	1.0037	St44-3N	S275J2G3	1.0144
	USt37-2	S235JRG1	1.0036	St52-3U	S355JO	1.0553
	RSt37-2	S235JRG2	1.0038	St52-3N	S355J2G3	1.0570
	St37-3U	S235JO	1.0114	St50-2	E295	1.0050
	St37-3N	S235J2G3	1.0116	St60-2	E335	1.0060
	St44-2	S275JR	1.0044	St70-2	E360	1.0070
Feinkornbaustähle	DIN 17102[*)]	DIN EN 10113	DIN EN 10027	DIN 17102[*)]	DIN EN 10028	DIN EN 10027
	StE285	S275N	1.0490	WStE285	P275NH	1.0487
	StE355	S355N	1.0545	WStE355	P355NH	1.0565
	StE420	S420N	1.8902	WStE		
	StE460	S460N	1.8901	WStE460	P460NH	1.8935
Vergütungsstähle	DIN 17200[*)]	DIN EN 10083	DIN EN 10027	DIN 17200[*)]	DIN EN 10083	DIN EN 10027
	C25	C25	1.0406	CM25	C25R	1.1163
	C35	C35	1.0501	Cm50	C50R	1.1241
	C45	C45	1.0503	Cm60	C60R	1.1223
	Ck22	C22E	1.1151	28Mn6	28Mn6	1.1170
	Ck30	C30E	1.1178	34CrMo4	34CrMo4	1.7220
	Ck40	C40E	1.1186	42CrMoS4	42CrMoS4	1.7226

[*)] Norm zurückgezogen

Erläuterungen: In den neuen Kurznamen für Baustähle bedeuten die ersten Buchstaben: S = Stähle für allgemeinen Stahlbau, P = Stähle für Druckbehälterbau, E = Maschinenbaustähle, die Ziffern danach geben die Streckgrenze in N/mm² an, alle weiteren Angaben sind Symbole für verschiedene Merkmale. Bei vereinfachter Angabe ohne Gütegruppe (JR, JO, JRG2 u. dgl.) kann S235 für St37, S275 für St44 und S355 für St52 gesetzt werden.

Tab. 1.2 Mindest-Festigkeitswerte in N/mm² der Stahlsorten nach DIN EN 10025 für warmgewalzte Erzeugnisse aus unlegierten Baustählen (Auszug, gültig für alle Gütegruppen)

Stahlsorte	Zugfestigkeit R_m			Streckgrenze R_{eH}					
	für Nenndicken in mm								
	<3	≥3 ≤100	>100 ≤150	≤16	>16 ≤40	>40 ≤63	>63 ≤80	>80 ≤100	>100 ≤150
S185	310	290	–	185	175	–	–	–	–
S235[*)]	360	340	340	235	225	215	215	215	195
S275	430	410	400	275	265	255	245	235	225
S355	510	490	470	355	345	335	325	315	295
E295	490	470	450	295	285	275	265	255	245
E335	590	570	550	335	325	315	305	295	275
E360	690	670	650	360	355	345	335	325	305

[*)] Die Gütegruppen JR und JRG1 sind nur in Nenndicken ≤25 mm lieferbar.

Tab. 1.3 Gegenüberstellung der alten und der neuen Werkstoffbezeichnungen für Gusseisen und Temperguss (Auszug aus DIN- und DIN EN-Normen)

Kurzzeichen					
früher nach	neu nach	Werkstoff-Nr.	früher nach	neu nach	Werkstoff-Nr.
Gusseisen mit Lamellengraphit (Grauguss)					
DIN 1691*)	DIN EN 1561		DIN 1691*)	DIN EN 1561	
GG-10	EN-GJL-100	EN-JL 1010	GG-25	EN-GJL-250	EN-JL 1040
GG-15	EN-GJL-150	EN-JL 1020	GG-30	EN-GJL-300	EN-JL 1050
GG-20	EN-GJL-200	EN-JL 1030	GG-35	EN-GJL-350	EN-JL 1060
Gusseisen mit Kugelgraphit					
DIN 1693*)	DIN EN 1563		DIN 1693*)	DIN EN 1563	
GGG-40	EN-GJS-400-15	EN-JS 1030	GGG-70	EN-GJS-700-2	EN-JS 1070
GGG-50	EN-GJS-500-7	EN-JS 1050	GGG-80	EN-GJS-800-2	EN-JS 1080
GGG-60	EN-GJS-600-3	EN-JS 1060			
Temperguss					
DIN 1692*)	DIN EN 1562		DIN 1692*)	DIN EN 1562	
GTS-35-10	EN-GJMB-350-10	EN-JM 1130	GTW-35-04	EN-GJMW-350-4	EN-JM 1010
GTS-45-06	EN-GJMB-450-6	EN-JM 1140	GTW-S38-12	EN-GJMW-360-12	EN-JM 1020
GTS-55-04	EN-GJMB-550-4	EN-JM 1160	GTW-40-05	EN-GJMW-400-5	EN-JM 1030
GTS-65-02	EN-GJMB-650-2	EN-JM 1180	GTW-45-07	EN-GJMW-450-7	EN-JM 1040
GTS-70-02	EN-GJMB-700-2	EN-JM 1190			

*) Norm zurückgezogen
Die Werkstoffangabe erfolgt entweder durch das Werkstoff-Kurzzeichen oder die Werkstoff-Nummer.

Tab. 1.4 Gegenüberstellung der alten und der neuen Werkstoffbezeichnungen für einige Leichtmetall-Legierungen (Auszug aus DIN- und DIN EN-Normen)

Kurzzeichen		Werkstoff-Nummer
früher nach	neu nach	
Magnesium-Gusslegierungen		
DIN 1729-2*)	DIN EN 1753	
G-MgAl9Zn1	EN-MCMgAl9Zn1(A)	EN-MC 21120
G-MgAl4Si1	EN-MCMgAl4Si1	EN-MC 21320
G-MgZn4SE1Zr1	EN-MCMgZn4RE1Zr	EN-MC 35110
G-MgAg3SE2Zr1	EN-MCMgRE2Ag2Zr	EN-MC 65210
Aluminium-Gusslegierungen		
DIN 1725-2*)	DIN EN 1706	
G-AlCu4TiMg	EN AC-AlCu4MgTi	EN AC-21000
G-AlSi7Mg	EN AC-AlSi7Mg0,3	EN AC-42100
G-AlSi10Mg	EN AC-AlSi10Mg(a)	EN AC-43000
G-AlSi12	EN AC-AlSi12(b)	EN AC-4420
G-AlSi6Cu4	EN AC-AlSi6Cu4	EN AC-45000
G-AlMg5Si	EN AC-Mg5(Si)	EN AC-51400
Aluminium-Knetlegierungen		
DIN 1725-1*)	DIN EN 573	
AlCuSiMn	EN AW-AlCuSiMg	EN AW-2014
AlMnCu	EN AW-AlMn1Cu	EN AW-3003
AlMg1	EN AW-AlMg1(C)	EN AW-5005(A)
AlMg5	EN AW-AlMg5	EN AW-5019
AlMg2Mn0,3	EN AW-AlMg2	EN AW-5251
AlMg2,7Mn	EN AW-AlMg3Mn	EN AW-5454
AlMg1SiCu	EN AW-AlMg1SiCu	EN AW-6061
AlZnMgCu0,5	EN AW-AlZn5Mg3Cu	EN AW-7023

*) Norm zurückgezogen

Tab. 1.5 Streckgrenzen R_e bzw. 0,2%-Dehngrenzen und Zugfestigkeiten R_m (bei Grauguss) in N/mm² von Eisenwerkstoffen (Auszug aus DIN- und DIN EN-Normen)

\multicolumn{6}{c}{Schweißgeeignete Feinkornbaustähle nach DIN EN 10113 (DIN 17102)}
	Dicke in mm			Dicke in mm	
Sorte	≤16	>40 ≤63	>80 ≤100	Sorte	≤16	>40 ≤63	>80 ≤100

Sorte	≤16	>40 ≤63	>80 ≤100	Sorte	≤16	>40 ≤63	>80 ≤100
S275N (StE285)	275	255		S420N (StE420)	420	390	
S355N (StE355)	355	335		S460N (StE460)	460	430	

Vergütungsstähle nach DIN EN 10083 (DIN 17200) im vergüteten Zustand

Sorte[1]	Dicke[2] in mm			Sorte	Dicke[2] in mm		
	≤16	>16 ≤40	>40 ≤100		>16 ≤40	>40 ≤100	>100 ≤160
C22, C22E, C22R	340	290	–	34Cr4, 34CrS4	590	460	–
C25, C25E, C25R	370	320	–	37Cr4, 37CrS4	630	510	–
C30, C30E, C30R	400	350	300[3]	41Cr4, 41CrS4	660	560	–
C35, C35E, C35R	430	380	320	25CrMo4, 25CrMoS4	600	450	400
C40, C40E, C40R	460	400	350	34CrMo4, 34CrMoS4	650	550	500
C45, C45E, C45R	490	440	370	42CrMo4, 42CrMoS4	750	650	550
C50, C50E, C50R	520	460	400	50CrMo4	780	700	650
C55, C55E, C55R	550	490	420	36CrNiMo4	800	700	600
C60, C60E, C60R	580	520	450	34CrNiMo6	900	800	700
28Mn6	590	490	440	30CrNiMo8	1050	900	800

Einsatzstähle nach DIN EN 10084 (DIN 17210)

Sorte	Dicke[4] 30 mm	Sorte	Dicke[4] 30 mm
C15E (Ck15), C15R (Cm 15)	355	20MnCr5, 20MnCrS5	685
17Cr3	440	20MoCr4, 20MoCrS4	590
16MnCr5, 16MnCrS5	600	18CrNiMo7-6 (17CrNiMo6)	785

Stahlguss nach DIN 1681

GS-38	200	GS-45	230	GS-52	260	GS-60	300

Temperguss nach DIN EN 1562 (DIN 1692)

EN-GJMB-450-6 (GTS-45-06)	270	EN-GJMW-360-12 (GTW-S38-12)	190
EN-GJMB-550-4 (GTS-55-04)	340	EN-GJMW-400-5 (GTW-40-05)	220
EN-GJMB-650-2 (GTS-65-02)	430	EN-GJMW-450-7 (GTW-45-07)	260

Gusseisen mit Kugelgraphit nach DIN EN 1563 (DIN 1693)

EN-GJS-400-18 (GGG-40)	250	EN-GJS-600-3 (GGG-60)	370
EN-GJS-500-7 (GGG-50)	320	EN-GJS-700-2 (GGG-70)	420

Gusseisen mit Lamellengraphit nach DIN EN 1561 (Grauguss DIN 1691) Zugfestigkeit R_m

EN-GJL-100 (GG-10)	100	EN-GJL-250 (GG-25)	250
EN-GJL-150 (GG-15)	150	EN-GJL-300 (GG-30)	300
EN-GJL-200 (GG-20)	200	EN-GJL-350 (GG-35)	350

[1] Beispiele für frühere Kurznamen nach DIN 17200 siehe Tab. 1.1.
[2] Gilt für Durchmesser, Werte für Flacherzeugnisse siehe Norm.
[3] Gilt für Durchmesser bis 63 mm.
[4] In der Norm ist die Streckgrenze nicht mehr angegeben, die genannten Werte sind der zurückgezogenen Norm entnommen und gelten als Anhaltswerte.

Tab. 1.6 0,2%-Dehngrenzen $R_{p0,2}$ in N/mm^2 verschiedener Leichtmetall-Legierungen (Auszug aus DIN- und DIN EN-Normen)

Aluminium-Gusslegierungen[1] Nach DIN EN 1706 (DIN 1725-2)			
EN AC-21000 bzw. EN AC-AlCu4MgTi	(G-AlCu4TiMg)	T4[3]	200
EN AC-43000 bzw. EN AC-AlSi10Mg(a)	(G-AlSi10Mg)	T6	180
EN AC-43300 bzw. EN AC-AlSio9Mg	(G-AlSi9Mg)	T6	190
EN AC-44000 bzw. EN AC-AlSi11	(G-AlSi11)	F	70
EN AC-44200 bzw. EN AC-AlSi12(a)	(G-AlSi12)	F	70
EN AC-47000 bzw. EN AC-AlSi12(Cu)	(G-AlSi12(Cu))	F	80
EN AC-51300 bzw. EN AC-AlMg5	(G-AlMg5)	F	90
EN AC-51400 bzw. EN AC-AlMg5(Si)	(G-AlMg5Si)	F	100

Magnesium-Gusslegierungen[1] nach DIN EN 1753 (DIN 1729-2)			
EN-MC21120 bzw. EN-MCMgAl9Zn1(A)	(G-MgAl9Zn1)	F[3]	90
EN-MC35110 bzw. EN-MCMgZn4RE1Zr	(G-MgZn4SE1Zr1)	T5	135
EN-MC65120 bzw. EN-MCMgRE3ZN2Zr	(G-MgSE3Zn2Zr1)	T5	95
EN-MC65210 bzw. EN-MCMgRE2Ag2Zr	(G-MgAg3SE2Zr1)	T6	175

Aluminium und Al.-Knetlegierungen [2] für stranggepresste Stangen, Rohre und Profile nach DIN EN 755 (DIN 1748)					
EN AW-1050A [Al99,5] (Al99,5)	H112[3]	20	EN AW-5052 [AlMg2,5] (AlMg2,5)	H112[3]	70
EN AW-1070A [Al99,7] (Al99,7)	H112	20	EN AW-5086 [AlMg4] (AlMg4Mn)	H112	95
EN AW-1020 [Al99,0] (Al99)	H112	25	EN AW-5251 [AlMg2] (AlMg2Mn0,3)	H112	60
EN AW-2014 [AlCu4SiMg] (AlCuSiMn)	T4	230	EN AW-5454 [AlMg3Mn] (AlMg2,7Mn)	H112	85
EN AW-2024 [AlCu4Mg1] (AlCuMg2)	T3	290	EN AW-6005A [AlSiMg(A)] (AlSiMg0,7)	T6	215
EN AW-3003 [AlMn1Cu] (AlMnCu)	H112	35	EN AW-6061 [AlMg1SiCu] (AlMg1SiCu)	T4	110
EN AW-3103 [AlMn1] (AlMn1)	H112	35	EN AW-6082 [AlSi1MgMn] (AlMgSi)	T4	110
EN AW-5005A [AlMg1(C)] (AlMg1)	H112	40	EN AW-7020 [AlZn4,5Mg1] (AlZn4,5Mg1)	T6	275
EN AW-5019 [AlMg5] (AlMg5)	H112	110	EN AW-7022 [AlZn5Mg3Cu] (AlZnMgCu0,5)	T6	400
EN AW-5051A [AlMg2(B)] (AlMg1,8)	H112	50	EN AW-7075 [AlZn5,5MgCu] (AlZnMgCu1,53)	T6	400

[1] Die Festigkeitswerte gelten für Sandguss und sind vom Werkstoffzustand abhängig. Bei Kokillen- und Druckguss liegen sie etwa um 10 bis 30% höher (siehe Norm). Symbole für Gießverfahren: S = Sandguss (G), K = Kokillenguss (GK), D = Druckguss (GD).
[2] Die Festigkeitswerte sind vom Werkstoffzustand und bei einigen Legierungen von den Erzeugnismaßen abhängig (siehe Norm). Angegeben wurde der jeweils kleinste Wert beim genannten Zustand (Werte für H112 auch für F gültig).
[3] Bedeutung der Kurzzeichen für die genannten Werkstoffzustände nach DIN EN 515:
F = Guss- bzw. Herstellungszustand, T3 = Lösungsgeglüht, kaltverformt und kaltausgelagert, T4 = Lösungsgeglüht und kaltausgelagert, T5 = Gusszustand und warmausgelagert, T6 = Lösungsgeglüht und warmausgelagert, H112 = Geringfügig kaltverfestigt.

Tab 1.7 Werkstoffbezeichnungen und 0,2%-Dehngrenze $R_{p0,2}$ verschiedener Kupfer-Gusslegierungen (Auszug aus DIN- und DIN EN-Normen)

Kurzzeichen			Gießverfahren		
früher nach	neu nach	Werkstoff-Nr.	GS	GZ	GC
Kupfer-Zink-Gusslegierungen (Gussmessing)					
DIN 1709*)	DIN EN 1982		$R_{p0,2}$ in N/mm²		
CuZn15	CuZn15As-C	CC760S	70	–	–
CuZn33Pb	CuZn33Pb2-C	CC750S	70	70	–
–	CuZn39Pb1Al-C	CC754S	80	120	–
CuZn35Al	CuZn35Mn2Al1Fe1-C	CC765S	170	200	200
CuZn15Si4	CuZn16Si4-C	CC761S	230	300	–
CuZn34Al2	CuZn34Mn3Al2F1-C	CC764S	250	260	–
CuZn25Al5	CuZn25Al5Mn4Fe3-C	CC762S	450	480	480
Kupfer-Aluminium-Gusslegierungen (Guss-Aluminium-Bronze)					
DIN 1714*)	DIN EN 1982		$R_{p0,2}$ in N/mm²		
CuAl10Fe	CuAl10Fe2-C	CC331G	180	200	200
CuAl9Ni	CuAl10Ni3Fe2-C	CC332G	180	220	220
CuAl10Ni	CuAl10Fe5Ni5-C	CC333G	250	280	280
CuAl11Ni	CuAl11Fe6Ni6-C	CC334G	320	380	–
Kupfer-Zinn-Blei-Gusslegierungen (Guss-Zinn-Blei-Bronze)					
DIN 1716*)	DIN EN 1982		$R_{p0,2}$ in N/mm²		
–	CuSn5Pb9-C	CC494K	60	90	100
CuPb20Sn	CuSn5Pb20-C	CC497K	70	80	90
CuPb15Sn	CuSn7Pb15-C	CC496K	80	90	90
CuPb10Sn	CuSn10Pb10-C	CC495K	80	110	110
Kupfer-Zinn- und Kupfer-Zinn-Zink-Gusslegierungen (Guss-Zinnbronze und Rotguss)					
DIN 1705*)	DIN EN 1982		$R_{p0,2}$ in N/mm²		
CuSn10	CuSn10-C	CC480K	130	160	170
CuSn12Pb	CuSn11Pb2-C	CC482K	130	150	150
CuSn12	CuSn12-C	CC483K	140	150	150
CuSn12Ni	CuSn12Ni2-C	CC484K	160	180	180
CuSn2ZnPb	CuSn3Zn8Pb5-C	CC490K	85	100	100
CuSn5ZnPb	CuSn5Zn5Pb5-C	CC491K	90	110	110
CuSn6ZnNi	CuSn7Zn2Pb3-C	CC492K	130	130	130
CuSn7ZnPb	CuSn7Zn4Pb7-C	CC493K	120	120	120

*) Norm zurückgezogen

Gießverfahren: GS = Sandguss (früher G), GZ = Schleuderguss, GC = Strangguss, weitere: GM = Kokillenguss, GP = Druckguss.

Das Gießverfahren ist vor dem Kurzzeichen anzugeben, Beispiele: GS-CuSn10-C (früher: G-CuSn10), GZ-CuSn12-C, GC-CuSn5Pb9-C.

Die Bezeichnungen *Messing*, *Bronze* und *Rotguss* sind in DIN 1718 erläutert.

Tab. 1.8 Festigkeitskennwerte[1] in N/mm² für einige Stahlwerkstoffe (auszugsweise nach [1.5])
R_m = Zugfestigkeit, R_e = Streckgrenze bzw. 0,2%-Dehngrenze, σ_W = Zug-Druck-Wechselfestigkeit, σ_{Sch} = Zugschwellfestigkeit, σ_{bW} = Biegewechselfestigkeit, τ_{sW} = Schubwechselfestigkeit, τ_{tW} = Torsionswechselfestigkeit

Stahlart	Stahlsorte	R_m	R_e	σ_W	σ_{Sch}	σ_{bW}	τ_{sW}	τ_{tW}
Baustahl DIN EN 10025 (DIN 17100)	S185 (St33)	310	185	140	138	155	80	90
	S235 (St37)	360	235	160	158	180	95	105
	S275 (St44)	430	275	195	185	215	110	125
	S355 (St52-3)	510	355	230	215	255	130	150
	E295 (St50-2)	490	295	220	205	245	125	145
	E335 (St60-2)	590	335	265	240	290	155	170
	E360 (St70-2)	690	360	310	270	340	180	200
Feinkornbaustahl normalgeglüht DIN EN 10113	S275N, S275NL	370	275	165	160	185	95	110
	S355N, S355NL	470	355	210	200	235	120	140
	S420N, S420NL	520	420	235	215	260	135	150
	S460N, S460NL	550	460	245	225	275	140	160
	S355M, S355ML	450	355	205	190	225	115	130
	S460M, S460ML	530	460	240	220	265	140	155
Vergütungsstahl normalgeglüht DIN EN 10083	C22E, C22R, C22	430	240	195	185	215	110	125
	C30E, C30R, C30	510	280	230	215	255	135	150
	C40E, C40R, C40	580	320	260	235	285	150	170
	C50E, C50R, C50	650	355	295	260	320	170	190
	C60E, C60R, C60	710	380	320	280	350	185	205
	28Mn6	630	345	285	250	310	165	185
Vergütungsstahl vergütet DIN EN 10083	C22E, C22R, C22	500	340	225	210	250	130	145
	C30E, C30R, C30	600	400	270	245	295	155	175
	C40E, C40R, C40	650	460	295	260	320	170	190
	C50E, C50R, C50	750	520	340	290	365	195	215
	C60E, C60R, C60	850	580	385	320	415	220	245
	28Mn6	800	590	360	305	390	210	230
	46Cr2, 46CrS2	900	650	405	335	435	235	260
	41Cr4, 41CrS4	1000	800	450	360	480	260	285
	42CrMo4, 42CrMoS4	1100	900	495	385	525	285	315
	30CrNiMo8	1250	1050	565	420	595	325	355
Stahlguss DIN 1681	GS-38	380	200	130	125	150	75	90
	GS-45	450	230	150	130	180	90	105
	GS-52	520	260	175	145	205	100	125
	GS-60	600	300	205	160	235	120	140

[1] Normwerte bezogen auf einen Probendurchmesser von 7,5 mm und eine Überlebenswahrscheinlichkeit von 97,5%, bei Stahlguss auf einen Rohgussdurchmesser von 100 mm.
Hinweise auf die alten Werkstoffbezeichnungen enthält Tab. 1.1.

Tab. 1.9 Festigkeitskennwerte von Stahl und Gusseisen (Grauguss) für ruhende Beanspruchung
(R_m und R_e bzw. $R_{p0,2}$ nach den Tabn. 1.2 und 1.5, f_q nach Tab. 1.10)

Werkstoff	Beanspruchungsart				
	Zug	Druck	Biegung	Schub	Torsion
Stahl	R_m	$\sigma_{dB} \approx R_m$	$\sigma_{bB} \approx f_q \cdot R_m$	$\tau_{aB} \approx 0{,}8 R_m$	$\tau_{tB} \approx 0{,}7 R_m$
	R_e bzw. $R_{p0,2}$	$\sigma_{dF} \approx R_e$	$\sigma_{bF} \approx f_q \cdot R_e$	–	$\tau_{tF} \approx 0{,}6 R_e$
Grauguss	R_m	$\sigma_{dB} \approx 4 R_m$	$\sigma_{bB} \approx f_q \cdot R_m$	$\tau_{aB} \approx R_m$	$\tau_{tB} \approx R_m$

Tab. 1.10 Anhaltswerte für die Querschnittsformzahl f_q bei ruhender Biegebeanspruchung

Querschnittsform	I	■	⊥	▬	●	◆
$f_q \approx$	1,05	1,15	1,2	1,2	1,4	1,5

Tab. 1.11 Biegebeanspruchte Träger
1 Bezeichnung, *2* Belastungsschema, *3* Biegemomentenfläche, *4* Querkraftfläche, *5* Stützkräfte, *6* größte Biegemomente

1	Freiträger		Stützträger		
	mit einer Einzelkraft	mit drei Einzelkräften	mit einer Einzelkraft	mit zwei Einzelkräften	mit drei Einzelkräften
2					
3					
4					
5	$F_A = F$	$F_A = F_1 + F_2 + F_3$	$F_A = F \cdot l/L$ $F_B = F - F_A$	$F_A = \dfrac{F_1 \cdot l_1 + F_2 \cdot l_2}{l}$ $F_B = F_1 + F_2 - F_A$	$F_A = \dfrac{F_1 \cdot l_1 + F_2 \cdot l_2 - F_3 \cdot l_3}{l}$ $F_B = F_1 + F_2 + F_3 - F_A$
6	$M_{b\,max} = F \cdot l$	$M_{b\,max} =$ $F_1 \cdot l_1 + F_2 \cdot l_2 + F_3 \cdot l_3$	$M_{b\,max} =$ $F_B \cdot l = F_A(L - l)$	$M_{b\,max} = M_{b2} \cdot F_B \cdot l_2$	$M_{b\,max1} = F_A(L - l_1)$ $M_{b\,max2} = F_3 \cdot l_3$

Tab. 1.12 Axiale Flächen- und Widerstandsmomente einiger Querschnittsflächen

Querschnitt	Flächenmoment 2. Grades	Widerstandsmoment
	$I = \dfrac{\pi d^4}{64}$	$W_b = \dfrac{\pi d^3}{32} \approx 0{,}1 d^3$
	$I = \dfrac{\pi}{64}(d_a^4 - d_i^4)$	$W_b = \dfrac{\pi}{32} \cdot \dfrac{d_a^4 - d_i^4}{d_a}$
	$I_x = \dfrac{bh^3}{12}$	$W_b = \dfrac{bh^2}{6}$
	$I_x = \dfrac{h^4}{12}$	$W_b = \dfrac{h^3}{6}$
	$I_x = \dfrac{b(h^3 - h_1^3) + b_1(h_1^3 - h_2^3)}{12}$ $W_b = \dfrac{b(h^3 - h_1^3) + b_1(h_1^3 - h_2^3)}{6h}$	
	$I_x = \dfrac{BH^3 + bh^3}{12}$ $W_b = \dfrac{BH^3 + bh^3}{6H}$	
	$I_x = \dfrac{BH^3 - bh^3}{12}$	$W_b = \dfrac{BH^3 - bh^3}{6H}$
	$I_x = \dfrac{1}{3}(Be_1^3 - bh^3 + ae_2^3)$ $e_1 = \dfrac{1}{2} \dfrac{aH^2 - bh^2}{aH - bd}$ $e_2 = H - e_1$ $h = e_1 - d$	
	$I_x = \dfrac{1}{3}(Be_1^3 - B_1 h^3 + be_2^3 - b_1 h_1^3)$ $e_1 = \dfrac{1}{2} \dfrac{aH^2 + B_1 d^2 + b_1 d_1(2H - d_1)}{aH + B_1 d + b_1 d_1}$ $B_1 = B - a \qquad b_1 = b - a \qquad e_2 = H - e_1$	

Tab. 1.13 Formzahlen (weitere siehe die Tabn. 15.3 bis 15.5)

Skizze	Formzahl
Rundstab mit Umlaufkerbe, Zug/Druck (F, D, d, t, r)	$\alpha_{\sigma,zd} = 1 + \dfrac{1}{\sqrt{0{,}62\,\dfrac{r}{t} + 7\,\dfrac{r}{d}\left(1+2\,\dfrac{r}{d}\right)^2}}$
Rundstab mit Umlaufkerbe, Biegung (M_b)	$\alpha_{\sigma,b} = 1 + \dfrac{1}{\sqrt{0{,}62\,\dfrac{r}{t} + 11{,}6\,\dfrac{r}{d}\left(1+2\,\dfrac{r}{d}\right)^2 + 0{,}2\left(\dfrac{r}{t}\right)^3 \dfrac{d}{D}}}$
Rundstab mit Umlaufkerbe, Torsion (T)	$\alpha_{\tau,t} = 1 + \dfrac{1}{\sqrt{3{,}4\,\dfrac{r}{t} + 38\,\dfrac{r}{d}\left(1+2\,\dfrac{r}{d}\right)^2 + 1{,}0\left(\dfrac{r}{t}\right)^2 \dfrac{d}{D}}}$
Rundstab mit Absatz, Zug/Druck	$\alpha_{\sigma,zd} = 1 + \dfrac{1}{\sqrt{0{,}22\,\dfrac{r}{t} + 2{,}74\,\dfrac{r}{d}\left(1+2\,\dfrac{r}{d}\right)^2}}$
Rundstab mit Absatz, Biegung	$\alpha_{\sigma,b} = 1 + \dfrac{1}{\sqrt{0{,}20\,\dfrac{r}{t} + 5{,}5\,\dfrac{r}{d}\left(1+2\,\dfrac{r}{d}\right)^2}}$
Rundstab mit Absatz, Torsion	$\alpha_{\tau,t} = 1 + \dfrac{1}{\sqrt{0{,}7\,\dfrac{r}{t} + 20{,}6\,\dfrac{r}{d}\left(1+2\,\dfrac{r}{d}\right)^2}}$
Flachstab mit Umlaufkerbe, Zug/Druck, Dicke s	$\alpha_{\sigma,zd} = 1 + \dfrac{1}{\sqrt{0{,}5\,\dfrac{r}{t} + 5\,\dfrac{r}{b}\left(1+2\,\dfrac{r}{b}\right)^2}}$
Flachstab mit Umlaufkerbe, Biegung, Dicke s	$\alpha_{\sigma,b} = 1 + \dfrac{1}{\sqrt{0{,}5\,\dfrac{r}{t} + 12\,\dfrac{r}{b}\left(1+2\,\dfrac{r}{b}\right)^2}}$
Flachstab mit Absatz, Zug/Druck, Dicke s	$\alpha_{\sigma,zd} = 1 + \dfrac{1}{\sqrt{0{,}22\,\dfrac{r}{t} + 1{,}7\,\dfrac{r}{b}\left(1+2\,\dfrac{r}{b}\right)^2}}$
Flachstab mit Absatz, Biegung, Dicke s	$\alpha_{\sigma,b} = 1 + \dfrac{1}{\sqrt{0{,}2\,\dfrac{r}{t} + 4{,}2\,\dfrac{r}{b}\left(1+2\,\dfrac{r}{b}\right)^2}}$

Tab. 1.14 Dynamische Stützziffer n_χ in Abhängigkeit vom bezogenen Spannungsgefälle χ und von der Streckgrenze R_e bzw. $R_{p0,2}$ oder der Zugfestigkeit R_m (nach VDI 2226)

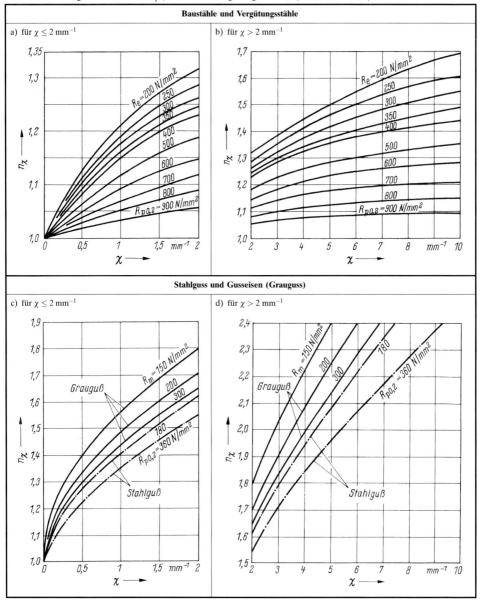

Tab. 1.15 Größenbeiwert b_g für Stähle bei schwingender Beanspruchung (Anhaltswerte)

Bauteildicke in mm	≤10	20	50	100	150	200
b_g	1,0	0,9...0,82	0,82...0,68	0,78...0,6	0,77...0,59	0,75...0,58

Oberwerte für Baustahl, Unterwerte für Einsatz und Vergütungsstahl

Tab. 1.16 Anhaltswerte für erforderliche Sicherheiten S_{Ferf} gegen Fließen und S_{Berf} gegen Bruch in Abhängigkeit vom Lastfall

Lastfall	ruhend (I)	schwellend (II)	wechselnd (III)
S_{Ferf}	1,2 ... 1,5	1,8 ... 2,4	3 ... 4
S_{Berf}[1)]	2 ... 2,5 (3,5 ... 4)	3 ... 4 (4 ... 5)	5 ... 6

[1)] Werte in Klammern für Druck und Biegedruck bei $\sigma_{bD} = \sigma_{bdB} \approx 4 R_m$.

Tab. 1.17 Anhaltswerte für erforderliche Sicherheiten S_{Derf} gegen Dauerbruch

Beanspruchungsbereich	Wechselbereich	Schwellbereich
S_{Derf}	1,3 ... 2,0	1,2 ... 1,8
Zusätzlich überprüfen:	Mindestsicherheit	
Zähe Werkstoffe und Ruhegrad $R > 0{,}5$	gegen Fließen: $S_{Fmin} \geq 1{,}2$	
Spröde Werkstoffe und Ruhegrad $R > 0{,}75$	gegen Bruch: $S_{Bmin} \geq 2{,}0$	

Tab. 1.18 Druckfestigkeitsfaktor f_σ und Schubfestigkeitsfaktor f_τ (nach FKM-Richtlinie [1.5])

Werkstoff	f_σ	f_τ
Stahl/Stahlguss	1	0,58
GGG	1,3	0,65
Aluminiumknetlegierung	1	0,85
Aluminiumgusslegierung	1,5	0,75

Tab. 1.19 Graugussfaktor K_{NL} (nach FKM-Richtlinie [1.5])

Werkstoffsorte	EN-GJL-100	EN-GJL-150	EN-GJL-200	EN-GJL-250	EN-GJL-300	EN-GJL-350
$K_{NL, Zug}$	1,15	1,15	1,10	1,10	1,05	1,05
$K_{NL, Druck}$	0,87	0,87	0,91	0,91	0,95	0,95

Tab. 1.20 Anisotropiefaktor K_A (nach FKM-Richtlinie [1.5])

Stahl				
R_m (in N/mm²)	bis 600	über 600 bis 900	über 900 bis 1200	über 1200
K_A	0,90	0,86	0,83	0,80
Aluminiumknetwerkstoff				
R_m (in N/mm²)	bis 200	über 200 bis 400	über 400 bis 600	
K_A	1	0,95	0,90	

Tab. 1.21 Schweißnahtfaktor α_W nach DIN 18800 Teil 1 (nach FKM-Richtlinie [1.5])

Naht	Nahtgüte	Spannungsart	$R_m \leq 360$ N/mm^2	$R_m > 360$ N/mm^2
durch- oder gegengeschweißt	alle	Druck	1,0	1,0
	nachgewiesen	Zug		
	nicht nachgewiesen		0,95 (0,80) (Aluminium)	0,80
nicht durchgeschweißt oder Kehlnaht	alle	Druck oder Zug	0,95 (0,80) (Aluminium)	0,80
alle	alle	Schub		
Stumpfstoß		Zug	0,55	–

Tab. 1.22 Sicherheitsfaktor j (nach FKM-Richtlinie [1.5])

	Stahl, duktiler Aluminiumknetwerkstoff	Stahlguss, Grauguss	
		nicht zerstörungsfrei geprüft	zerstörungsfrei geprüft
j_m	2,0	2,8	2,5
j_p	1,5	2,1	1,9
j_{mt}	1,5	2,1	1,9
j_{pt}	1,0	1,4	1,25
j_D	1,5	2,1	1,9

Tab. 1.23 Zug-Druck-Wechselfestigkeitsfaktor $f_{W,\sigma}$ und Schubwechselfestigkeitsfaktor $f_{W,\tau}$ (nach FKM-Richtlinie [1.5])

Werkstoffgruppe	$f_{W,\sigma}$	$f_{W,\tau}$
Einsatzstahl	0,40	0,577
nichtrostender Stahl	0,40	0,577
Schmiedestahl	0,40	0,577
Stahl außer diesen	0,45	0,577
GS	0,34	0,577
GGG	0,34	0,65
GT	0,30	0,75
GG	0,30	0,85
Aluminiumknetwerkstoff	0,30	0,577
Aluminiumgusswerkstoff	0,30	0,75

Tab. 1.24 Bauteilklassen für Nennspannung (Normalspannung) (nach [1.6])

Nr.	Konstruktives Detail	Beschreibung	FAT Stahl	FAT Alu
200		Stumpfnähte, querbelastet		
211		Querbelastete Stumpfnaht (X- oder V-Naht) blecheben bearbeitet, 100 % zerstörungsfreie Prüfung	125	50
212		Querbelastete Stumpfnaht in der Werkstatt in Wannenlage geschweißt, Nahtwinkel ≤ 30, zerstörungsfreie Prüfung	100	40
213		Querbelastete Stumpfnaht ohne die Bedingungen nach Nr. 212, zerstörungsfreie Prüfung	80	32

Tab. 1.25 Der Graugussfaktor $K_{NL,E}$ berücksichtigt das nichtlinear-elastische Spannungs-Dehnungs-Verhalten von Grauguss bei Zug-Druck- und Biegebelastung (nach FKM-Richtlinie [1.5])

Werkstoffsorte	EN-GJL-100	EN-GJL-150	EN-GJL-200	EN-GJL-250	EN-GJL-300	EN-GJL-350
$K_{NL,E}$	1,075		1,05		1,025	

Tab. 1.26 Eigenspannungsfaktor $K_{E,\sigma}$, $K_{E,\tau}$ und Mittelspannungsempfindlichkeit M_σ, M_τ (nach FKM-Richtlinie [1.5])

Eigenspannung		$K_{E,\sigma}$	M_σ	$K_{E,\tau}$	M_τ [1)]
keine eigenspannungsmindernde Maßnahme	hoch	1,00	0	1,00	0
mäßige Eigenspannung z. B. durch sinnvolle Abfolge	mäßig	1,26	0,15	1,15	0,09
keine Eigenspannung vorhanden z. B. Spannungsarmglühen	gering	1,54	0,30	1,30	0,17

[1)] Für Schubspannung gilt $M_\tau = f_{W,\tau} \cdot M_\sigma, f_{W,\tau} = 0{,}577$.

Tab. 1.27 Knickpunktzyklenzahlen N_D und Neigungsexponenten sowie Werte $f_{II,\sigma}$ und $f_{II,\tau}$ der Bauteil-Wöhlerlinien (WL) (nach FKM-Richtlinie [1.5])

Bauteil	$N_{D,\sigma}$	$N_{D,\sigma,II}$	k_σ	$k_{D,\sigma}$	$f_{II,\sigma}$
Normalspannung					
Stahl und Eisengusswerkstoff (WL Typ I)					
nicht geschweißt	10^6	–	5	–	1,0
geschweißt	$5 \cdot 10^6$	–	3	–	1,0
Aluminiumwerkstoff und austenitischer Stahl (WL Typ II)					
nicht geschweißt	10^6	10^8	5	15	0,74
geschweißt	$5 \cdot 10^6$	–	3	–	1,0
Schubspannung					
Bauteil	$N_{D,\tau}$	$N_{D,\tau,II}$	k_τ	$k_{D,\tau}$	$f_{II,\tau}$
Stahl und Eisengusswerkstoff (WL Typ I)					
nicht geschweißt	10^6	–	8	–	1,0
geschweißt	10^8	–	5	–	1,0
Aluminiumwerkstoff (WL Typ II)					
nicht geschweißt	10^6	10^8	8	25	0,83
geschweißt	10^8	–	5	–	1,0

Tab. 1.28 Konstante $\tilde{K}_f$ (nach FKM-Richtlinie [1.5])

Werkstoffgruppe	Stahl Aluknetwerkstoff	GS	GGG	GT	GG
$\tilde{K}_f$	2,0	2,0	1,5	1,2	1,0

Tab. 1.29 Effektiver Durchmesser d_{eff} (nach FKM-Richtlinie [1.5])

Nr.	Querschnittsform	d_{eff} Fall 1	d_{eff} Fall 2
1		d	d
2		$2s$	s
3		$2s$	s
4		$\dfrac{2b \cdot s}{b+s}$	s
5		b	b

Tab. 1.30 Konstanten a_G und b_G (nach FKM-Richtlinie [1.5])

Werkstoff-gruppe	Nicht-rostender Stahl	Anderer Stahl	GS	GGG	GT	GG	Aluminium-knet-werkstoff	Aluminium-guss-werkstoff
a_G	0,40	0,50	0,25	0,05	−0,05	−0,05	0,05	−0,05
b_G	2400	2700	2000	3200	3200	3200	850	3200

Tab. 1.31 Bezogene Spannungsgefälle $\bar{G}_\sigma(r)$ und $\bar{G}_\tau(r)$ für einfache Bauformen [1]) (nach FKM-Richtlinie [1.5])

Bauteilform	$\bar{G}_\sigma(r)$ [2) 3)]	$\bar{G}_\tau(r)$ [4)]
	$\dfrac{2}{r} \cdot (1+\varphi)$	$\dfrac{1}{r}$
	$\dfrac{2,3}{r} \cdot (1+\varphi)$	$\dfrac{1,15}{r}$
	$\dfrac{2}{r} \cdot (1+\varphi)$ [5)]	–
	$\dfrac{2,3}{r} \cdot (1+\varphi)$ [5)]	–
Rundstab oder Flachstab	$\dfrac{2,3}{r}$ [5)]	–

[1)] $r > 0$. Für Rundstähle gelten die Gleichungen näherungsweise auch bei Längsbohrungen.

[2)] $\varphi = 0$ für $\dfrac{t}{d} > 0{,}25$ oder $\dfrac{t}{b} > 0{,}25$,

$\varphi = \dfrac{1}{\left(4\sqrt{\dfrac{t}{r}} + 2\right)}$ für $\dfrac{t}{d} \leq 0{,}25$ bzw. $\dfrac{t}{b} \leq 0{,}25$.

[3)] Das bezogene Spannungsgefälle $\bar{G}_\sigma(r)$ gilt für Zugdruck und für Biegung; der Unterschied wird mit der Stützzahl $n_\sigma(d)$ berücksichtigt.

[4)] Das bezogene Spannungsgefälle $\bar{G}_\tau(r)$ gilt für Schub und für Torsion; der Unterschied wird mit der Stützzahl $n_\tau(d)$ berücksichtigt.

[5)] Dicke s

Tab. 1.32 Konstante $a_{R,\sigma}$ und minimale Zugfestigkeit in der Werkstoffgruppe, $R_{m,N,min}$ (nach FKM-Richtlinie [1.5])

Werkstoffgruppe	Stahl	GS	GGG	GT	GG	Aluminiumknetwerkstoff	Aluminiumgusswerkstoff
$a_{R,\sigma}$	0,22	0,20	0,16	0,12	0,06	0,22	0,20
$R_{m,N,min}$ (in MPa)	400	400	400	350	100	133	133

Tab. 1.33 Konstante a_M und b_M (nach FKM-Richtlinie [1.5])

Werkstoffgruppe	Stahl	GS	GGG	GT	GG	Aluminium-knetwerkstoff	Aluminium-gusswerkstoff
a_M	0,35	0,35	0,35	0,35	0	1,0	1,0
b_M	−0,1	0,05	0,08	0,13	0,5	−0,04	0,2

Tab. 1.34 Ertragbare Minersumme D_M, empfohlene Werte (nach FKM-Richtlinie [1.5])

	nicht geschweißte Bauteile	geschweißte Bauteile
Stahl, GS, Aluminium	0,3	0,5
GGG, GT, GG	1,0	1,0

Tab. 1.35 Technologische Größeneinflussfaktoren $K_{d,m}$ und $K_{d,p}$ (d_{eff} siehe Tab. 1.29), weitere Werte siehe FKM-Richtlinie [1.5]

Material		
	Bestimmung von $K_{d,m}$ und $K_{d,p}$ (für die Fließgrenzen sind die Werte $K_{d,m}$, $d_{eff,N,m}$, $a_{d,m}$ durch $K_{d,p}$, $d_{eff,N,p}$, $a_{d,p}$ zu ersetzen, außer GG)	
Grauguss	für $d_{eff} \leq 7,5$ mm $\quad K_{d,m} = 1,207$ für $d_{eff} > 7,5$ mm $\quad K_{d,m} = 1,207 \cdot \left(\dfrac{d_{eff}}{7,5 \text{ mm}}\right)^{-0,1922}$	
Nichtrostender Stahl DIN EN 10 088	$K_{d,m} = K_{d,p} = 1$ (innerhalb des Abmessungsbereichs der Norm ist kein Größeneinfluss feststellbar)	
Unlegierter Baustahl DIN EN 10 025	$d_{eff,N,m} = 40$ mm $d_{eff,N,p} = 40$ mm $a_{d,m} = 0,15$ $a_{d,p} = 0,30$	für $d_{eff} \leq d_{eff,N,m}$, $\quad K_{d,m} = K_{d,p} = 1$ für $d_{eff,N,m} < d_{eff} < d_{eff,max,m}$ $d_{eff,max,m} = 250$ mm für Walzstahl $d_{eff,max,m} = \infty$ für alle anderen
Stahlguss DIN 1681	$d_{eff,N,m} = 100$ mm $d_{eff,N,p} = 100$ mm $a_{d,m} = 0,15$ $a_{d,p} = 0,30$	$K_{d,m} = \dfrac{1 - 0,7686 \cdot a_{d,m} \cdot \lg\left(\dfrac{d_{eff}}{7,5 \text{ mm}}\right)}{1 - 0,7686 \cdot a_{d,m} \cdot \lg\left(\dfrac{d_{eff,N,m}}{7,5 \text{ mm}}\right)}$
Aluminiumknetwerkstoff	$K_{d,m} = K_{a,p} = 1$	R_m und R_p sind werkstoff- und größenabhängig aus den Werkstofftabellen zu entnehmen
Aluminiumgusswerkstoff	für $d_{eff} \leq d_{eff,N,m} = d_{eff,N,p} = 12$ mm $\quad K_{d,m} = K_{d,p} = 1$ für 12 mm $< d_{eff} < d_{eff,max,m} = d_{eff,max,p} = 150$ mm $\quad K_{d,m} = K_{d,p} = 1,1 \cdot \left(\dfrac{d_{eff}}{7,5 \text{ mm}}\right)^{-0,2}$ für $d_{eff} > 150$ mm $\quad K_{d,m} = K_{d,p} = 0,6$	
Geschweißte Bauteile	Im Nahtquerschnitt gilt für Stahl, Eisengusswerkstoffe und Aluminiumwerkstoffe $K_{a,m} = K_{d,p} = 1$	

Tab. 1.36 Berechnung des Mittelspannungsfaktors $K_{AK,zd}$ (nach FKM-Richtlinie [1.5]), analog andere Spannungen

Bereich	F1	F2	F3	F4
I	$s_{m,zd} = \dfrac{S_{m,zd}}{K_{E,\sigma} \cdot S_{WK,zd}} < \dfrac{-1}{1 - M_\sigma}$ $K_{AK,z} = \dfrac{1}{(1 - M_\sigma)}$	$R_{zd} > 1$ $K_{AK,zd} = \dfrac{1}{(1 - M_\sigma)}$	$s_{min,zd} = \dfrac{S_{min,zd}}{K_{E,\sigma} \cdot S_{WK,zd}} < \dfrac{-2}{1 - M_\sigma}$ $K_{AK,zd} = \dfrac{1}{(1 - M_\sigma)}$	$s_{max,zd} = \dfrac{S_{max,zd}}{K_{E,\sigma} \cdot S_{WK,zd}} < 0$ $K_{AK,zd} = \dfrac{1}{(1 - M_\sigma)}$
II	$\dfrac{-1}{(1 - M_\sigma)} \leq s_{m,zd} \leq \dfrac{1}{1 + M_\sigma}$ $K_{AK,zd} = 1 - M_\sigma \cdot s_{m,zd}$	$-\infty \leq R_{zd} \leq 0$ $K_{AK,zd} = \dfrac{1}{1 + M_\sigma \cdot \dfrac{S_{m,zd}}{S_{a,zd}}}$	$\dfrac{-2}{(1 - M_\sigma)} \leq s_{min,zd} \leq 0$ $K_{AK,zd} = \dfrac{1 - M_\sigma \cdot s_{min,zd}}{1 + M_\sigma}$	$0 \leq s_{max,zd} \leq \dfrac{2}{(1 + M_\sigma)}$ $K_{AK,zd} = \dfrac{1 - M_\sigma \cdot s_{max}}{1 - M_\sigma}$
III	$\dfrac{1}{1 + M_\sigma} < s_{m,zd} < \dfrac{3 + M_\sigma}{(1 + M_\sigma)}$ $K_{AK,zd} = \dfrac{1 + \dfrac{M_\sigma}{3}}{1 + M_\sigma} - \dfrac{M_\sigma}{3} \cdot s_{m,zd}$	$0 < R_{zd} < 0{,}5$ $K_{AK,zd} = \dfrac{1 + \dfrac{M_\sigma}{3}}{1 + \dfrac{M_\sigma}{3} \cdot \dfrac{S_{m,zd}}{S_{a,zd}}}$	$0 < s_{min,zd} < \dfrac{2}{1 + M_\sigma} \cdot \dfrac{3 + M_\sigma}{(1 + M_\sigma)^2}$ $K_{AK,zd} = \dfrac{1 + \dfrac{M_\sigma}{3} - \dfrac{M_\sigma}{3} \cdot s_{min,zd}}{1 + \dfrac{M_\sigma}{3}}$	$\dfrac{2}{1 + M_\sigma} < s_{max,zd} < \dfrac{4}{3} \cdot \dfrac{3 + M_\sigma}{(1 + M_\sigma)^2}$ $K_{AK,zd} = \dfrac{1 + \dfrac{M_\sigma}{3} - \dfrac{M_\sigma}{3} \cdot s_{max,zd}}{1 - \dfrac{M_\sigma}{3}}$
IV	$s_{m,zd} \geq \dfrac{3 + M_\sigma}{(1 + M_\sigma)^2}$ $K_{AK,zd} = \dfrac{3 + M_\sigma}{3 \cdot (1 + M_\sigma)^2}$	$R_{zd} \geq 0{,}5$ $K_{AK,zd} = \dfrac{3 + M_\sigma}{3 \cdot (1 + M_\sigma)^2}$	$s_{min,zd} \geq \dfrac{2}{3} \cdot \dfrac{3 + M_\sigma}{(1 + M_\sigma)^2}$ $K_{AK,zd} = \dfrac{3 + M_\sigma}{3 \cdot (1 + M_\sigma)^2}$	$s_{max,zd} \geq \dfrac{4}{3} \cdot \dfrac{3 + M_\sigma}{(1 + M_\sigma)^2}$ $K_{AK,zd} = \dfrac{3 + M_\sigma}{3 \cdot (1 + M_\sigma)^2}$

Diagr. 1.1 Zug-Druck-Dauerfestigkeitsschaubilder von Baustählen nach DIN EN 10025 (bis 40 mm Dicke)

Diagr. 1.2 Dauerfestigkeitsschaubilder von E295 (St50-2 bis 40 mm Dicke) für Biegung (1), Zug-Druck (2) und Torsion (3)

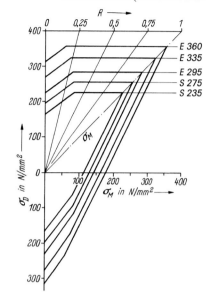
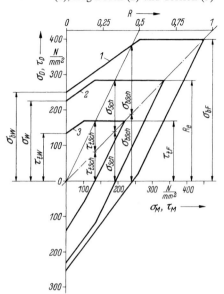

Diagr. 1.3 Technologische Größeneinflussfaktoren $K_{d,m}$ und $K_{d,p}$ (d_{eff} siehe Tab. 1.29)

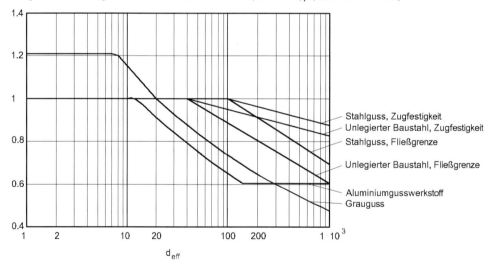

Tab. 2.1 Normzahlen nach DIN 323 (Auszug)
Die Reihen können durch Multiplizieren mit den ganzzahligen Zehnerpotenzen ... 0,01 0,1 1 10 100 1000 ... beliebig nach unten oder oben erweitert werden. Die Reihen R' gelten auch als Normmaße in mm

Grundreihen Hauptwerte				Rundwertreihen Rundwerte			Grundreihen Hauptwerte				Rundwertreihen Rundwerte		
R5	**R10**	**R20**	**R40**	**R'10**	**R'20**	**R'40**	**R5**	**R10**	**R20**	**R40**	**R'10**	**R'20**	**R'40**
1,0	1,0	1,0	1,0	1,0	1,0	1,0		3,15	3,15	1,15	3,2	3,2	3,2
			1,06			1,05				3,35			3,4
		1,12	1,12		1,1	1,1			3,55	3,55		3,6	3,6
			1,18			1,2				3,75			3,8
	1,25	1,25	1,25	1,25	1,25	1,25	4,0	4,0	4,0	4,0	4,0	4,0	4,0
		1,32	1,32			1,3				4,25			4,2
		1,4	1,4		1,4	1,4			4,5	4,5		4,5	4,5
			1,5			1,5				4,75			4,8
1,6	1,6	1,6	1,6	1,6	1,6	1,6		5,0	5,0	5,0	5,0	5,0	5,0
			1,7			1,7				5,3			5,3
		1,8	1,8		1,8	1,8			5,6	5,6		5,6	5,6
			1,9			1,9				6,0			6,0
	2,0	2,0	2,0	2,0	2,0	2,0	6,3	6,3	6,3	6,3	6,3	6,3	6,3
			2,12			2,1				6,7			6,7
		2,24	2,24		2,2	2,2			7,1	7,1		7,1	7,1
			2.36			2,4				7,5			7,5
2,5	2,5	2,5	2,5	2,5	2,5	2,5		8,0	8,0	8,0	8,0	8,0	8,0
			2,65			2,6				8,5			8,5
		2,8	2,8		2,8	2,8			9,0	9,0		9,0	9,0
			3,0			3,0				9,5			9,5
							10,0	10,0	10,0	10,0	10,0	10,0	10,0

Tab. 2.2 Grundtoleranzen T in μm (Auszug aus DIN ISO 286-1)

IT		4	5	6	7	8	9	10	11	12	13	14	15	16	17	18
$T =$		–	$7i$	$10i$	$16i$	$25i$	$40i$	$64i$	$100i$	$160i$	$250i$	$400i$	$640i$	$1000i$	$1600i$	$2500i$
Nennmaßbereich mm		\multicolumn{15}{l|}{Grundtoleranzgrad IT}														
über	bis	4	5	6	7	8	9	10	11	12	13	14	15	16	17	18
–	3	3	4	6	10	14	25	40	60	100	140	250	400	600	–	–
3	6	4	5	8	12	18	30	48	75	120	180	300	480	750	–	–
6	10	4	6	9	15	22	36	58	90	150	220	360	580	900	1500	–
10	18	5	8	11	18	27	43	70	110	180	270	430	700	1100	1800	2700
18	30	6	9	13	21	33	52	84	130	210	330	520	840	1300	2100	3300
30	50	7	11	16	25	39	62	100	160	250	390	620	1000	1600	2500	3900
50	80	8	13	19	30	46	74	120	190	300	460	740	1200	1900	3000	4600
80	120	10	15	22	35	54	87	140	220	350	540	870	1400	2200	3500	5400
120	180	12	18	25	40	63	100	160	250	400	630	1000	1600	2500	4000	6300
180	250	14	20	29	46	72	115	185	290	460	720	1150	1850	2900	4600	7200
250	315	16	23	32	52	81	130	210	320	520	810	1300	2100	3200	5200	8100
315	400	18	25	36	57	89	140	230	360	570	890	1400	2300	3600	5700	8900
400	500	20	27	40	63	97	155	250	400	630	970	1550	2500	4000	6300	9700

Tab. 2.3 Obere Abmaße *es* in μm von Wellen (Auszug aus DIN ISO 286-1)

Toleranzfeldlage		a	b	c	cd	d	e	ef	f	fg	g	h	js
Grundtoleranz		alle											
von	1 bis 3	−270	−140	−60	−34	−20	−14	−10	−6	−4	−2	0	
über	3 bis 6	−270	−140	−70	−46	−30	−20	−14	−10	−6	−4	0	
über	6 bis 10	−280	−150	−80	−56	−40	−25	−18	−13	−8	−5	0	
über	10 bis 18	−290	−150	−95	−	−50	−32	−	−16	−	−6	0	Die Abmaße betragen ±1/2 IT des jeweiligen Grundtoleranzgrades
über	18 bis 30	−300	−160	−110	−	−65	−40	−	−20	−	−7	0	
über	30 bis 40	−310	−170	−120		−80	−50		−25		−9	0	
über	40 bis 50	−320	−180	−130									
über	50 bis 65	−340	−190	−140	−	−100	−60	−	−30	−	−10	0	
über	65 bis 80	−360	−200	−150									
über	80 bis 100	−380	−220	−170	−	−120	−72	−	−36	−	−12	0	
über	100 bis 120	−410	−240	−180									
über	120 bis 140	−460	−260	−200									
über	140 bis 160	−520	−280	−210	−	−145	−85	−	−43	−	−14	0	
über	160 bis 180	−580	−310	−230									
über	180 bis 200	−660	−340	−240									
über	200 bis 225	−740	−380	−260	−	−170	−100	−	−50	−	−15	0	
über	225 bis 250	−820	−420	−280									
über	250 bis 280	−920	−480	−300	−	−190	−110	−	−56	−	−17	0	
über	280 bis 315	−1050	−540	−330									
über	315 bis 355	−1200	−600	−360	−	−210	−125	−	−62	−	−18	0	
über	355 bis 400	−1350	−680	−400									
über	400 bis 450	−1500	−760	−440	−	−230	−135	−	−68	−	−20	0	
über	450 bis 500	−1650	−840	−480									

Nennmaß in mm

Tab. 2.4 Untere Abmaße *EI* in μm von Bohrungen (Auszug aus DIN ISO 286-1)

Toleranzfeldlage		A	B	C	CD	D	E	EF	F	FG	G	H	JS
Grundtoleranzgrad		alle											
von	1 bis 3	+270	+140	+60	+34	+20	+14	+10	+6	+4	+2	0	
über	3 bis 6	+270	+140	+70	+46	+30	+20	+14	+10	+6	+4	0	
über	6 bis 10	+280	+150	+80	+56	+40	+25	+18	+13	+8	+5	0	
über	10 bis 18	+290	+150	+95	−	+50	+32	−	+16	−	+6	0	Die Abmaße betragen ±1/2 IT des jeweiligen Grundtoleranzgrades
über	18 bis 30	+300	+160	+110	−	+65	+40	−	+20	−	+7	0	
über	30 bis 40	+310	+170	+120		+80	+50		+25		+9	0	
über	40 bis 50	+320	+180	+130									
über	50 bis 65	+340	+190	+140	−	+100	+60	−	+30	−	+10	0	
über	65 bis 80	+360	+200	+150									
über	80 bis 100	+380	+220	+170	−	+120	+72	−	+36	−	+12	0	
über	100 bis 120	+410	+240	+180									
über	120 bis 140	+460	+260	+200									
über	140 bis 160	+520	+280	+210	−	+145	+85	−	+43	−	+14	0	
über	160 bis 180	+580	+310	+230									
über	180 bis 200	+660	+340	+240									
über	200 bis 225	+740	+380	+260	−	+170	+100	−	+50	−	+15	0	
über	225 bis 250	+820	+420	+280									
über	250 bis 280	+920	+480	+300	−	+190	+110	−	+56	−	+17	0	
über	280 bis 315	+1050	+540	+330									
über	315 bis 355	+1200	+600	+360	−	+210	+125	−	+62	−	+18	0	
über	355 bis 400	+1350	+680	+400									
über	400 bis 450	+1500	+760	+440	−	+230	+135	−	+68	−	+20	0	
über	450 bis 500	+1650	+840	+480									

Nennmaß in mm

Tab. 2.5 Untere Abmaße *ei* in μm von Wellen (Auszug aus DIN ISO 286-1)

Toleranzfeldlage		j			k			m	n	p
Grundtoleranzgrad		5 und 6	7	8	bis 3	4 bis 7	ab 8	alle		
Nennmaß in mm	von 1 bis 3	− 2	− 4	−6	0	0	0	+ 2	+ 4	+ 6
	über 3 bis 6	− 2	− 4	−	0	+1	0	+ 4	+ 8	+12
	über 6 bis 10	− 2	− 5	−	0	+1	0	+ 6	+10	+15
	über 10 bis 18	− 3	− 6	−	0	+1	0	+ 7	+12	+18
	über 18 bis 30	− 4	− 8	−	0	+2	0	+ 8	+15	+22
	über 30 bis 50	− 5	−10	−	0	+2	0	+ 9	+17	+26
	über 50 bis 80	− 7	−12	−	0	+2	0	+11	+20	+32
	über 80 bis 120	− 9	−15	−	0	+3	0	+13	+23	+37
	über 120 bis 180	−11	−18	−	0	+3	0	+15	+27	+43
	über 180 bis 250	−13	−21	−	0	+4	0	+17	+31	+50
	über 250 bis 315	−16	−26	−	0	+4	0	+20	+34	+56
	über 315 bis 400	−18	−28	−	0	+4	0	+21	+37	+62
	über 400 bis 500	−20	−32	−	0	+5	0	+23	+40	+68

Toleranzfeldlage		r	s	t	u	v	x	y	z	za	zb	zc
Grundtoleranzgrad						alle						
Nennmaß in mm	von 1 bis 3	+ 10	+ 14	−	+ 18	−	+ 20	−	+ 26	+ 32	+ 40	+ 60
	über 3 bis 6	+ 15	+ 19	−	+ 23	−	+ 28	−	+ 35	+ 42	+ 50	+ 80
	über 6 bis 10	+ 19	+ 23	−	+ 28	−	+ 34	−	+ 42	+ 52	+ 67	+ 97
	über 10 bis 14	+ 23	+ 28	−	+ 33	−	+ 40	−	+ 50	+ 64	+ 90	+ 130
	über 14 bis 18					+ 39	+ 45	−	+ 60	+ 77	+ 108	+ 150
	über 18 bis 24	+ 28	+ 35	−	+ 41	+ 47	+ 54	+ 63	+ 73	+ 98	+ 136	+ 188
	über 24 bis 30			+ 41	+ 48	+ 55	+ 64	+ 75	+ 88	+ 118	+ 160	+ 218
	über 30 bis 40	+ 34	+ 43	+ 48	+ 60	+ 68	+ 80	+ 94	+ 112	+ 148	+ 200	+ 274
	über 40 bis 50			+ 54	+ 70	+ 81	+ 97	+ 114	+ 136	+ 180	+ 242	+ 325
	über 50 bis 65	+ 41	+ 53	+ 66	+ 87	+102	+122	+ 144	+ 172	+ 226	+ 300	+ 405
	über 65 bis 80	+ 43	+ 59	+ 75	+102	+120	+146	+ 174	+ 210	+ 274	+ 360	+ 480
	über 80 bis 100	+ 51	+ 71	+ 91	+124	+146	+178	+ 214	+ 258	+ 335	+ 445	+ 585
	über 100 bis 120	+ 54	+ 79	+104	+144	+172	+210	+ 254	+ 310	+ 400	+ 525	+ 690
	über 120 bis 140	+ 63	+ 92	+122	+170	+202	+248	+ 300	+ 365	+ 470	+ 620	+ 800
	über 140 bis 160	+ 65	+100	+134	+190	+228	+280	+ 340	+ 415	+ 535	+ 700	+ 900
	über 160 bis 180	+ 68	+108	+146	+210	+252	+310	+ 380	+ 465	+ 600	+ 780	+1000
	über 180 bis 200	+ 77	+122	+166	+236	+284	+350	+ 425	+ 520	+ 670	+ 880	+1150
	über 200 bis 225	+ 80	+130	+180	+258	+310	+385	+ 470	+ 575	+ 740	+ 960	+1250
	über 225 bis 250	+ 84	+140	+196	+284	+340	+425	+ 520	+ 640	+ 820	+1050	+1350
	über 250 bis 280	+ 94	+158	+218	+315	+385	+475	+ 580	+ 710	+ 920	+1200	+1550
	über 280 bis 315	+ 98	+170	+240	+350	+425	+525	+ 650	+ 790	+1000	+1300	+1700
	über 315 bis 355	+108	+190	+268	+390	+475	+590	+ 730	+ 900	+1150	+1500	+1900
	über 355 bis 400	+114	+208	+294	+435	+530	+660	+ 820	+1000	+1300	+1650	+2100
	über 400 bis 450	+126	+232	+330	+490	+595	+740	+ 920	+1100	+1450	+1850	+2400
	über 450 bis 500	+132	+252	+360	+540	+660	+820	+1000	+1250	+1600	+2100	+2600

Tab. 2.6 Obere Abmaße ES in μm von Bohrungen (Auszug aus DIN ISO 286-1)

Toleranzfeldlage		J			K		M		N		Δ-Wert					
Grundtoleranzgrad		6	7	8	bis 8	ab 9	bis 8	ab 9	bis 8	ab 9	3	4	5	6	7	8
Nennmaß in mm	von 1 bis 3	+2	+4	+6	0	0	−2	−2	−4	−4	Δ = 0					
	über 3 bis 6	+5	+6	+10	−1+Δ	−	−4+Δ	−4	−8+Δ	0	1	1,5	1	3	4	6
	über 6 bis 10	+5	+8	+12	−1+Δ	−	−6+Δ	−6	−10+Δ	0	1	1,5	2	3	6	7
	über 10 bis 18	+6	+10	+15	−1+Δ	−	−7+Δ	−7	−12+Δ	0	1	2	3	3	7	9
	über 18 bis 30	+8	+12	+20	−2+Δ	−	−8+Δ	−8	−15+Δ	0	1,5	2	3	4	8	12
	über 30 bis 50	+10	+14	+24	−2+Δ	−	−9+Δ	−9	−17+Δ	0	1,5	3	4	5	9	14
	über 50 bis 80	+13	+18	+28	−2+Δ	−	−11+Δ	−11	−20+Δ	0	2	3	5	6	11	16
	über 80 bis 120	+16	+22	+34	−3+Δ	−	−13+Δ	−13	−23+Δ	0	2	4	5	7	13	19
	über 120 bis 180	+18	+26	+41	−2+Δ	−	−15+Δ	−15	−27+Δ	0	3	4	6	7	15	23
	über 180 bis 250	+22	+30	+47	−4+Δ	−	−17+Δ	−17	−31+Δ	0	3	4	6	9	17	26
	über 250 bis 315	+25	+36	+55	−4+Δ	−	−20+Δ	−20	−34+Δ	0	4	4	7	9	20	29
	über 315 bis 400	+29	+39	+60	−4+Δ	−	−21+Δ	−21	−37+Δ	0	4	5	7	11	21	32
	über 400 bis 500	+33	+43	+66	−5+Δ	−	−23+Δ	−23	−40+Δ	0	5	5	7	13	23	34

Toleranzfeldlage		P bis ZC	P	R	S	T	U	V	X	Y	Z	ZA	ZB	ZC
Grundtoleranzgrad		bis 7	ab 8											
Nennmaß in mm	von 1 bis 3		−6	−10	−14	−	−18	−	−20	−	−26	−32	−40	−60
	über 3 bis 6		−12	−15	−19	−	−23	−	−28	−	−35	−42	−50	−80
	über 6 bis 10		−15	−19	−23	−	−28	−	−34	−	−42	−52	−67	−97
	über 10 bis 14	Gleiches Abmaß wie für Toleranzgrade ab 8, jedoch um Δ-Wert (siehe Tabelle oben) vergrößert	−18	−23	−28	−	−33	−	−40	−	−50	−64	−90	−130
	über 14 bis 18							−39	−45	−	−60	−77	−108	−150
	über 18 bis 24		−22	−28	−35	−	−41	−47	−54	−63	−73	−98	−136	−188
	über 24 bis 30					−41	−48	−55	−64	−75	−88	−118	−160	−218
	über 30 bis 40		−26	−34	−43	−48	−60	−68	−80	−94	−112	−148	−200	−274
	über 40 bis 50					−54	−70	−81	−97	−114	−136	−180	−242	−325
	über 50 bis 65		−32	−41	−53	−66	−87	−102	−122	−144	−172	−226	−300	−405
	über 65 bis 80			−43	−59	−75	−102	−120	−146	−174	−210	−274	−360	−480
	über 80 bis 100		−37	−51	−71	−91	−124	−146	−178	−214	−258	−335	−445	−585
	über 100 bis 120			−54	−79	−104	−144	−172	−210	−254	−310	−400	−525	−690
	über 120 bis 140		−43	−63	−92	−122	−170	−202	−248	−300	−365	−470	−620	−800
	über 140 bis 160			−65	−100	−134	−190	−228	−280	−340	−415	−535	−700	−900
	über 160 bis 180			−68	−108	−146	−210	−252	−310	−380	−465	−600	−780	−1000
	über 180 bis 200		−50	−77	−122	−166	−236	−284	−350	−425	−520	−670	−880	−1150
	über 200 bis 225			−80	−130	−180	−258	−310	−385	−470	−575	−740	−960	−1250
	über 225 bis 250			−84	−140	−196	−284	−340	−425	−520	−640	−820	−1050	−1350
	über 250 bis 280		−56	−94	−158	−218	−315	−385	−475	−580	−710	−920	−1200	−1550
	über 280 bis 315			−98	−170	−240	−350	−425	−525	−650	−790	−1000	−1300	−1700
	über 315 bis 355		−62	−108	−190	−268	−390	−475	−590	−730	−900	−1150	−1500	−1900
	über 355 bis 400			−114	−208	−294	−435	−530	−660	−820	−1000	−1300	−1650	−2100
	über 400 bis 450		−68	−126	−232	−330	−490	−595	−740	−920	−1100	−1450	−1850	−2400
	über 450 bis 500			−132	−252	−360	−540	−660	−820	−1000	−1250	−1600	−2100	−2600

Tab. 2.7 Grenzabmaße in mm der Allgemeintoleranzen (nach DIN ISO 2768-1)

Nennmaßbereich mm		Toleranzklasse				Nennmaßbereich mm		Toleranzklasse			
über	bis	f fein	m mittel	c grob	v sehr grob	über	bis	f fein	m mittel	c grob	v sehr grob
		Längenmaße						Rundungshalbmesser und Fasenhöhen			
ab 0,5	3	±0,05	±0,1	±0,15	−	ab 0,5	3	±0,2	±0,2	±0,4	±0,4
3	6	±0,05	±0,1	±0,2	±0,5	3	6	±0,5	±0,5	±1	±1
6	30	±0,1	±0,2	±0,5	±1	6		±1	±1	±2	±2
30	120	±0,15	±0,3	±0,8	±1,5			Winkelmaße*			
120	400	±0,2	±0,5	±1,2	±2,5		10	±1°	±1°	±1°30′	±3°
400	1000	±0,3	±0,8	±2	±4	10	50	±30′	±30′	±1°	±2°
1000	2000	±0,5	±1,2	±3	±6	50	120	±20′	±20′	±30′	±1°
2000	4000	−	±2	±4	±8	120	400	±10′	±10′	±15′	±30′
						400		±5′	±5′	±10′	±20′

* Die Nennmaße beziehen sich auf die Länge des kürzeren Schenkels.

Tab. 2.8 Für allgemeine Anwendung empfohlene Toleranzklassen (nach DIN 7157).
Die mit Raster angelegten sind zu bevorzugen. js und JS dürfen durch j und J ersetzt werden

			d8	e7	f6	g5	h5			js5	k5	m5	n5	p5	r5	s5	t5	
a11	**b11**	**c11**	**d9**	**e8**	**f7**	**g6**	**h6**	**h7**	**h9**	**h11**	**js6**	**k6**	**m6**	**n6**	**p6**	**r6**	**s6**	**t6**
			d10	e9	f8		h8				js7	k7	m7	n7	p7	r7	s7	t7	u7
			D9	E8	F7	G6	H6				JS6	K6	M6	N6	P6	R6	S6	T6	
A11	**B11**	**C11**	**D10**	**E9**	**F8**	**G7**	**H7**	**H8**	**H9**	**H11**	**JS7**	**K7**	**M7**	**N7**	**P7**	**R7**	**S7**	**T7**
			D11	E10	P9				H10		JS8	K8	M8	N8	P8	R8			

Tab. 2.9 Zu empfehlende Passungen für allgemeine Anwendung

Passung		Merkmal	Anwendungsbeispiele
Spielpassungen			
H11/a11	A11/h11	Besonders großes Bewegungsspiel	Reglerwellen, Bremswellenlager, Federgehäuse, Kuppelbolzen.
H11/c11	C11/h11	Großes Bewegungsspiel	Lager in Haushalts- und Landmaschinen, Drehschalter, Raststife für Hebel, Gabelbolzen.
H11/d9	C11/h9	Sicheres Bewegungsspiel	Abnehmbare Hebel und Kurbeln, Hebel- und Gabelbolzen, Lager für Rollen und Führungen.
H9/d9	D10/h9	Sehr reichliches Spiel	Lager von Landmaschinen und langen Kranwellen, Leerlaufscheiben, grobe Zentrierungen, Spindeln von Textilmaschinen.
H8/d9	E9/h9	Reichliches Spiel. Weiter Laufsitz	Seilrollen, Achsbuchsen an Fahrzeugen, Lager von Gewindespindeln und Transmissionswellen.
H8/e8	F8/h9	Merkliches Spiel. Schlichtlaufsitz	Mehrfach gelagerte Wellen, Vorgelegewellen, Achsbuchsen an Kraftfahrzeugen.
H8/f7	F8/h7	Merkliches Spiel. Leichter Laufsitz	Hauptlager von Kurbelwellen, Pleuelstangen, Kreisel- und Zahnradpumpen, Gebläsewellen, Kolben, Kupplungsmuffen.
H7/f7	**F8/h6**	Merkliches Spiel. Laufsitz	Lager für Werkzeugmaschinen, Getriebewellen, Kurbel- und Nockenwellen, Regler, Führungssteine.
H7/g6	G7/h6	Wenig Spiel. Enger Laufsitz	Ziehkeilräder, Schubkupplungen, Schieberäderblöcke, Stellstifte in Führungsbuchsen, Pleuelstangenlager.
H11/h9 H11/h11	H11/h9 H11/h11	Geringes Spiel. Weiter Gleitsitz	Teile an Landmaschinen, die auf Wellen verstiftet, festgeschraubt oder festgeklemmt werden, Distanzbuchsen, Scharnierbolzen, Hebelschalter.
H8/h9	**H8/h9**	Kraftlos verschiebbar. Schlichtgleitsitz	Stellringe für Transmissionen, Handkurbeln, Zahnräder, Kupplungen, Riemenscheiben, die über Wellen geschoben werden müssen.
H7/h6	**H7/h6**	Von Hand noch verschiebbar. Gleitsitz	Wechselräder auf Wellen, lose Buchsen für Kolbenbolzen, Zentrierflansche für Kupplungen, Stellringe, Säulenführungen.
Übergangspassungen			
H7/j6	J7/h6	Mit Holzhammer oder von Hand fügbar. Schiebesitz	Öfter auszubauende oder schwierig einzubauende Riemenscheiben, Zahnräder, Handräder und Zentrierungen.
H7/k6	K7/h6	Mit Handhammer fügbar. Haftsitz	Riemenscheiben, Kupplungen, Zahnräder auf Wellen, Schwungräder mit Tangentkeilen, festge Handräder und -hebel, Passstifte.
H7/n6	N7/h6	Mit Presse fügbar. Festsitz	Zahnkränze auf Radkörpern, Bunde auf Wellen, Lagerbuchsen in Getriebekästen und in Naben, Stirn- und Schneckenräder, Anker auf Motorwellen.
Übermaßpassungen			
H7/r6 **H7/s6**	R7/h6 S7/h6	Mittlerer Presssitz	Kupplungsnaben, Bronzekränze auf Graugussnaben, Lagerbuchsen in Gehäusen, Rädern und Schubstangen.
H7/x6 **H8/u7**	X7/h6 U8/h7	Starker Presssitz	Naben von Zahnrädern, Laufrädern und Schwungrädern, Wellenflansche.

Tab. 3.1 Erreichbare Rautiefe, je nach Fertigungsverfahren (Auszug aus DIN 4766)

Haupt-Gruppe	Fertigungsverfahren Benennung	Erreichbare gemittelte Rauhtiefe Rz in µm
Umformen	Gesenkschmieden	
	Glattwalzen	
	Tiefziehen von Blechen	
	Fließpressen, Strangpressen	
	Prägen	
	Walzen von Formteilen	
Trennen	Schneiden	
	Längsdrehen	
	Plandrehen	
	Einstechdrehen	
	Hobeln	
	Stoßen	
	Schaben	
	Bohren	
	Aufbohren	
	Senken	
	Reiben	
	Umfangfräsen	
	Stirnfräsen	
	Räumen	
	Feilen	
	Rund-Längsschleifen	
	Rund-Planschleifen	
	Rund-Einstechschleifen	
	Flach-Umfangsschleifen	
	Flach-Stirnschleifen	
	Polierschleifen	
	Langhubhonen	
	Kurzhubhonen	
	Rundläppen	
	Flachläppen	
	Schwingläppen	
	Polierläppen	

Tab. 4.1 Fugenformen an Stahl entspr. DIN EN 29692 (Auszug)

Werkstückdicke $s^{1)}$	Ausführung	Benennung	Symbol	Fugenform Schnitt	Winkel in Grad α, β	Maße Spalt b	Steghöhe c	Flankenhöhe h	Schweißverfahren[2]	Bemerkungen
bis 2	einseitig	Bördelnaht	ﾉﾚ		–	–	–	–	G, E, WIG, NIG, MAG	meist ohne Zusatzwerkstoffe
bis 4	einseitig	I-Naht	‖		–	$\approx s$	–	–	G, E, WIG	–
bis 4	einseitig	I-Naht	‖		–	$\approx s$	–	–	MIG, MAG	Mit Badsicherung auch bis 8 mm
bis 8	beidseitig	I-Naht	‖		–	$\approx \dfrac{s}{2}$	–	–	E, WIG	–
bis 8	beidseitig	I-Naht	‖		–	bis $\dfrac{s}{2}$	–	–	MIG, MAG	–
3 bis 10	einseitig	V-Naht	V		40 bis 60	bis 4			G	Gegebenenfalls mit Badsicherung
3 bis 40	beidseitig	V-Naht mit Gegenlage			≈ 60	bis 3	2		E, WIG	–
3 bis 40	beidseitig	V-Naht mit Gegenlage			40 bis 60				MIG, MAG	
über 16	einseitig	Steilflankennaht			5 bis 20	5 bis 15	–	–	E, MIG, MAG	Mit Badsicherung
5 bis 40	einseitig	Y-Naht	Y		≈ 60	1 bis 4		–	E, WIG, MIG, MAG	–
über 10	beidseitig	Y-Naht mit Wurzel- und Gegenlage			≈ 60		2 bis 4		E, WIG	In Sonderfällen auch für kleinere Werkstückdicken und G möglich
über 10	beidseitig	Y-Naht mit Wurzel- und Gegenlage			40 bis 60	1 bis 3				
über 10	beidseitig	DY-Naht	X		≈ 60		2 bis 6	$h_1 = h_2 = \dfrac{t-c}{2}$	E, WIG	–
über 10	beidseitig	DY-Naht	X		40 bis 60	1 bis 4			MIG, MAG	

Fortsetzung Tab. 4.1 ▷

Fortsetzung Tab. 4.1

Werkstückdicke $s^{1)}$	Ausführung	Benennung	Symbol	Fugenform Schnitt	Winkel in Grad α, β	Maße Spalt b	Steghöhe c	Flankenhöhe h	Schweißverfahren[2]	Bemerkungen
über 10	beidseitig	DV-Naht (X-Naht)	X		≈60	1 bis 3	bis 2	$\frac{s}{2}$	E, WIG	–
					40 bis 60				MIG, MAG	
über 10	beidseitig	unsymmetrische DV-Naht	X		$\alpha_1 \approx 60$ $\alpha_2 \approx 60$	1 bis 3	bis 2	$\frac{s}{3}$	E, WIG	–
					$\alpha_1 = 40$ bis 60 $\alpha_2 = 40$ bis 60				MIG, MAG	
3 bis 10	einseitig	HV-Naht	V		35 bis 60	2 bis 4	1 bis 2	–	E, WIG, MIG, MAG	–
über 16	einseitig	Halbe Steilflankennaht	⊔		15 bis 30	6 bis 12	–	–	E	–
						≈12			MIG, MAG	
über 10	beidseitig	DHV-Naht (K-Naht)	K		35 bis 60	1 bis 4	bis 2	$\frac{s}{2}$	E, WIG, MIG, MAG	Diese Fugenform kann auch mit unterschiedlichen Flankenhöhen analog der unsymmetrischen DV-Naht ausgeführt werden.

[1] In DIN EN 29692 mit t angegeben.
[2] Kurzzeichen nach DIN 1910-2, in DIN EN 24063 sind hierfür Kennzahlen genormt, z. B. 3 = Gasschmelzschweißen (G), 111 = Lichtbogen-Handschweißen (E), 131 = Metall-Inertgasschweißen (MIG), 141 = Wolfram-Inertgasschweißen (WIG).

Tab. 4.2 Grenzwerte für Unregelmäßigkeiten nach DIN EN 25817 (Auszug)

Unregelmäßigkeit Benennung	Bemerkungen	Grenzwerte für die Unregelmäßigkeiten bei Bewertungsgruppen		
		niedrig D	mittel C	hoch B
Zu große Nahtüberhöhung	Weicher Übergang wird verlangt	$h \leq 1$ mm $+ 0{,}25b$, max. 10 mm	$h \leq 1$ mm $+ 0{,}15b$, max. 7 mm	$h \leq 1$ mm $+ 0{,}1b$, max. 5 mm
Nahtdickenunterschreitung (Kehlnaht)	Sollnahtdicke / tatsächliche Nahtdicke	Lange Unregelmäßigkeiten: Nicht zulässig		Nicht zulässig
		Kurze Unregelmäßigkeiten: $h \leq 0{,}3$ mm $+ 0{,}1a$		
		max. 2 mm	max. 1 mm	
Zu große Wurzelüberhöhung		$h \leq 1$ mm $+ 1{,}2b$, max. 5 mm	$h \leq 1$ mm $+ 0{,}6b$, max. 4 mm	$h \leq 1$ mm $+ 0{,}3b$, max. 3 mm
Kantenversatz		Bleche und Längsschweißnähte		
		$h \leq 0{,}25t$, max. 5 mm	$h \leq 0{,}15t$, max. 4 mm	$h \leq 0{,}1t$, max. 3 mm
Decklagenunterwölbung Verlaufenes Schweißgut	Weicher Übergang wird verlangt	Lange Unregelmäßigkeiten: Nicht zulässig		
		Kurze Unregelmäßigkeiten:		
		$h \leq 0{,}2t$, max. 2 mm	$h \leq 0{,}1t$, max. 1 mm	$h \leq 0{,}05t$, max. 0,5 mm
Übermäßige Ungleichschenkligkeit bei Kehlnähten		$h \leq 2$ mm $+ 0{,}2a$	$h \leq 2$ mm $+ 0{,}15a$	$h \leq 1{,}5$ mm $+ 0{,}15a$
Wurzelrückfall Wurzelkerbe	Weicher Übergang wird verlangt	$h \leq 1{,}5$ mm	$h \leq 1$ mm	$h \leq 0{,}5$ mm

Tab. 4.3 Allgemeintoleranzen in mm für Schweißkonstruktionen (nach DIN EN ISO 13920 (DIN 8570))

Toleranz-klasse	\multicolumn{10}{c}{Grenzabmaße für Längenmaße}

Toleranz-klasse	Nennmaßbereich									
	2 bis 30	über 30 bis 120	über 120 bis 315	über 315 bis 1000	über 1000 bis 2000	über 2000 bis 4000	über 4000 bis 8000	über 8000 bis 12000	über 12000 bis 16000	über 16000 bis 20000	über 20000
A	±1	±1	±1	±2	±3	±4	±5	±6	±7	±8	±9
B	±1	±2	±2	±3	±4	±6	±8	±10	±12	±14	±16
C		±3	±4	±6	±8	±11	±14	±18	±21	±24	±27
D		±4	±7	±9	±12	±16	±21	±27	±32	±36	±40

Toleranzen für Geradheit, Ebenheit, Parallelität

Toleranz-klasse	Nennmaßbereich									
E	0,5	1	1,5	2	3	4	5	6	7	8
F	1	1,5	3	4,5	6	8	10	12	14	16
G	1,5	3	5,5	9	11	16	20	22	25	25
H	2,5	5	9	14	18	26	32	36	40	40

Grenzabmaße für Winkelmaße[1)]

Toleranz-klasse	Nennmaßbereich Länge des kürzeren Schenkels			Toleranz-klasse	Nennmaßbereich Länge des kürzeren Schenkels		
	bis 400	über 400 bis 1000	über 1000		bis 400	über 400 bis 1000	über 1000
	Werte in Grad und Minuten				Werte in mm/m		
A	±20′	±15′	±10′	A	±6	±4,5	±3
B	±45′	±30′	±20′	B	±13	±9	±6
C	±1°	±45′	±30′	C	±18	±13	±9
D	±1° 30′	±1° 15′	±1°	D	±26	±22	±18

[1)] gelten auch für nicht bemaßte Winkel von 90°.

Tab. 4.4 Anhaltswerte für zulässige Spannungen in N/mm² in den Schweißnähten und den Anschlussquerschnitten S von Bauteilen des Maschinenbaus

Nahtart	Spannungsart	Bewertungs-gruppe	Schweißnähte					
			\multicolumn{6}{c}{Lastfall}
			ruhend		schwellend		wechselnd	
			\multicolumn{6}{c}{Bauteilwerkstoff}
			S235 (St 37)	S355 (St 52)	S235 (St 37)	S355 (St 52)	S235 (St 37)	S355 (St 52)
Stumpfnaht mit Gegenlage	Zug, Druck, Biegung	B	160	220	110	130	55	65
		C	130	175	85	105	45	50
		D	110	155	75	90	40	45
	Schub	B	100	140	70	80	35	40
		C	80	110	55	65	30	32
		D	70	100	50	55	25	28
Stumpfnaht ohne Gegenlage	Zug, Druck, Biegung	B	140	180	95	100	45	50
		C	110	145	75	80	35	40
		D	100	125	65	70	32	35
	Schub	B	90	110	60	70	30	35
		C	70	85	50	55	25	30
		D	60	75	40	50	20	25
Flachkehlnaht	jede	B	90	110	60	70	30	35
		C	70	85	50	55	25	30
		D	60	75	40	50	20	25
Hohlkehlnaht	jede	B	120	150	75	90	40	45
		C	95	120	60	70	30	35
		D	85	100	50	60	25	30
Doppel-Flachkehlnaht und umlaufende Kehlnaht	jede	B	140	190	90	120	50	55
		C	110	150	70	95	40	45
		D	100	130	60	85	35	40
\multicolumn{9}{c}{Bauteil-Anschlussquerschnitte S}							
an der Kehlnaht	Zug, Druck	B	180	220	120	140	60	75
		C	145	175	95	110	50	60
		D	125	155	85	100	40	50
	Biegung	B	240	280	155	180	75	95
		C	190	220	125	145	60	75
		D	170	190	110	125	50	65
	Schub, Verdrehung	B	125	155	85	100	50	65
		C	100	125	70	80	40	50
		D	85	110	60	70	35	45

Tab. 4.5 Anwendungs-, Stoß- oder Betriebsfaktoren K_A
(Allgemeine Erfahrungswerte)

Bewegungsart	Stöße	Maschinenart	K_A
Gleichförmig umlaufend	leicht	Elektrische Maschinen, Schleifmaschinen, Rotationsverdichter, Dampfturbinen	1 bis 1,1
Hin- und hergehend	mittel	Brennkraftmaschinen, Kolbenpumpen und -verdichter, Hobel- und Stoßmaschinen	1,2 bis 1,5
Stoßüberlagernd umlaufend bzw. hin- und hergehend	stark	Pressen, Profilstahlscheren, Sägegatter, Richtmaschinen	1,5 bis 2
Mit Stößen umlaufend bzw. hin- und hergehend	sehr stark	Steinbrecher, mechanische Hämmer, Walzwerksmaschinen	2 bis 3

Tab. 4.6 Grenzabmaße in mm für vorgefertigte Stahlteile im Hochbau (nach DIN 18203-2)

Nennmaßbereich in mm					
bis 2000	über 2000 bis 4000	über 4000 bis 8000	über 8000 bis 12000	über 12000 bis 16000	über 16000
±1	±2	±3	±4	±5	±6

Tab. 4.7 Zulässige Spannungen in N/mm² für Stahlbauteile beim Allgemeinen Spannungsnachweis

Stahlbauten DIN 1880-1:1981-03, Krantragwerke DIN 15018	Bauteile aus			
Spannungsart	S235 (St 37) Lastfall		S355 (St 52) Lastfall	
	H	HZ	H	HZ
Druck und Biegedruck für den Stabilitätsnachweis (Knicken, Kippen, Beulen)	140	160	210	240
Zug und Biegezug, Druck und Biegedruck	160	180	240	270
Schub	92	104	139, 138	156

Tab. 4.8 Zulässige Spannungen in N/mm² für Schweißnähte beim Allgemeinen Spannungsnachweis

Geschweißte Stahlbauten DIN 18800-1:1981-03				Bauteilwerkstoff			
Nahtart	Nahtgüte	Spannungsart		S235 (St 37) Lastfall		S355 (St 52) Lastfall	
				H	HZ	H	HZ
Stumpfnaht DHV-Naht (K-Naht) HV-Naht DHY-Naht (K-Stegnaht)[1] HY-Naht[1] Dreiblechnaht	alle	Druck und Biegedruck	Senkrecht zur Nahtrichtung	160	180	240	270
	nachgewiesen	Zug und Biegezug					
	nicht nachgewiesen			135	150	170	190
Kehlnähte Dreiblechnaht	alle	Druck und Biegedruck					
		Zug und Biegezug					
alle Nähte		Schub in Nahtrichtung					
HY-Naht Kehlnähte		Vergleichswert					

Geschweißte Krantragwerke DIN 15018		Vergleichswert alle Nahtarten	Zug bei Beanspruchung[2]			Druck bei Querbeanspruchung[2]		Schub alle Nahtarten
Bauteilwerkstoff	Lastfall		Stumpfnaht DHV-Naht (K-Naht) Sondergüte	DHV-Naht (K-Naht) Normalgüte	Kehlnaht	Stumpfnaht DHV-Naht (K-Naht)	Kehlnaht	
S235 (St37)	H	160	140	113	160	130	113	
	HZ	180	160	127	180	145	127	
S355J2G3 (St52-3)	H	240	210	170	240	195	170	
	HZ	270	240	191	270	220	191	

[1] wegen des Wurzelspaltes kommen für Zug und Biegezug nur die unteren Tabellenwerte in Betracht
[2] senkrecht zur Nahtrichtung

Tab. 4.9 Knickzahlen ω (Auszug nach DIN 4114[1]) für Druckstäbe, außer Rundrohre)

λ	Werkstoff		λ	Werkstoff		λ	Werkstoff	
	S235 (St 37)	S355 (St 52)		S235 (St 37)	S355 (St 52)		S235 (St 37)	S355 (St 52)
20	1,04	1,06	100	1,90	2,53	180	5,47	8,21
25	1,06	1,08	105	2,00	2,79	185	5,78	8,67
30	1,08	1,11	110	2,11	3,06	190	6,10	9,14
35	1,11	1,15	115	2,23	3,35	195	6,42	9,63
40	1,14	1,19	120	2,43	3,65			
45	1,17	1,23	125	2,64	3,96	200	6,75	10,13
			130	2,85	4,28	205	7,10	10,65
50	1,21	1,28	135	3,08	4,62	210	7,45	11,17
55	1,25	1,35	140	3,31	4,96	215	7,81	11,71
60	1,30	1,41	145	3,55	5,33	220	8,17	12,26
65	1,35	1,49				225	8,55	12,82
70	1,41	1,58	150	3,80	5,70	230	8,93	13,40
75	1,48	1,68	155	4,06	6,09	235	9,33	13,99
80	1,55	1,79	160	4,32	6,48	240	9,73	14,59
85	1,62	1,91	165	4,60	6,90	245	10,14	15,20
90	1,71	2,05	170	4,88	7,32			
95	1,80	2,29	175	5,17	7,76	250	10,55	15,83

[1]) Norm wurde zurückgezogen, siehe DIN 18800-2:1990-11

Tab. 4.10 Warmgewalzter gleichschenkliger rundkantiger Winkelstahl (nach DIN 1028, Vorzugsreihe)

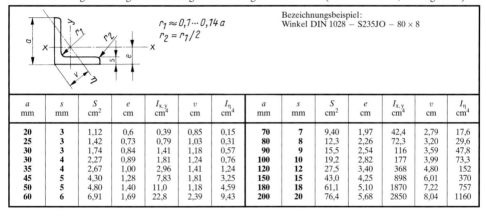

$r_1 \approx 0{,}1 \cdots 0{,}14\,a$
$r_2 = r_1/2$

Bezeichnungsbeispiel:
Winkel DIN 1028 – S235JO – 80 × 8

a mm	s mm	S cm²	e cm	$I_{x,y}$ cm⁴	v cm	I_η cm⁴	a mm	s mm	S cm²	e cm	$I_{x,y}$ cm⁴	v cm	I_η cm⁴
20	3	1,12	0,6	0,39	0,85	0,15	**70**	7	9,40	1,97	42,4	2,79	17,6
25	3	1,42	0,73	0,79	1,03	0,31	**80**	8	12,3	2,26	72,3	3,20	29,6
30	3	1,74	0,84	1,41	1,18	0,57	**90**	9	15,5	2,54	116	3,59	47,8
30	4	2,27	0,89	1,81	1,24	0,76	**100**	10	19,2	2,82	177	3,99	73,3
35	4	2,67	1,00	2,96	1,41	1,24	**120**	12	27,5	3,40	368	4,80	152
45	5	4,30	1,28	7,83	1,81	3,25	**150**	15	43,0	4,25	898	6,01	370
50	5	4,80	1,40	11,0	1,18	4,59	**180**	18	61,1	5,10	1870	7,22	757
60	6	6,91	1,69	22,8	2,39	9,43	**200**	20	76,4	5,68	2850	8,04	1160

Tab. 4.11 Warmgewalzter ungleichschenkliger rundkantiger Winkelstahl (nach DIN 1029, Vorzugsreihe)

$r_1 \approx 0{,}06 \cdots 0{,}1\,a$
$r_2 \approx r_1/2$

Bezeichnungsbeispiel:
Winkel DIN 1029 − S235JO − 100 × 50 × 10

a mm	b mm	s mm	S cm²	e_x cm	e_y cm	I_x cm⁴	I_y cm⁴	I_η cm⁴	a mm	b mm	s mm	S cm²	e_x cm	e_y cm	I_x cm⁴	I_y cm⁴	I_η cm⁴
30	20	3 4	1,42 1,85	0,99 1,03	0,50 0,54	1,25 1,59	0,44 0,55	0,25 0,33	80	65	8	11,0	2,47	1,73	68,1	40,1	20,3
40	20	3 4	1,72 2,25	1,43 1,47	0,44 0,48	2,79 3,59	0,47 0,60	0,30 0,39	90	60	6 8	8,69 11,4	2,89 2,97	1,41 1,49	71,7 92,5	25,8 33,0	14,6 19,0
45	30	4 5	2.87 3,53	1,48 1,52	0,74 0,78	5,78 6,99	2,05 2,47	1,18 1,44	90	75	7	11,1	2,67	1,93	88,1	55,5	27,1
50	30	4 5	3,07 3,78	1,68 1,73	0,70 0,74	7,71 9,41	2,09 2,54	1,27 1,56	100	50	6 8 10	8,73 11,5 14,1	3,49 3,59 3,67	1,04 1,13 1,20	89,7 116 141	15,3 19,5 23,4	9,78 12,6 15,5
50	40	5	4,27	1,56	1,07	10,4	5,89	3,02	100	65	7 9	11,2 14,2	3,23 3,32	1,51 1,59	113 141	37,6 46,7	21,6 27,2
60	30	5	4,29	2,15	0,68	15,6	2,60	1,69	100	75	9	15,1	3,15	1,91	148	71,0	37,8
60	40	5 6 7	4,79 5,68 6,55	1,96 2,00 2,04	0,97 1,01 1,05	17,2 20,1 23,0	6,11 7,12 8,07	3,50 4,12 4,73	120	80	8 10 12	15,5 19,1 22,7	3,83 3,92 4,00	1,87 1,95 2,03	226 276 323	80,8 98,1 114	45,8 56,1 66,1
65	50	5	5,54	1,99	1,25	23,1	11,9	6,21	130	65	8 10	15,1 18,6	4,56 4,65	1,37 1,45	263 321	44,8 54,2	28,6 35,0
70	50	6	6,88	2,24	1,25	33,5	14,3	7,94	150	75	9 11	19,5 23,6	5,28 5,37	1,57 1,65	455 545	78,3 93,0	50,0 59,8
75	50	7	8,30	2,48	1,25	46,4	16,5	9,56									
75	55	5 7	6,30 8,66	2,31 2,40	1,33 1,41	35,5 47,9	16,2 21,8	8,68 11,5	150	100	10 12	24,2 28,7	4,80 4,89	2,34 2,42	552 650	198 232	112 132
80	40	6 8	6.89 9,01	2,85 2,94	0,88 0,95	44,9 57,6	7,59 9,68	4,90 6,41	180	90	10	26,2	6,28	1,85	880	151	97,4
80	60	7	9,38	2,51	1,52	59,0	28,4	15,4	200	100	10 12 14	29,2 34,8 40,3	6,93 7,03 7,12	2,01 2,10 2,18	1220 1440 1650	210 247 282	133 158 181

Tab. 4.12 Warmgewalzter gleichschenkliger T-Stahl mit gerundeten Kanten (nach DIN EN 10055) (z. T. DIN 1024)

Bezeichnungsbeispiel:
T-Profil EN 10055 – T40 – Stahl EN – 10025 – S235JR

Kurzzeichen	h mm	b mm	$s=t$ mm	r_1 mm	r_2 mm	r_3 mm	S cm²	e_x cm	I_x cm⁴	I_y cm⁴
T 30	30	30	4	4	2	1	2,26	0,85	1,72	0,87
T 35	35	35	4,5	4,5	2,5	1	2,97	0,99	3,10	1,57
T 40	40	40	5	5	2,5	1	3,77	1,12	5,28	2,58
T 50	50	50	6	6	3	1,5	5,66	1,39	12,1	6,06
T 60	60	60	7	7	3,5	2	7,94	1,66	23,8	12,2
T 70	70	70	8	8	4	2	10,6	1,94	44,5	22,1
T 80	80	80	9	9	4,5	2	13,6	2,22	73,7	37,0
T 100	100	100	11	11	5,5	3	20,9	2,74	179	88,3
T 120	120	120	13	13	6,5	3	29,6	3,28	366	178
T 140	140	140	15	15	7,5	4	39,9	3,80	660	330

Tab. 4.13 Warmgewalzter rundkantiger U-Stahl (nach DIN 1026)

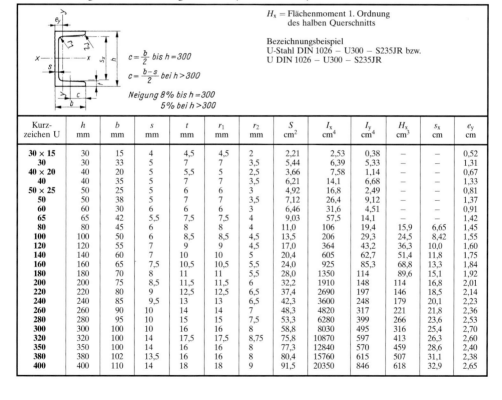

H_x = Flächenmoment 1. Ordnung des halben Querschnitts

$c = \dfrac{b}{2}$ bis $h = 300$

$c = \dfrac{b-s}{2}$ bei $h > 300$

Neigung 8% bis $h = 300$
5% bei $h > 300$

Bezeichnungsbeispiel
U-Stahl DIN 1026 – U300 – S235JR bzw.
U DIN 1026 – U300 – S235JR

Kurz-zeichen U	h mm	b mm	s mm	t mm	r_1 mm	r_2 mm	S cm²	I_x cm⁴	I_y cm⁴	H_x cm³	s_x cm	e_y cm
30 × 15	30	15	4	4,5	4,5	2	2,21	2,53	0,38	–	–	0,52
30	30	33	5	7	7	3,5	5,44	6,39	5,33	–	–	1,31
40 × 20	40	20	5	5,5	5	2,5	3,66	7,58	1,14	–	–	0,67
40	40	35	5	7	7	3,5	6,21	14,1	6,68	–	–	1,33
50 × 25	50	25	5	6	6	3	4,92	16,8	2,49	–	–	0,81
50	50	38	5	7	7	3,5	7,12	26,4	9,12	–	–	1,37
60	60	30	6	6	6	3	6,46	31,6	4,51	–	–	0,91
65	65	42	5,5	7,5	7,5	4	9,03	57,5	14,1	–	–	1,42
80	80	45	6	8	8	4	11,0	106	19,4	15,9	6,65	1,45
100	100	50	6	8,5	8,5	4,5	13,5	206	29,3	24,5	8,42	1,55
120	120	55	7	9	9	4,5	17,0	364	43,2	36,3	10,0	1,60
140	140	60	7	10	10	5	20,4	605	62,7	51,4	11,8	1,75
160	160	65	7,5	10,5	10,5	5,5	24,0	925	85,3	68,8	13,3	1,84
180	180	70	8	11	11	5,5	28,0	1350	114	89,6	15,1	1,92
200	200	75	8,5	11,5	11,5	6	32,2	1910	148	114	16,8	2,01
220	220	80	9	12,5	12,5	6,5	37,4	2690	197	146	18,5	2,14
240	240	85	9,5	13	13	6,5	42,3	3600	248	179	20,1	2,23
260	260	90	10	14	14	7	48,3	4820	317	221	21,8	2,36
280	280	95	10	15	15	7,5	53,3	6280	399	266	23,6	2,53
300	300	100	10	16	16	8	58,8	8030	495	316	25,4	2,70
320	320	100	14	17,5	17,5	8,75	75,8	10870	597	413	26,3	2,60
350	350	100	14	16	16	8	77,3	12840	570	459	28,6	2,40
380	380	102	13,5	16	16	8	80,4	15760	615	507	31,1	2,38
400	400	110	14	18	18	9	91,5	20350	846	618	32,9	2,65

Tab. 4.14 Warmgewalzte I-Träger (nach DIN 1025-1)

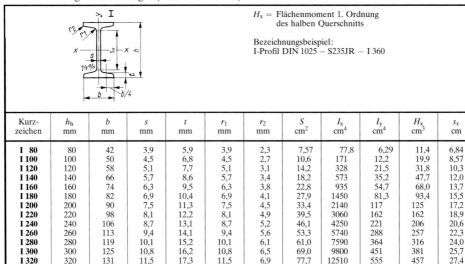

H_x = Flächenmoment 1. Ordnung des halben Querschnitts

Bezeichnungsbeispiel:
I-Profil DIN 1025 – S235JR – I 360

Kurz-zeichen	h_h mm	b mm	s mm	t mm	r_1 mm	r_2 mm	S cm²	I_x cm⁴	I_y cm⁴	H_x cm³	s_x cm
I 80	80	42	3,9	5,9	3,9	2,3	7,57	77,8	6,29	11,4	6,84
I 100	100	50	4,5	6,8	4,5	2,7	10,6	171	12,2	19,9	8,57
I 120	120	58	5,1	7,7	5,1	3,1	14,2	328	21,5	31,8	10,3
I 140	140	66	5,7	8,6	5,7	3,4	18,2	573	35,2	47,7	12,0
I 160	160	74	6,3	9,5	6,3	3,8	22,8	935	54,7	68,0	13,7
I 180	180	82	6,9	10,4	6,9	4,1	27,9	1450	81,3	93,4	15,5
I 200	200	90	7,5	11,3	7,5	4,5	33,4	2140	117	125	17,2
I 220	220	98	8,1	12,2	8,1	4,9	39,5	3060	162	162	18,9
I 240	240	106	8,7	13,1	8,7	5,2	46,1	4250	221	206	20,6
I 260	260	113	9,4	14,1	9,4	5,6	53,3	5740	288	257	22,3
I 280	280	119	10,1	15,2	10,1	6,1	61,0	7590	364	316	24,0
I 300	300	125	10,8	16,2	10,8	6,5	69,0	9800	451	381	25,7
I 320	320	131	11,5	17,3	11,5	6,9	77,7	12510	555	457	27,4
I 340	340	137	12,2	18,3	12,2	7,3	86,7	15700	674	540	29,1
I 360	360	143	13,0	19,5	13,0	7,8	97,0	19610	818	638	30,7
I 380	380	149	13,7	20,5	13,7	8,2	107	24010	975	741	32,4
I 400	400	155	14,4	21,6	14,4	8,6	118	29210	1160	857	34,1
I 450	450	170	16,2	24,3	16,2	9,7	147	45850	1730	1200	38,3
I 500	500	185	18,0	27,0	18,0	10,8	179	68740	2480	1620	42,4
I 550	550	200	19,0	30,0	19,0	11,9	212	99180	3490	2120	46,8

Tab. 4.15 Warmgewalzte breite I-Träger (nach DIN 1025-2)

Bezeichnungsbeispiel:
I-Profil DIN 1025 – S235JR – IPB 340

Zeichen	h mm	b mm	s mm	t mm	r mm	S cm²	I_x cm⁴	I_y cm⁴	Zeichen	h mm	b mm	s mm	t mm	r mm	S cm²	I_x cm⁴	I_y cm⁴
IPB 100	100	100	6	10	12	26,0	450	167		340	300	12	21,5	27	171	36660	9690
120	120	120	6,5	11	12	34,0	864	318		360	300	12,5	22,5	27	181	43190	10140
140	140	140	7	12	12	43,0	1510	550		400	300	13,5	24	27	198	57680	10820
160	160	160	8	13	15	54,3	2490	889		450	300	14	26	27	218	79890	11720
180	180	180	8,5	14	15	65,3	3830	1360	IPB	500	300	14,5	28	27	239	107200	12620
200	200	200	9	15	18	78,1	5700	2000		550	300	15	29	27	254	136700	13080
220	220	220	9,5	16	18	91,0	8090	2840		600	300	15,5	30	27	270	171000	13530
240	240	240	10	17	21	106	11260	3920		650	300	16	31	27	286	210600	13980
260	260	260	10	17,5	24	118	14920	5130		700	300	17	32	27	306	256900	14440
280	280	280	10,5	18	24	131	19270	6590		800	300	17,5	33	30	334	359100	14900
300	300	300	11	19	27	149	25170	8560		900	300	18,5	35	30	371	494100	15820
320	320	300	11,5	20,5	27	161	30820	9240		1000	300	19	36	30	400	644700	16280

Tab. 4.16 Charakteristische Werte für Walzstahl nach DIN 18800-1 : 1990-11 (Auszug)

Stahlart	Stahlsorte		Bauteildicke $t^{*)}$ mm	Streckgrenze $f_{y,k}$ N/mm²	Zugfestigkeit $f_{u,k}$ N/mm²
Baustahl	S235JR S235JRG1 S235JRG2 S235JO S235J2G3	(St 37-2) (USt 37-2) (RSt 37-2) (St 37-3U) (St 37-3N)	$t \leq 40$	240	360
			$40 < t \leq 80$	215	
	S355JO S355J2G3	(St 52-3U) (St 52-3N)	$t \leq 40$	360	510
			$40 < t \leq 80$	325	
Feinkorn- baustahl	S355N S355NL	(StE 355) (TStE 355) WStE 355 EStE 355	$t \leq 40$	360	510
			$40 < t \leq 80$	325	

*) Auch andere Formelzeichen üblich, z. B. s für Blech- und Stegdicke.

Tab. 4.17 Beiwert α_w für Grenzschweißnahtspannungen nach DIN 18800-1:1990-11 (Auszug)

Nahtart	Nahtgüte	Beanspruchungsart	Bauteilwerkstoff	
			S235 (St 37)[1]	S355 (St 52)[2]
Durch- oder gegengeschweißte Nähte: Stumpfnaht DHV-Naht (K-Naht) HV-Naht	alle	Druck	1,0[3]	1,0[3]
	nachgewiesen	Zug		
	nicht nachgewiesen			
Nicht durchgeschweißte Nähte: HY-Naht DHY-Naht Kehlnaht Doppelkehlnaht	alle	Druck, Zug	0,95	0,8
Alle Nähte		Schub		
Stumpfstöße von Formstählen über 16 mm Dicke	alle	Zug	0,55	

[1] S235 (St 37-2), S235JRG1 (USt 37-2), S234JRG2 (RSt 37-2).
[2] S355JO (St 52-3U), S355J2G3 (St 52-3N), S355N (StE 355), S355NL (TStE 355), WStE 355, EStE 355.
[3] Diese Nähte brauchen im Allgemeinen nicht nachgewiesen zu werden, da der Bauteilwiderstand maßgebend ist.

Tab. 4.18 Grundwerte der zulässigen Spannungen und Zusammenhang mit den zulässigen Oberspannungen beim Betriebsfestigkeitsnachweis nach DIN 15018 (Auszug)

Stahlsorte	S235 (St 37)					S355 (St 52)				
Kerbfall	K0	K1	K2	K3	K4	K0	K1	K2	K3	K4
Beanspruchungsgruppe	Grundwerte $\sigma_{D(-1)zul}$ in N/mm² für $\kappa = -1$									
B1	180	180	180	180	152,7	270	270	270	254	152,7
B2					108			252	180	108
B3			178,2	127,3	76,4	237,6	212,1	178,2	127,3	76,4
B4	168	150	126	90	54	168	150	126	90	54
B5	118,8	106,1	89,1	63,6	38,2	118,8	106,1	89,1	63,6	38,2
B6	84	75	63	45	27	84	75	63	45	27

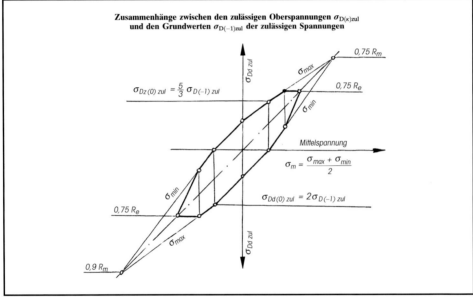

Kerbfälle siehe Tab. 4.19,
Beanspruchungsgruppen siehe Tab. 4.20.

Tab. 4.19 Beispiele für die Zuordnung üblicher Schweißanschlüsse in Normalgüte zu den Kerbfällen nach DIN 15018 (Auszug)

Darstellung	Sinnbild	Beschreibung	Kerbfall
		Geprüfte Stumpfnaht, Belastung längs zur Nahtrichtung (ohne Prüfung gilt Kerbfall K 1)	K 0
	K	K-Naht mit Doppelkehlnaht, Belastung längs zur Nahtrichtung	
		Geprüfte Stumpfnaht, Belastung quer zur Nahtrichtung	K 1
		Geprüfte Stumpfnaht, Belastung quer zur Nahtrichtung	
		Kehlnaht, Belastung längs zur Nahtrichtung	
		Geprüfte Stumpfnaht, Belastung quer zur Nahtrichtung	K 2
		Stumpfnaht mit kerbfrei bearbeiteten Nahtenden, Belastung längs zur Nahtrichtung	

Fortsetzung Tab. 4.19 ▷

Fortsetzung Tab. 4.19

Darstellung	Sinnbild	Beschreibung	Kerbfall
	△	Doppelkehlnaht, Belastung quer zur Nahtrichtung	K 3
	△	Doppelkehlnaht, unterbrochen oder mit Ausschnittsschweißung, Belastung längs zur Nahtrichtung	
	◁	Zwei Kehlnähte oder HV-Naht mit Kehlnaht	K 4
	◁	Mit Kehlnaht aufgeschweißte Stäbe	

Tab. 4.20 Beanspruchungsgruppen nach Spannungsspielbereichen und Spannungskollektiven (nach DIN 15018)

Spannungsspielbereich	N 1	N 2	N 3	N 4
Anzahl der vorgesehenen Spannungsspiele N	über $2 \cdot 10^4$ bis $2 \cdot 10^5$	über $2 \cdot 10^5$ bis $6 \cdot 10^5$	über $6 \cdot 10^5$ bis $2 \cdot 10^6$	über $2 \cdot 10^6$
Betriebsweise	Gelegentliche nicht regelmäßige Benutzung mit langen Ruhezeiten	Regelmäßige Benutzung bei unterbrochenem Betrieb	Regelmäßige Benutzung im Dauerbetrieb	Regelmäßige Benutzung im angestrengten Dauerbetrieb
Spannungskollektiv	Beanspruchungsgruppe			
S_0 sehr leicht	B 1	B 2	B 3	B 4
S_1 leicht	B 2	B 3	B 4	B 5
S_2 mittel	B 3	B 4	B 5	B 6
S_3 schwer	B 4	B 5	B 6	B 6

Tab. 4.21 Nahtlose Stahlrohre (nach DIN 2448)
d_a Außendurchmesser. Bezeichnungsbeispiel: Rohr DIN 2448 – 51 × 5,6 – DIN 1629 – St 37.0

Wanddicken s mm			1,6	1,8	2	2,3	2,6	2,9	3,2	3,6	4	4,5	5	5,6	6,3
			7,1	8	8,8	10	11	12,5	14,2	16	17,5	20	22,2	25	28
			30	32	36	40	45	50	55	60	65				
d_a mm	s mm von	bis	d_a mm	s mm von	bis	d_a mm	s mm von	bis	d_a mm	s mm von	bis				
Reihe 1															
10,2	1,6	2,6	42,4	2,6	10	139,7	4,0	36	406,4	8,8	65				
13,5	1,8	3,6	48,3	2,6	12,5	168,3	4,5	45	457	10	65				
17,2	1,8	4,5	60,3	2,9	16	219,1	6,3	60	508	11	65				
21,3	2,0	5,0	76,1	2,9	20	273	6,3	65	610	12,5	65				
26,9	2,0	7,1	88,9	3,2	25	323,9	7,1	65							
33,7	2,3	8,0	114,3	3,6	32	355,6	8,0	65							
Reihe 2															
16	1,8	4,0	31,8	2,3	8,0	63,5	2,9	16	133	4,0	36				
19	2,0	5,0	38	2,6	8,8	70	2,9	16							
20	2,0	5,0	51	2,6	12,5	101,6	3,6	28							
25	2,0	6,3	57	2,9	14,2	127	4,0	36							
Reihe 3															
25,4	2,0	6,3	73	2,9	17,5	159	4,5	45	559	12,5	65				
30	2,3	7,1	82,5	3,2	22,2	177,8	5,0	50	660	14,2	65				
44,5	2,6	11	108	3,6	30	193,7	5,6	55							
54	2,6	12,5	152,4	4,5	40	244,5	6,3	65							

Techn. Lieferbedingungen und Werkstoffe: DIN 1629 und 1630 (siehe auch Tab. 4.29)

Tab. 4.22 Geschweißte Stahlrohre (nach DIN 2458)
d_a Außendurchmesser. Bezeichnungsbeispiel: Rohr DIN 2458 – 51 × 4 – DIN 1628 – St 37.4

Wanddicken s mm			1,4	1,6	1,8	2	2,3	2,6	2,9	3,2	3,6	4	4,5	5	5,6	6,3	7,1	8
			8,8	10	11	12,5	14,2	16	17,5	20	22,2	25	28	30	32	36	40	
d_a mm	s mm von	bis	d_a mm	s mm von	bis	d_a mm	s mm von	bis	d_a mm	s mm von	bis							
Reihe 1																			
10,2	1,4	2,6	60,3	1,4	10	323,9	3,2	12,5	914	4,5	40							
13,5	1,4	3,6	76,1	1,6	10	355,6	3,2	12,5	1016	4,5	40							
17,2	1,4	4,0	88,9	1,6	10	406,4	3,6	12,5	1220	5,6	40							
21,3	1,4	4,5	114,3	2,0	11	457	3,6	12,5	1420	6,3	40							
26,9	1,4	5,0	139,7	2,0	11	508	3,6	16	1620	7,1	40							
33,7	1,4	8,0	168,3	2,9	11	610	4,5	28	1820	8,8	40							
42,4	1,4	8,8	219,1	3,2	12,5	711	4,5	32	2020	10	40							
48,3	1,4	8,8	273	3,2	12,5	813	4,5	40	2220	10	40							
Reihe 2																			
16	1,4	3,6	31,8	1,4	7,1	63,5	1,6	10	133	2,0	11							
19	1,4	4,0	38	1,4	8,8	70	1,6	10	762	4,5	40							
20	1,4	4,0	51	1,4	8,8	101,6	2,0	10										
25	1,4	5,0	57	1,4	10	127	2,0	11										
Reihe 3																			
25,4	1,4	5,0	73	1,6	10	159	2,0	11	559	4,5	20							
30	1,4	6,3	82,5	1,6	10	177,8	2,9	11	660	4,5	30							
44,5	1,4	8,8	108	2,0	11	193,7	2,9	11	864	4,5	40							
54	1,4	10	152,4	2,0	11	244,5	3,2	12,5										

Techn. Lieferbedingungen und Werkstoffe: DIN 1626 und 1628 (siehe auch Tab. 4.29)

Tab. 4.23 Kaltgefertigte geschweißte quadratische und rechteckige Stahlrohre nach DIN 59411 (Auszug)

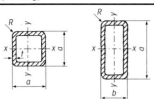

Bezeichnungsbeispiel:
Hohlprofil DIN 59411 $- 60 \times 60 \times 4 -$ S235JR
oder
Hohlprofil DIN 59411 $- 80 \times 40 \times 4 -$ S235JR

$R = 2{,}0 \cdot t$ für $t \leq 4$ mm
$R = 2{,}5 \cdot t$ für $t > 4$ mm ≤ 8 mm
$R = 3{,}0 \cdot t$ für $t > 8$ mm

Quadratische Stahlrohre					Rechteckige Stahlrohre						
a mm	t mm	S cm²	$I_x = I_y$ cm⁴	$i_x = i_y$ cm	$a \times b$ mm	t mm	S cm²	I_x cm⁴	i_x cm	I_y cm⁴	i_y cm
40	2 2,6 3,2	2,94 3,72 4,45	6,94 8,45 9,72	1,54 1,51 1,48	50 × 30	2 2,6 3,2	2,94 3,72 4,45	9,54 11,6 13,4	1,80 1,78 1,73	4,29 5,22 5,93	1,21 1,18 1,15
60	2,6 3,2 4	5,80 7,00 8,55	31,3 36,9 43,6	2,32 2,30 2,26	60 × 40	2 2,6 4	3,74 4,76 6,95	18,4 22,8 31,0	2,22 2,19 2,11	9,83 12,1 16,3	1,62 1,59 1,53
80	3,2 4 5	9,57 11,8 14,1	92,7 111 128	3,11 3,07 3,00	80 × 40	2,6 3,2 4	5,80 7,00 8,55	46,6 54,9 64,8	2,83 2,80 2,75	15,7 18,4 21,5	1,65 1,62 1,59
100	4 5 6,3	15,0 18,1 22,3	226 266 314	3,89 3,82 3,76	100 × 60	3,2 4 5	9,57 11,8 14,1	127 153 175	3,65 3,60 3,52	57,6 68,7 78,9	2,45 2,42 2,36
120	4 5 6,3	18,2 22,1 27,3	402 478 572	4,71 7,64 4,58	120 × 80	4 5 6,3	15,0 18,1 22,3	295 345 409	4,44 4,36 4,28	157 184 217	3,24 3,18 3,12
150	5 6,3 8	28,1 34,9 43,2	970 1174 1412	5,93 5,80 5,71	150 × 100	5 6,3 8	23,1 28,6 35,2	707 848 1008	5,52 5,45 5,35	379 453 536	4,04 3,98 3,90
180	6,3 8 10	42,4 52,8 63,7	2096 2546 2945	7,03 6,94 6,79	180 × 100	6,3 8 10	32,3 40,0 47,7	1335 1598 1787	6,43 6,32 6,12	536 637 714	4,07 3,99 3,87

Tab. 4.24 Knickzahlen ω für einteilige Druckstäbe aus Rundrohren (nach DIN 4114[1])

S235 (St 37)											
λ	0	1	2	3	4	5	6	7	8	9	λ
20	1,00	1,00	1,00	1,00	1,01	1,01	1,01	1,02	1,02	1,02	20
30	1,03	1,03	1,04	1,04	1,04	1,05	1,05	1,05	1,06	1,06	30
40	1,07	1,07	1,08	1,08	1,09	1,09	1,10	1,10	1,11	1,11	40
50	1.12	1.13	1.13	1,14	1,15	1,15	1,16	1,17	1,17	1,18	50
60	1,19	1,20	1,20	1,21	1,22	1,23	1,24	1,25	1,26	1,27	60
70	1,28	1,29	1,30	1,31	1,32	1,33	1,34	1,35	1,36	1,37	70
80	1,39	1,40	1,41	1,42	1,44	1,46	1,47	1,48	1,50	1,51	80
90	1,53	1,54	1,56	1,58	1,59	1,61	1,63	1,64	1,66	1,68	90
100	1,70	1,73	1,76	1,79	1,83	1,87	1,90	1,94	1,97	2,01	100
110	2,05	2,08	2,12	2,16	2,20	2,23	weiter wie in Tab. 4.9				110
S355 (St 52)											
λ	0	1	2	3	4	5	6	7	8	9	λ
20	1,02	1,02	1,02	1,03	1,03	1,03	1,04	1,04	1,05	1,05	20
30	1,05	1,06	1,06	1,07	1,07	1,08	1,08	1,09	1,10	1,10	30
40	1,11	1,11	1,12	1,13	1,13	1,14	1,15	1,16	1,16	1,17	40
50	1,18	1,19	1,20	1,21	1,22	1,23	1,24	1,25	1,26	1,27	50
60	1,28	1,30	1,31	1,32	1,33	1,35	1,36	1,38	1,39	1,41	60
70	1,42	1,44	1,46	1,47	1,49	1,51	1,53	1,55	1,57	1,59	70
80	1,62	1,66	1,71	1,75	1,79	1,83	1,88	1,92	1,97	2,01	80
90	2,05	weiter wie in Tab. 4.9									90

[1] Norm wurde zurückgezogen, siehe DIN 18800-2 : 1990-11.

Tab. 4.25 Einige Stahlwerkstoffe für Druckbehälter und Kessel (zusammengestellt nach DIN-Normen und AD-Merkblättern)

Halbzeuge	Temp. bis °C
Flacherzeugnisse aus warmfesten Stählen DIN EN 10028-2 (DIN 17155)	
P235GH (H I), P265GH (H II)	400
P295GH (17 Mn 4), P355GH (19 Mn 6)	400
16Mo3 (15 Mo 3), 13CrMo4-5 (13 CrMo4 4)	500
10CrMo9-10 (10 CrMo9 10), 11CrMo9-10	500
Flacherzeugnisse aus Baustahl DIN EN 10025 (DIN 17100)	
S235JRG1 (USt 37-2), S235JRG2 (RSt 37-2), S235J2G3 (St 37-3N)	300
S275JR (St 44-2), S275J2G3 (St 44-3N), S355J2G3 (St 52-3N)	300
Flacherzeugnisse aus Feinkornbaustählen DIN EN 10028-3 (DIN 17102)	
P275NH (WStE 285), P355NH (WStE 355), P460NH (WStE 460)	400
Rohre aus unleg. Stählen geschweißt DIN 1626 u. 1628, nahtlos DIN 1629 u. 1630	
St 37.0, St 44.0, St 52.0 und St 37.4, St 44.4, St 52.4	300
Nahtlose Rohre aus warmfesten Stählen DIN 17175[1]	
St 35.8, St 45.8, 17 Mn 4, 19 Mn 5	450
15 Mo 3, 13 CrMo4 4, 10 CrMo9 3, 14 MoV6 3	500
X20 CrMoV12 1	550
Stahlguss DIN 1681 und DIN 17182	
GS-38, GS-45	300
GS-20 Mn5N, GS-20 Mn5V	350
Warmfester Stahlguss DIN EN 10213-2 (DIN 17245)	
GX8CrNi12	400
GP240GH	450
G20Mo5	500
G17CrMo5-5, G17CrMo9-10, G17CrMoV5-10, GX23CrMoV12-1	550
Bleche aus nichtrostenden Stählen DIN 17440 und DIN EN 10213-2	400
Rohre aus nichtrostenden Stählen DIN 17455	400
Nichtrostender Stahlguss DIN 17445 bzw. DIN EN 10213-4	550
Die Flacherzeugnisse aus den genannten Stählen sind bis zur angegebenen Grenztemperatur anwendbar bis zu einer Dicke von 150 mm, jedoch aus Baustahl S235JRG1 nur bis 12 mm und aus 11CrMo9-10 nur bis 60 mm Dicke.	

[1] Norm enthält noch nicht die Stahlkurzzeichen entspr. DIN EN 10027 wie in DIN EN 10028-2 angegeben.

Tab. 4.26 Berechnungsbeiwerte β für gewölbte Böden, gültig für den gesamten Kalotten- und Krempenteil, bei $d_i/D_a = 0$ nur für den Krempenteil (zusammengestellt nach AD-Merkblatt B3)

$\dfrac{s_e - c}{D_a}$	Klöpperboden d_i/D_a							Korbbogenboden d_i/D_a						
	0	0,15	0,2	0,25	0,3	0,4	0,5	0,6	0	0,1	0,15	0,2	0,25	0,3	0,4	0,5	0,6
0,001	6	7	8						3,2	4,2	5,6	7,1	9				
0,002	4,6	5,4	6,1	7	8,2				2,7	3,4	4,5	5,5	6,4	7,5			
0,003	3,9	4,6	5,3	6,1	7	9			2,4	3	3,9	4,7	5,6	6,4	8		
0,004	3,6	4,3	4,8	5,6	6,3	7,9			2,3	2,8	3,6	4,3	5	5,7	7,2	8,8	
0,005	3,3	4	4,5	5,2	5,9	7,3	8,7		2,2	2,6	3,4	4	4,6	5,3	6,5	8	
0,01	2,7	3,3	3,7	4,3	4,7	5,7	6,6	7,5	1,9	2,3	2,8	3,2	3,8	4,2	5	6	6,9
0,02	2,6	2,9	3,3	3,5	3,8	4,5	5,2	5,9	1,8	2,3	2,5	2,7	3,1	3,4	4	4,7	5,3
0,03	2,5	2,9	2,9	3,2	3,4	4	4,6	5,3	1,8	2,2	2,5	2,6	2,7	3	3,6	4	4,7
0,04	2,5	2,8	2,8	3	3,3	3,7	4,3	4,7	1,7	2,2	2,4	2,5	2,6	2,8	3,3	3,7	4,3
0,05	2,4	2,8	2,8	2,9	3,2	3,5	3,9	4,4	1,7	2,2	2,4	2,4	2,4	2,6	3,2	3,5	4
0,1	2,4	2,8	2,8	2,9	2,9	3	3,4	3,7	1,7	2,2	2,4	2,4	2,4	2,6	2,7	2,9	3,2

Tab. 4.27 Sicherheitsbeiwert S und S' und Wanddickenzuschläge c für Druckbehälter und Dampfkessel (nach AD-Merkblatt B0 und TRD 300)

Sicherheitsbeiwert S		bei Walz- und Schmiedestählen	bei Stahlguss
	Innerer Überdruck	1,5	2,0
	Äußerer Überdruck	1,8	2,4
Sicherheitsbeiwert S'		1,1	1,5 für Druckbehälter
			1,4 für Dampfkessel

Wanddickenzuschlag $c = c_1 + c_2$

c_1 **Zuschlag zur Berücksichtigung von Wanddickenunterschreitungen:**
bei Blechen Minustoleranz nach der Maßnorm DIN EN 10029, für Klasse A und Nenndicke

	von	3 bis unter	8 mm	**0,4 mm**		von	25 bis unter	40 mm	**0,8 mm**
		8	15 mm	**0,5 mm**			40	80 mm	**1,0 mm**
		15	25 mm	**0,6 mm**			80	150 mm	**1,0 mm**

bei Rohren ≈15% der Wanddicke

c_2 **Abnutzungszuschlag:** bei ferritischen Stählen = 1 mm. Er entfällt bei $s_e \geq 30$ mm, bei Rohren und bei ausreichendem Schutz durch Verbleiung, Gummierung, Kunststoffüberzügen, bei austenitischen Stählen und bei Nichteisenmetallen. Galvanische Überzüge gelten nicht als Schutz. Bei stark korrodierendem Beschickungsmittel ist ein höherer Zuschlag als 1 mm zu vereinbaren.

Tab. 4.28 Festigkeitskennwerte K in N/mm^2 von Stahlwerkstoffen für Druckbehälter und Kessel (Auszug aus DIN-Normen und AD-Merkblättern)

	Stahlsorte[1]	Dicke mm über	Dicke mm bis	R_{eH} bei 20 °C	\multicolumn{10}{c}{0,2%-Dehngrenze $R_{p0,2}$ bei °C}
					50	100	150	200	250	300	350	400	450	500
Warmfeste Stähle DIN EN 10028-2	P235GH	16 40	16 40 60	235 225 215	206	190	180	170	150	130	120	110		
	P265GH	16 40	16 40 60	265 255 245	234	215	205	195	175	155	140	130		
	P295GH	16 40	16 40 60	295 290 285	272	250	235	225	205	185	170	155		
	P355GH	16 40	16 40 60	355 345 335	318	290	270	255	205	185	170	155		
	16Mo3	16 40	16 40 60	275 270 260				215	200	170	160	150	145	140
	13CrMo4-5	16 40	16 40 60	300 295 295				230	220	205	190	180	170	165
	10CrMo9-10	16 40	16 40 60	310 300 290				245	230	220	210	200	190	180
	11CrMo9-10		60	310				255	235	225	215	205	195	
Feinkornbaustähle DIN EN 10028-3	P275NH	35 50	35 50 70	275 265 255	264 247	245 235	226 216	196	177	147	127	108		
	P355NH	35 50	35 50 70	355 345 325	336 313	304 294	284 275	245	226	216	196	167		
	P460NH	16 35 50	16 35 50 70	460 450 440 420		402 392	370 392	333	314	294	265	235		
Baustähle DIN EN 10025	S235JRG1[2] S235JRG2 S235J2G3	16 40	16 40 63	235 225 215	187 180 173		161 155 149	143 136 129	122 117 112					
	S275JR S275J2G3	16 40	16 40 63	275 265 255	220 210 188		190 180 162	180 170 150	150 140 124					
	S355J2G3	16 40	16 40 63	355 345 335	254 249 234		226 221 206	206 202 186	186 181 166					

[1] Zurückgezogene Normen und frühere Stahlkurzzeichen siehe Tab. 4.25.
[2] Nur in Nenndicken bis 25 mm lieferbar.

Tab. 4.29 Festigkeitskennwerte K in N/mm² von Stahlrohrwerkstoffen (Auszug aus DIN-Normen)

	Stahlsorte	Dicke mm		Streckgrenze bei °C			0,2%-Dehngrenze bei °C						
		über	bis	50	100	150	200	250	300	350	400	450	500
Warmfeste Stähle DIN 17175	St 35.8	16	16 40	235 225	218 210	202 195	185 180	165 160	140 135	120 120	110 110	105 105	
	St 45.8	16	16 40	255 245	238 228	222 212	205 195	185 175	160 155	140 135	130 130	125 125	
	17 Mn 4		40	270	258	247	235	215	175	155	145	135	
	19 Mn 5		40	310	292	273	255	235	206	180	160	150	
	15 Mo 3	10	10 40	285 270	270 255	255 240	240 225	220 205	195 180	185 170	175 160	170 155	165 150
	13 CrMo4 4	10	10 40	305 290	288 273	272 257	255 240	245 230	230 215	215 200	205 190	195 180	190 175
	10 CrMo9 10		40	280	268	257	245	240	230	215	205	195	185
	14 MoV6 3		40	320	303	287	270	255	230	215	200	185	170
Unlegierte Stähle DIN 1626, 1628, 1629, 1630	St 37.0 und St 37.4	16	16 40	235 225	218 208	202 192	185 175	165 155	140 135				
	St 44.0 und St 44.4	16	16 40	275 265	248 245	232 225	215 205	195 185	165 160				
	St 52.0 und St 52.4	16	16 40	355 345	318 308	282 272	245 235	225 215	195 190				

Tab. 4.30 Berechnungsbeiwerte C für ebene Böden und Platten (nach AD-Merkblatt B5)

Form nach Bild 4.73	Voraussetzungen				C
U 1	$r \geq$ 30 mm bei $D_a \leq 500$ mm 35 mm $> 500\ldots 1400$ mm 40 mm $> 1400\ldots 1600$ mm 45 mm $> 1600\ldots 1900$ mm 50 mm > 1900 mm		$r \geq 1,3s \quad h \geq 3,5s$		0,30
U 2	$r \geq s/3 \geq 8$ mm, $h \geq s$				0,35
U 3	$s_R \geq 1,3s \dfrac{p}{K}(D_1/2 - r) \geq 5$ mm, $s_R \leq 0,77 s_1$ bei $D_a > 1,2 D_1$				0,40
U 4	$s \leq 3s_1$ $s > 3s_1$	$C = 0,35$ $C = 0,40$	V 1	$s \leq 3s_1$ $s > 3s_1$	0,30 0,35
U 5	$s \leq 3s_1$ $s > 3s_1$	$C = 0,40$ $C = 0,45$	V 2	$s \leq 3s_1$ $s > 3s_1$	0,40 0,45
U 6	$s \leq 3s_1$ $s > 3s_1$	$C = 0,45$ $C = 0,50$	V 3 V 4	wie U 1 wie U 1	0,25 0,25

Tab. 5.1 Übliche Abmessungen in mm von Punktschweißverbindungen
s kleinste Blechdicke, d Schweißpunktdurchmesser, e Punktabstand, v Vormaß, a Reihenabstand, b kleinste Überlappung

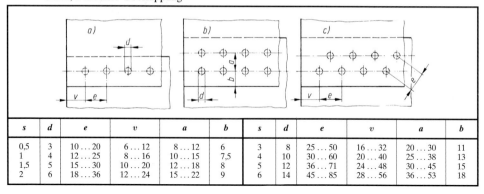

s	d	e	v	a	b	s	d	e	v	a	b
0,5	3	10...20	6...12	8...12	6	3	8	25...50	16...32	20...30	11
1	4	12...25	8...16	10...15	7,5	4	10	30...60	20...40	25...38	13
1,5	5	15...30	10...20	12...18	8	5	12	36...71	24...48	30...45	15
2	6	18...36	12...24	15...22	9	6	14	45...85	28...56	36...53	18

Tab. 5.2 Zulässige Spannungen in N/mm² für Punktschweißverbindungen

			Werkstoff			
Stahlhochbau DIN 18801			S235 (St 37)		S355 (St 52)	
			Lastfall		Lastfall	
			H	HZ	H	HZ
Wenn Nachweis auf Knicken und Kippen nach DIN 4114 erforderlich ist[1]	einschnittig zweischnittig	τ_{wa} σ_{wl} σ_{wl}	90 255 355	100 290 400	135 380 525	155 430 600
Wenn Knicken, Kippen oder Ausweichen nicht möglich ist	einschnittig zweischnittig	τ_{wa} σ_{wl} σ_{wl}	105 290 400	115 325 450	155 430 600	175 485 675
Maschinen- und Gerätebau (Anhaltswerte)						

Werkstoff-Zugfestigkeit		$R_m =$	250	300	350	400	450	500	550	600
	τ_{wa}	ruhend schwellend wechselnd	60 40 20	75 50 25	90 55 30	100 65 35	110 70 35	125 80 40	135 90 45	150 95 50
einschnittig	σ_{wl}	ruhend schwellend wechselnd	165 110 55	200 130 65	235 150 75	265 175 90	300 195 100	335 215 110	365 240 120	400 260 130
zweischnittig	σ_{wl}	ruhend schwellend wechselnd	275 180 90	335 215 110	390 250 125	445 285 145	500 320 160	555 355 180	610 390 195	665 425 215
	τ_{ws}	ruhend schwellend, wechselnd	75 50	90 60	105 70	120 80	135 90	150 100	165 110	180 120

[1] Siehe Abschnitt 4.7.

Tab. 5.3 Abmessungen in mm von Rundbuckeln (nach DIN EN 28167) sowie von Lang- und Ringbuckeln (nach DIN 8519)

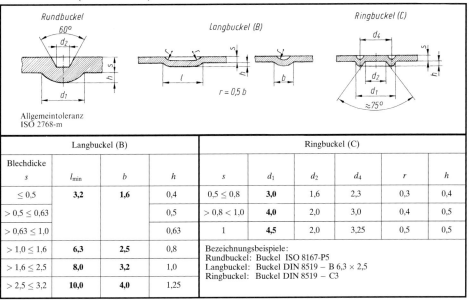

Allgemeintoleranz ISO 2768-m

Langbuckel (B)				Ringbuckel (C)					
Blechdicke s	l_{min}	b	h	s	d_1	d_2	d_4	r	h
$\leq 0,5$	3,2	1,6	0,4	$0,5 \leq 0,8$	3,0	1,6	2,3	0,3	0,4
$> 0,5 \leq 0,63$			0,5	$> 0,8 < 1,0$	4,0	2,0	3,0	0,4	0,5
$> 0,63 \leq 1,0$			0,63	1	4,5	2,0	3,25	0,5	0,5
$> 1,0 \leq 1,6$	6,3	2,5	0,8	Bezeichnungsbeispiele: Rundbuckel: Buckel ISO 8167-P5 Langbuckel: Buckel DIN 8519 – B 6,3 × 2,5 Ringbuckel: Buckel DIN 8519 – C3					
$> 1,6 \leq 2,5$	8,0	3,2	1,0						
$> 2,5 \leq 3,2$	10,0	4,0	1,25						

Rundbuckel (Auszug)

Beziehung zwischen Blechdicke und Buckeldurchmesser
Für die verschiedenen Anwendungen und die geforderte Festigkeit, die durch die Nahtfestigkeit und die Werkstoffeigenschaften bestimmt werden, wird empfohlen, dass entsprechend den Blechdicken die folgenden 3 verschiedenen Gruppen von Buckeldurchmessern angenommen werden:
- **Gruppe A:** Enthält Buckel kleiner Abmessungen für geringen Platzbedarf oder geringe Einprägung;
- **Gruppe B:** Buckel für Standardanwendungen, die üblicherweise höheren Platzbedarf und größere Einprägung als diejenigen der Gruppe A benötigen;
- **Gruppe C:** Buckel großer Abmessungen für hohe Festigkeitsanforderungen, wobei Platzbedarf oder Form die Anwendung oder den Gebrauch von Vielfachpunkten einschränkt; normalerweise angewendet mit hochfesten Stählen.

Zur Vereinfachung ist es zweckmäßig, Vereinbarungen über die Gruppen in nationalen Normen oder Werknormen zu treffen.

Gruppen für Buckeldurchmesser   Maße in mm

Blechdicke s	Buckeldurchmesser d_1		
	Gruppe A	Gruppe B	Gruppe C
$s \leq 0,5$	1,6	2	2,5
$0,5 < s \leq 0,63$	2	2,5	3,2
$0,63 < s \leq 1$	2,5	3,2	4
$1 < s \leq 1,6$	3,2	4	5
$1,6 < s \leq 2,5$	4	5	6,3
$2,5 < s \leq 3$	5	6,3	8

Maße   Maße in mm

d_1	h	d_2
1,6	0,4	0,5
2	0,5	0,63
2,5	0,63	0,8
3,2	0,8	1
4	1	1,25
5	1,25	1,6
6,3	1,6	2
8	2	2,5
10	2,5	3,2

Tab. 6.1 Hartlote – Lotzusätze
(Auswahl nach DIN EN 1044:1999-07)

Lotart	Lot	Schmelzbereich in °C		Lotart	Lot	Schmelzbereich in °C	
		Solidus	Liquidus			Solidus	Liquidus
Kupferhartlote	CU 101	1085	1085	Aluminiumhartlote	AL 102	575	615
	CU 104	1085	1085		AL 103	575	590
	CU 201	910	1040		AL 104	575	585
	CU 302	875	895	Nickel- und Kobalthartlote	NI 101	980	1060
	CU 305	890	920		NI 1A1	980	1070
Silberhartlote	AG 101	620	685		NI 102	970	1000
	AG 104	640	680		NI 103	980	1040
	AG 106	630	730		NI 104	980	1070
	AG 202	695	730		NI 105	1080	1135
	AG 203	675	735		NI 106	875	875
	AG 205	700	790		NI 107	890	890
	AG 206	690	810		NI 108	980	1010
	AG 207	800	830		NI 109	1055	1055
	AG 208	820	870		NI 110	970	1105
	AG 301	620	640		NI 111	970	1095
	AG 302	605	620		NI 112	880	950
	AG 304	595	630	Palladiumhaltige Hartlote	PD 101	900	950
	AG 305	610	700		PD 102	875	900
	AG 306	600	690		PD 201	1235	1235
	AG 309	605	765		PD 204	970	1010
	AG 351	635	655	Goldhaltige Hartlote	AU 101	905	910
	AG 401	780	780		AU 102	930	940
	AG 403	600	710		AU 104	995	1020
	AG 501	960	970				
	AG 502	680	705				
	AG 503	680	830				
Kupfer-Phosphathartlote	CP 102	645	800				
	CP 104	645	815				
	CP 105	645	825				
	CP 201	710	770				
	CP 202	710	820				
	CP 203	710	890				

Tab. 6.2 Anhaltswerte für Festigkeit und zulässige Spannungen in N/mm² für Lötverbindungen

Lot	Zugscherfestigkeit τ_{IB}	Zugfestigkeit σ_{IB}	Zulässige Spannung beim Lastfall		
			ruhend $\tau_{I zul}$	schwellend $\tau_{I zul}$	wechselnd $\tau_{I zul}$
Kupferlot	150...220	200...300	50...70	30...40	
Messinglot Cu 3xx (z. B. Cu 302)	250...300	250...300	80...90	55...65	15...25
Silberlot	150...280	300...400	50...70	30...40	
Aluminiumlot L-AlSi Nickellot L-Ni	$0,6...0,8 R_m$		$0,35 \tau_{IB}$	$0,18 \tau_{IB}$	$0,1 \tau_{IB}$

R_m = Zugfestigkeit des Bauteilwerkstoffes

Tab. 7.1 Einige Klebstoffe zum Verbinden von Metallen untereinander und mit anderen Werkstoffen, warm abbindend (Auszug aus VDI 2229)

Hersteller	Handelsname		Abbinde-temperatur °C	Schicht-dicke mm	Zugscherfestigkeit in N/mm² bei °C					
					−25	25	55	80	105	155
Ciba-Geigy	Araldit	AT 1	150...200	0,05...0,1	32	32	32	30	17	2
		AV 8	150...180	0,1...0,2	23	25	26	26	26	20
		AW 142	120...150	0,1...0,2	23	23	25	25	23	3
Henkel	Metallon	E 2701	180	0,05...0,3	20	31	30	29	28	9
		E 2706	180	0,05...0,3	30	32	31	30	23	6
	Macroplast	PV 8621	165...180	0,1...5	5	2	0,8	0,6		
		PV 8625	160...180	0,1...5	14	6	2	1,6		
Th. Goldschmidt	Tegocoll	100 •	ab 130	0,03...0,15		26				
		M12F/6 •	ab 130	0,1		26				
		D 02/PVF	ab 130	0,15	32	35	25	14	8	
Loctite	Loctite	307	bis 120	0,1		23	22	18	14	5
		306	bis 120	0,2		10	10	10	10	9
		317	bis 120	0,1		35	29	19	12	7
Klebfilme (Klebfolien)										
Ciba-Geigy	Redux	609	100...170	0,1...0,15	30	34	30	22	12	
Beiersdorf	Technicoll	8402	120...200			30	19		10	
		8410	120...200			28	16	13	10	
		8420	ab 80		16	8				
Th. Goldschmidt	Tegofilm	EP 375	ab 110	0,18		21	23	22	17	10
		VP 445	ab 110	0,1						
		M 12 B	130...165	0,22		31	33	24	13	7
		MP 12 E	130...165	0,15		27	27	21	11	6
Cyanamid	Cyanamid	FM 123-5	120	0,05...0,25	40	40		28		
	1)	FM 73	120	0,05...0,25	40	40		30		
		FM 1000	175	0,05...0,25	50	48		25		
		FM 300	175	0,05...0,25	32	35		35		19
		FM 400	175	0,1...0,3	26	25		23		19

Handelsname		Chem. Basis[2]	Zustand[2]	vorzugsweise zu kleben[2]	Kompo-nenten	Druck[2] N/mm²	beständig gegen[2]
Araldit	AT 1	EP	pu	Me, Ke	A	K	Fe, Ch
	AV 8	EP	pa	Me, Ke	A	K	Fe, Ch
	AW 142	EP	hv	Me, Ke	A	K	Fe, Ch
Metallon	E 2701	EP	pa	Me	A	K	Wa, Lö
	E 2706	EP	pa	Me	A	K	Wa, Lö
Macroplast	PV 8621	PVC	pa	Dü	A	K	Fe, Öl
	PV 8625	PVC	pa	Dü	A	K	Fe, Öl
Tegocoll	100	PH	fl	Al, St, Re	A	≥0,3	Hö, Bf, Tr
	M12F/6	PH/PVF	zf	Mf mit Ho	A	≥0,3	Lö, Sä, La
	D02/PVF	PH/PVF	fl, fe	Al, St, Ho, Ki	A, B	≥0,3	Ko, Lö, Sä, La
Loctite	307	MC	fl	Me	A	K	
	306	MC	fl	Me	A	K	
	317	MC	fl	Me, Gl	A	K	
Klebfilme (Klebfolien)							
Redux	609	Ep		Me, Ke, Bm		K	Schl, Ch
Technicoll	8402	NK, PH		Mr, wärmefeste Ku		0,5	Öl
	8410	NK, PH		Me, wärmefeste Ku		0,5	Öl
	8420	NK, PH		Me, wärmefeste Ku		0,5	Öl
Tegofilm	EP 375	EP		Al, St, Cu, Ho, Ku		>0,1	Sä, La, Ko, Lö
	VP 445	PE		Mf mit Ho, Ku		>0,1	Lö, Sä, La, Ko
	M 12 B	PH, PVF		Al, St, Re		0,4...1,5	Lö, Sä, La, Ko
	MP 12 E	PH, PVF		Al, St, Ho, Ku		0,4...1,5	Lö, Sä, La, Ko
Cyanamid	FM 123-5	NE		Al, Ti, St		0,1...0,5	Fl
	FM 73	NE		Al, Ti, St		0,1...0,5	Fl
	FM 1000	PEP		Al, Ti, St		0,1...0,5	Fl
	FM 300	EP		Al, Ti, St, Vb		0,1...0,5	Fl
	FM 400	EP		Al, Ti, St, Vb		0,1...0,5	Fl

[1] Erfüllen die Anforderungen des Flugzeugbaus, [2] Abkürzungen siehe unterhalb der Tab. 7.2, • Lösungsmittelklebstoffe

Tab. 7.2 Einige Klebstoffe zum Verbinden von Metallen untereinander und mit anderen Werkstoffen, kalt und kalt/warm abbindend (Auszug aus VDI 2229)

Hersteller	Handelsname		Abbinde-temperatur °C	Schicht-dicke mm	Zugscherfestigkeit in N/mm² bei °C					
					−25	20	55	80	105	155
Degussa	Agomet	P 76	20…50	0,05…0,4	20	21	19	6		
		410	20	0,05…0,4	16	27	25	18		
		M	20	0,05…0,4	32	37	33	22		
		R	20	0,05…0,4	28	26	20	10		
Ciba-Geigy	Araldit	AW 116	20	0,1…0,5	24	28	14	3		
		AV 138	20	0,1…3	14	17	18	17	12	3
		AW 106	20	0,1…0,5	18	18	10	3		
	Ureol 1356	A/B	20	0,1…0,5	15	16	8	3		
Gussolit	Gupalon	normal	20…80	bis 0,2	25	31	20	10	6	3
		express	20…80	bis 0,2	23	31	24	16	8	3
	Gupalit	1	20	0,05	13	26	21	18	17	11
		2 u. 3	20	0,1 u. 0,2	13	28	21	17	15	9
Henkel	Macroplast	B 202 •	20			8	7	3	1	0,3
	Pattex	•	20			8	7	3	1	0,3
	Pattex	spezial •	20			8	7	3	2	2
	Stabilit	express	20	0,1…0,5		6				
		rasant	20	bis 0,1		20				
	Metallon	LA 2002	20	0,05…0,2	12	25	25	18	9	2
		E 2602	20…100	0,05…0,3	23	24	5	2	1	
		E 2108	20…100	0,05…0,2	25	30	6	2	1	

Handelsname		Chem. Basis	Zustand	vorzugsweise zu kleben	Komponenten	Druck N/mm²	beständig gegen
Agomet	P 76	EP	pa, zf	Me, Hk, Ho, Gl	A, B	K	Ak, Öl, Tr
	410	MMC	hv, pa	Me, Ku (teilweise)	A, C	K	Sä, Ak, Öl
	M	MMC	zf, pa	Al, St, Hk	A, C	K	Sä, Ak, Öl
	R	VH	pa, pa	Al, Hk	A, C	K	Sä, Ak, Öl
Araldit	AW 116	EP/AM	fl, zf	Bm, Me, Ku	A, B	K	Schl
	AV 138	EP/PA	pa, pa	Me, Hk	A, B	K	Fe, Ch
	AW 106	EP/PA	zf, zf	Me, Hk, Ku	A, B	K	Fe, Sä, La
Ureol	1356 A/B	PUR	fl, zf	Me, Hk, Ku	A, B	K	Schl
Gupalon	normal	EP/Si	fl	Me u. andere	A, B	K	Sä, La
	express	EP/Si	fl	Me	A, B	K	Sä, La
Gupalit	1	CC	fl	Me, Ku, Gu, Ke	A	K	Sä, La
Macroplast	B 202	PC	fl, fl	Me, Ku	A, B	>1	Sä, La
Pattex		PC	hv	Me, Ku	A	>1	Sä, La
Pattex	spezial	PC	hv	Me, Ku	A	>1	Sä, La
Stabilit	express	AH	zf, fe	Me, Gl, Ku, Ge	A, B	K	Tr, Ft, Öl
	rasant	CC	fl	Ku, Me	A		Lö
Metallon	La 2002	AH	hv/fl	Ku, Me	A/B[1]	K	Wa, Lö
	E 2602	EP	hv, hv	Me	A, B	K	Wa, Lö
	E 2108	EP	fl, fl	Me, Hk	A, B	K	Wa, Lö

Abkürzungen

ACC	Ethyl Cyanacrylat	Si	Silikon	Al	Aluminium	Ah	Alkohol
AH	Acrylharz	VH	Vinylharz	Be	Beton	Ak	Alkalien
AM	Amin			Bm	Buntmetalle	Bf	Bremsflüssigkeit
CC	Cyanacrylat	fe	fest	Cu	Kupfer	Ch	Chemikalien
EP	Epoxidharz	fl	flüssig	Dü	Dünnbleche	Fe	Feuchtigkeit
MC	Methacrylat	hv	hochviskos	Gl	Glas	Fl	Anford. Flugzeugb.
MCC	Methyl Cyanacrylat	pa	pastös	Hk	Hartkunststoffe	Ft	Fette
MMC	Methylmethacrylat	pu	pulverförmig	Ho	Holz	Hö	Hydrauliköl
NE	Nitrilepoxid	zf	zähflüssig	Ke	Keramik	Hw	Heißwasser
NK	Nitrilkautschuk			Ku	Kunststoffe	Ko	Korrosion
PA	Polyaminoamid			Ma	Marmor	Kw	Kohlenwasserstoffe
PC	Polychloropren			Me	Metalle	La	Laugen
PE	Polyethylen			Mf	Metallfolien	Lö	org. Lösungsmittel
PEP	Polyamidepoxid			Re	Reibbeläge	Öl	Öl, Mineralöl
PH	Phenolharz			St	Stahl	Sä	verdünnte Säuren
PI	Polyol Isocyamet			Ti	Titan	Schl	Schlagbeansprich.
PUR	Polyurethan			Vb	Verbundwerkstoffe	Wa	Wasser
PVC	Polyvinylchlorid			K	Kontaktdruck		

• Lösungsmittelklebstoffe

Tab. 7.3 Oberflächenbehandlung nach dem Entfetten (Auszug aus VDI 2229)

Werkstoff[1]	Niedrige Festigkeit	Mittlere Festigkeit	Hohe Festigkeit
Aluminiumlegierungen	Keine Weiterbehandlung	Beiz-Entfetten, Schleifen oder Bürsten	Strahlen oder Beizen
Gusseisen			
Kupfer, Messing		Schmirgeln oder Schleifen	Strahlen
Stahl, auch rostfreier			
Stahl, verzinkt	keine Weiterbehandlung		
Stahl brüniert	sehr gründlich entfetten		Strahlen
Titan	keine Weiterbehandlung	Bürsten	Beizen
Magnesium		Schmirgeln oder Schleifen	Strahlen oder Beizen
Zink	keine Weiterbehandlung oder schwaches Aufrauen		

[1] Nicht aufgeführte Metalle: wie Zink. Bei schnell oxidierenden Metallen Klebstoffauftrag unmittelbar nach dem Aufrauen.

Tab. 7.4 Berechnungskennwerte einiger Loctite-Klebstoffe (nach LOCTITE)

Loctite-Produkt Nr.		**640**	**270**	**638**	**639**	**641**	**648**	**649**	**620**	**661**[2]	**660**	**326**
Kleb-spalt mm	maximal	0,12	0,15	0,15	0,15	0,15	0,15	0,15	0,20	0,15	0,25	0,25
	günstig	0,05	0,05	0,05	0,05	0,05	0,05	0,05	0,05	0,05	0,07	0,05
Nominelle Scherfestigkeit τ_N[1] N/mm^2		24	16	28	24	12	23	23	28	23	21	15
Temperatur-beständigkeit °C	von	−55	−55	−55	−55	−55	−55	−55	−55	−55	−55	−55
	bis	+175	+150	+150	+150	+150	+175	+175	+230	+175	+150	+120

[1] Mittelwerte, Streuungen ca. ±30%, [2] Härten bei UV-Bestrahlung in wenigen Sekunden aus.

Tab. 7.5 Einflussfaktoren $f_1 \ldots f_8$ zur Ermittlung der Zugscherfestigkeit von Klebverbindungen (nach LOCTITE)

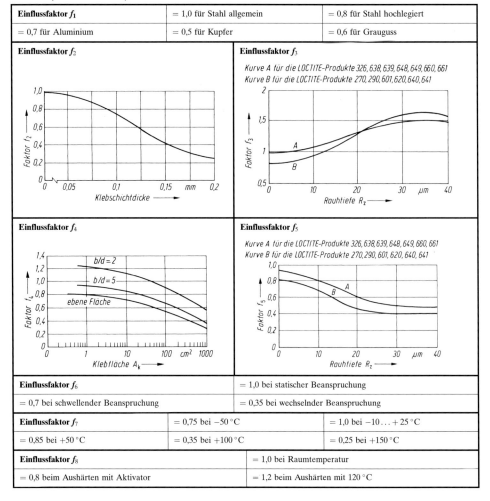

Tab. 8.1 Abmessungen in mm der Halbrundniete DIN 660 und Senkniete DIN 661, Nietlochdurchmesser $d_L = d_7 = $ Durchmesser des geschlagenen Niets, $A = $ Querschnittsfläche des geschlagenen Niets $= d_7^2 \cdot \pi/4$

	Halbrundniet DIN 660				Senkniet DIN 661				
	Bezeichnung eines Niets mit dem Nenndurchmesser $d_1 = 4$ mm und der Länge $l = 20$ mm aus Stahl: Niet DIN 660 – 4 × 20 – St								
Nenndurchmesser d_1	1	1,2	1,6	2	2,5	3	4	5	6	8
Kopfdurchmesser d_2	1,8	2,1	2,8	3,5	4,4	5,2	7,0	8,8	10,5	14,0
Kopfhöhe k DIN 660	0,6	0,7	1,0	1,2	1,5	1,8	2,4	3,0	3,6	4,8
DIN 661	0,5	0,6	0,8	1,0	1,2	1,5	2,0	2,5	3,0	4,0
Kopfrundung $r_1 \approx$		1,0	1,2	1,6	1,9	2,4	2,8	3,8	4,6	5,7	7,5
Lochdurchmesser d_7 H12	1,05	1,25	1,65	2,1	2,6	3,1	4,2	5,2	6,3	8,4
Querschnitt A in mm²	0,87	1,23	2,14	3,46	5,31	7,55	13,9	21,2	31,2	55,4
Länge l (abhängig von der Klemmlänge $s = \sum t$)	2 bis 6	2 bis 8	2 bis 12	2 bis 20	3 bis 25	3 bis 30	4 bis 40	5 bis 40	6 bis 40	8 bis 40
Normlängen: 2, 3, 4, 5, 6, 8, 10, 12, 14, 16, 18, 20, 22, 25, 28, 30, 32, 35, 38, 40 mm, über 40 mm sind die Längen von 5 zu 5 mm zu stufen.										

Die in beiden Normen eingeklammerten Nenndurchmesser $d_1 = 1{,}4$ mm, 3,5 mm und 7 mm sind möglichst zu vermeiden und wurden hier nicht berücksichtigt.

Tab. 8.2 Anhaltswerte für zulässige Spannungen in N/mm² von Nietverbindungen im Maschinenbau

		Bauteile								
Beanspruchung	Lastfall	Stahl oder Stahlguss mit R_m in N/mm²					Grauguss[1)] mit R_m in N/mm²			
		340	360	420	500	600	100	200	300	400
Zug, Druck σ	ruhend	120	140	160	180	220	35	65	100	135
	schwellend	85	100	120	140	170	25	40	75	100
	wechselnd	70	85	95	110	130	20	35	50	70
Biegung σ_b	ruhend	170	195	225	250	310	50	90	140	190
	schwellend	95	110	130	155	185	28	45	80	110
	wechselnd	75	95	100	120	145	20	40	55	80
Leibung σ_l	ruhend	240	280	320	360	410	65	130	200	270
	schwellend	170	200	240	280	340	45	85	130	170
	wechselnd	140	170	190	220	260	35	65	100	130
		Niete aus Stahl (St)								
Beanspruchung		Abscheren τ_a			Leibung σ_l			Zug σ_z		
Lastfall	ruhend	140			280			70		
	schwellend	100			200			50		
	wechselnd	85			170			40		

[1)] bei Druck und Biegedruck $\approx 2{,}5$fache Werte!

Tab. 8.3 Werkstoffe für Aluminiumniete und zulässige Scherspannungen in N/mm² (nach DIN 4113-1/A1)

Werkstoff	Zustand	Durchmesser mm	$\tau_{a\,zul.}$ Lastfälle	
			H	HZ
AlMgSi 1 F 20	kaltausgehärtet	bis 12	50	55
F 21	kaltausgehärtet	bis 8	50	55
F 25	kaltausgehärtet und gezogen	bis 10	60	70
AlMg5 W 27	weich	bis 15	65	75
F 31	gezogen	bis 15	75	85

Tab. 8.4 Rand- und Lochabstände von Nieten und Schrauben in Aluminiumkonstruktionen (nach DIN 4113-1/A1)

Randabstände				Lochabstände		
Kleinster Randabstand	in Kraftrichtung		$2d^{1)}$	Kleinster Lochabstand	bei allen Bauwerksteilen	$3d$
	senkrecht zur Kraftrichtung		$1,5d$			
Größter Randabstand	in beiden Richtungen		$10t$	Größter Lochabstand	im Druckbereich und in Stegaussteifungen und langen Anschlüssen mit Querkraft	$15t$
Bei Stab- und Formstählen darf als größter Randabstand $15t$ statt $10t$ genommen werden, wenn das abstehende Ende eine Versteifung durch die Profilform erfährt.						
				Heftniete in Zugstäben		$40t^{2)}$

[1] Nenndurchmesser $d = d_1$ in Tab. 8.1.
[2] Diese Lochabstände sind auch bei Hals- und Kopfnieten in den Gurten von Blechträgern außerhalb der Stoßteile und bei gering beanspruchten Kraftnieten maßgebend.

Tab. 8.5 Zulässige Spannungen in N/mm² der Aluminiumbauteile (nach DIN 4113-1/A1)

Werkstoffe	Halbzeuge	$\sigma_z, \sigma_{d\,zul}$		τ_{zul}		$\sigma_{l\,zul}$	
		H	HZ	H	HZ	H	HZ
AlZn4, 5Mg1 F 35 (F 34)	Bleche, Rohre, Profile	160	180	95	110	240	270
AlMgSi1 F 32/F 31 (F 30)	Bleche, Rohre, Profile	145	165	90	100	210	240
AlMgSi1 F 28	Bleche, Rohre, Profile	115	130	70	80	160	180
AlMgSi0,5 F 22	Rohre, Profile	95	105	55	60	145	165
AlMg4,5Mn G 31	Bleche	120	135	70	80	190	215
AlMg4,5Mn F 27/W 28	Bleche	70	80	45	50	115	130
AlMg4,5Mn F 27	Rohre, Profile	80	90	50	55	125	140
AlMg2Mn0,8 F 24, F 25, G 24	Bleche, Rohre	95	105	55	60	145	165
AlMg3 F 24, F 25, G 24	Bleche, Rohre	95	105	55	60	145	165
AlMg2Mn 0,8 F 20	Rohre, Profile	55	65	35	40	90	100
AlMg3 F 18	Rohre, Profile	45	50	30	35	80	90
AlMg2 Mn 0,8 W 18, W/F 19	Bleche	45	50	30	35	80	90
AlMg3 W 18, W 19, F 19	Rohre	45	50	30	35	80	90

Tab. 8.6 Knickzahlen ω einiger Aluminiumlegierungen nach DIN 4113-1/A1 (Auszug)

Werkstoffe[1]			A AlMg4,5Mn F 27 Profile B AlMg4,5Mn W 28 F 27 Bleche C AlMg4,5Mn F 27 Rohre stranggepresst							
λ	A	B	C	λ	A	B	C	λ	A	B	C
20	1	1	1	100	2,96	2,65	2,39	180	9,60	8,59	7,68
30	1,07	1,07	1,01	110	3,59	3,21	2,87	190	10,70	9,57	8,56
40	1,19	1,19	1,11	120	4,27	3,82	3,41	200	11,85	10,60	9,48
50	1,33	1,32	1,22	130	5,01	4,48	4,01	210	13,07	11,69	10,45
60	1,49	1,47	1,36	140	5,81	5,19	4,65	220	14,34	12,83	11,47
70	1,70	1,66	1,54	150	6,67	5,96	5,33	230	15,67	14,02	12,54
80	1,96	1,88	1,77	160	7,58	6,78	6,07	240	17,06	15,26	13,65
90	2,40	2,14	2,05	170	8,56	7,66	6,85	250	18,52	16,56	14,81

[1] Weitere Werkstoffe siehe DIN 4113.

Tab. 8.7 Bezeichnungen und Mindest-Festigkeitswerte von Aluminium und Aluminiumlegierungen für Bleche, Bänder und Rohre nach DIN EN 485-2 (Auszug)

Werkstoff	Kurzzeichen[1]		Zustand[2]		Nenndicke in mm		Zugfestigkeit R_m in N/mm²	0,2%-Dehngrenze $R_{p0,2}$ in N/mm²
	nach DIN EN 573-1	nach DIN EN 573-2	nach DIN 1745	nach DIN EN 515	über	bis		
Aluminium			W6	O/H111	0,2	12,5	60	15
	EN AW-1070A	AL 99,7	F10	H14	0,2	12,5	100	70
			F12	H16	0,2	4,0	110	90
			F11	H14	0,2	25,0	105	85
	EN AW-1050A	Al 99,5	G9	H22	0,2	12,5	85	55
			F13	H16	0,2	4,0	120	100
Aluminium-legierungen			W19	O/H111	0,2	100	190	80
	EN AW-5049	AlMg2Mn0,8	G24	H24	0,2	25,0	240	160
			F27	H16	0,2	12,5	265	220
			W28	O/H111	0,2	50,0	275	125
	EN AW-5083	AlMg4,5Mn0,7 (AlMg4,5Mn)	F28	H112	0,2	40,0	275	125
			G31	H22/H32	0,2	40,0	305	215
			F28	T61/T6151	0,4	12,5	280	205
	EN AW-6082	AlSiMgMn (AlMgSi)	F30/F32	T6/T651	0,4	6,0	310	260
			F30/F32	T6/T651	6,0	40,0	300	255
			W19	O/H111	0,2	100	190	80
	EN AW-5754	AlMg3	F24	H14	0,2	25,0	240	190
			F27	H16	0,2	6,0	265	220

[1] Angabe in Klammern nach DIN 1745-1, wenn diese von DIN EN 573-2 abweicht.
[2] Bedeutung der Kurzzeichen für Werkstoffzustände nach DIN EN 515:
O = Weichgeglüht, H111 = Geglüht und durch anschließende Arbeitsgänge kaltverfestigt, H112 = Geringfügig kaltverfestigt, H14 = Kaltverfestigt – 1/4 hart, H16 = Kaltverfestigt – 3/4 hart, H18 = Kaltverfestigt – 4/4 hart, H22 = Kaltverfestigt und rückgeglüht – 1/4 hart, H24 = Kaltverfestigt und rückgeglüht – 1/2 hart, H32 = Kaltverfestigt und stabilisiert – 1/4 hart, T6 = Lösungsgeglüht und warmausgelagert, T651 = Lösungsgeglüht, durch kontrolliertes Recken entspannt und warmausgelagert.

Bezeichnungsbeispiele nach DIN EN 573:
Nummerisch: En AW-5049, mit chemischen Symbolen: EN AW-AlMg2Mn0,8 oder EN AW-5049 [AlMg2Mn0,8].

Tab. 9.1 Haftsicherheiten und Haftbeiwerte für Pressverbände

	Haftsicherheit S_H (Erfahrungswerte)					
	ruhende Belastung ≥1,5		schwellende Belastung ≥1,8		wechselnde Belastung ≥2,2	
Haftbeiwert μ (nach DIN 7190)	**Längspressverbände**, Innenteil aus Stahl,					
	Außenteil aus	trocken	geschmiert	Außenteil aus	trocken	geschmiert
	E335	0,08	0,07	G-CuPb10Sn	0,06	–
	S235	0,09	0,06	EN-GJL-250	0,11	0,05
	EN AC-AlSi12(Cu)	0,06	0,04	EN-GJS-600-3	0,09	0,05
	Querpressverbände					
	Stahl-Stahl-Paarung					
	Druckölverbände normal gefügt mit Mineralöl					0,12
	Druckölverbände mit entfetteten Fügeflächen, mit Glyzerin gefügt					0,18
	Schrumpfverband, normal nach Erwärmung des Außenteils bis zu 300 °C im Elektroofen					0,14
	Schrumpfverband mit entfetteten Fügeflächen, nach Erwärmung im Elektroofen bis zu 300 °C					0,20
	Stahl-Gusseisen-Paarung					
	Druckölverbände normal gefügt mit Mineralöl					0,10
	Druckölverbände mit entfetteten Fügeflächen					0,16
	Stahl-MgAl-Paarung, trocken	0,1 … 0,15		Stahl-CuZn-Paarung trocken		0,17 … 0,25

Tab. 9.2 Querdehnzahlen ν, Elastizitätsmodul E und Wärmedehnungsbeiwerte α verschiedener Werkstoffe (z. T. nach DIN 7190)

Werkstoff	ν	E N/mm²	α_A 10^{-6}/K	α_I 10^{-6}/K
Stahl, Stahlguss GS	0,3	≈210000	11	– 8,5
Grauguss EN-GJL-100	0,24	≈ 70000	10	– 8
EN-GJL-150	0,25	≈ 80000	10	– 8
EN-GJL-200	0,25	≈105000	10	– 8
EN-GJL-250 … -300	0,28	≈130000	10	– 8
Gusseisen mit Kugelgraphit EN-GJS-500-7	0,28	≈175000	10	– 8
Temperguss EN-GJMB (GTS), EN-GJMW	0,25	≈ 95000	10	– 8
Aluminiumlegierungen AlMgSi, AlCuMg	0,33	≈ 70000	23	–18
Magnesiumlegierungen MgAlZn	0,3	≈ 42000	26	–21
Kupfer Cu	0,35	≈125000	16	–14
Kupferlegierungen CuAl, CuPb, CuSn (Bronze)	0,35	≈ 80000	16	–14
CuZn (Messing)	0,35	≈ 80000	18	–16
CuSnZn (Rotguss)	0,35	≈ 80000	17	–15

Tab. 9.3 Übermaße in µm verschiedener Presspassungen mit H7 und h6

D_F mm		H7 r6	R7 h6	H7 s6	S7 h6	H7 t6	T7 h6	H7 u6	U7 h6	H7 v6	V7 h6
über	bis	U_k	U_g	U_k	U_g	U_k	U_g	U_k	U_g	U_k	U_g
3	6	3	23	7	27			11	31		
6	10	4	28	8	32			13	37		
10	14	5	34	10	39			15	44		
14	18	5	34	10	39			15	44		
18	24	7	41	14	48			20	53	29	63
24	30	7	41	14	48	20	54	27	61	29	63
30	40	9	50	18	59	23	64	35	76	48	89
40	50	9	50	18	59	29	70	45	86	48	89
50	65	11	60	23	72	36	85	57	106	79	128
65	80	13	62	29	78	45	94	72	121	79	128
80	100	16	73	36	93	55	112	89	146	127	184
100	120	19	76	44	101	69	126	109	166	127	184
120	140	23	88	52	117	82	147	130	195	185	240
140	160	25	90	60	125	94	159	150	215	185	240
160	180	28	93	68	133	106	171	170	235	185	240
180	200	31	106	76	151	120	185	190	265	264	339
200	225	34	109	84	159	134	209	212	287	264	339
225	250	38	113	94	169	150	225	238	313	264	339
250	280	42	126	106	190	166	250	263	347	348	432
280	315	46	130	118	202	188	272	298	382	348	432
315	355	51	144	133	226	211	304	333	426	443	536
355	400	57	150	151	244	237	330	378	471	443	536
400	450	63	166	169	272	267	370	427	530	557	660
450	500	69	172	189	292	297	400	477	580	557	600

D_F mm		H7 x6	X7 h6	H7 z6	Z7 h6	H7 za6	ZA7 h6	H7 zb6	ZB7 h6	H7 zc6	ZC7 h6
über	bis	U_k	U_g	U_k	U_g	U_k	U_g	U_k	U_g	U_k	U_g
3	6	16	36	23	43	30	50	38	58	68	88
6	10	19	43	27	51	37	61	52	76	82	106
10	14	22	51	32	61	46	75	72	101	112	141
14	18	27	56	42	71	59	88	90	119	132	161
18	24	33	67	52	86	77	111	115	149	167	201
24	30	43	77	67	101	97	131	139	173	197	231
30	40	55	96	87	128	123	164	175	216	249	290
40	50	72	113	111	152	155	196	217	258	310	341
50	65	92	141	142	191	196	245	270	319	370	424
65	80	116	165	180	229	244	293	330	379	450	499
80	100	143	200	223	280	300	357	410	467	550	607
100	120	175	232	275	332	365	422	490	547	655	712
120	140	208	273	325	390	430	495	580	645	760	825
140	160	240	305	375	440	495	560	660	725	860	925
160	180	270	335	425	490	560	625	740	805	960	1025
180	200	304	379	474	549	624	699	834	909	1104	1179
200	225	339	414	529	604	694	769	914	989	1204	1279
225	250	379	454	594	669	774	849	1004	1079	1304	1379
250	280	423	507	658	742	868	952	1148	1232	1498	1582
280	315	473	557	738	822	942	1052	1248	1332	1648	1732
315	355	533	626	843	936	1093	1186	1443	1536	1843	1936
355	400	603	696	943	1036	1243	1336	1593	1686	2043	2136
400	450	677	780	1037	1140	1387	1490	1787	1890	2337	2440
450	500	757	860	1187	1290	1537	1640	2037	2140	2537	2640

Tab. 9.4 Bezogener Plastizitätsdurchmesser ζ (Anhaltswerte nach [9.4])

Q_A	p_F/R_eA							
	0,3	0,4	0,5	0,6	0,7	0,8	0,9	1,0
0,3	Rein elastischer Bereich				1,07	1,18	1,31	1,45	1,62
0,4			1,02	1,13	1,26	1,43	1,64	1,96
0,5			1,08	1,23	1,44	2,0		
0,6		1,04	1,22	Vollplastischer Bereich				
0,7	1,10	1,29						

Tab. 9.5 Technische Daten von RINGFEDER-Spannelementen (Werksangaben)

$d \times D$ mm	L mm	l mm	F_0 kN	c mm^2	f mm^2	m m·mm^2	$d \times D$ mm	L mm	l mm	F_0 kN	c mm^2	f mm^2	m m·mm^2
6 × 9	4,5	3,7	–	32,4	7,2	0,022	60 × 68	12	10,4	27,4	1060	235	7,0
7 × 10	4,5	3,7	–	37,8	8,4	0,029	63 × 71	12	10,4	26,3	1110	248	7,8
8 × 11	4,5	3,7	–	43,0	9,6	0,038	63 × 71	12	10,4	26,3	1110	248	7,8
9 × 12	4,5	3,7	7,6	57,0	12,7	0,057	65 × 73	12	10,4	25,4	1150	256	8,3
10 × 13	4,5	3,7	6,95	63,0	14,0	0,070	70 × 79	14	12,2	31,0	1450	320	11,2
12 × 15	4,5	3,7	6,95	75,0	16,7	0,10	71 × 80	14	12,2	31,0	1470	326	11,6
13 × 16	4,5	3,7	6,45	81,5	18,1	0,12	75 × 84	14	12,2	34,6	1550	344	12,9
14 × 18	6,3	5,3	11,2	126	28,0	0,20	80 × 91	17	15	48,0	2030	450	18,1
15 × 19	6,3	5,3	10,7	135	30,0	0,22	85 × 96	17	15	45,6	2160	480	20,4
16 × 20	6,3	5,3	10,1	144	31,9	0,25	90 × 101	17	15	43,4	2290	510	22,9
17 × 21	6,3	5,3	9,5	153	34,0	0,29	95 × 106	17	15	41,2	2420	540	25,5
18 × 22	6,3	5,3	9,1	162	36,0	0,32	100 × 114	21	18,7	60,7	3170	700	35,2
19 × 24	6,3	5,3	12,6	171	37,9	0,36	110 × 124	21	18,7	66,0	3490	770	42,5
20 × 25	6,3	5,3	12,0	180	40,0	0,40	120 × 134	21	18,7	60,2	3800	840	50,5
22 × 26	6,3	5,3	9,0	198	44,0	0,48	130 × 148	28	25,3	96,2	5580	1240	80,5
24 × 28	6,3	5,3	8,3	216	48,0	0,58	140 × 158	28	25,3	89,0	6000	1340	93,5
25 × 30	6,3	5,3	9,9	225	50,0	0,62	150 × 168	28	25,3	84,5	6430	1430	107
28 × 32	6,3	5,3	7,4	252	56,0	0,78	160 × 178	28	25,3	78,5	6860	1525	122
30 × 35	6,3	5,3	8,5	270	60,0	0,90	170 × 191	33	30	117,5	8650	1920	163
32 × 36	6,3	5,3	7,8	288	64,0	1,0	180 × 201	33	30	111,2	9160	2040	183
35 × 40	7	6	10,1	356	79,0	1,4	190 × 211	33	30	105,0	9660	2140	204
36 × 42	7	6	11,6	366	82,0	1,5	200 × 224	38	34,8	134,0	11800	2620	262
38 × 44	7	6	11,0	387	86,0	1,6	210 × 234	38	34,8	127,0	12390	2750	289
40 × 45	8	6,6	13,8	450	99,5	2,0	220 × 244	38	34,8	122,0	12980	2880	317
42 × 48	8	6,6	15,6	470	104	2,2	230 × 257	43	39,5	165,0	15400	3420	394
45 × 52	10	8,6	28,2	660	146	3,3	240 × 267	43	39,5	157,5	16100	3580	430
48 × 55	10	8,6	24,6	700	156	3,7	250 × 280	48	44	190,0	18700	4150	520
50 × 57	10	8,6	23,5	730	162	4,0	260 × 290	48	44	182,0	19500	4350	565
55 × 62	10	8,6	21,8	800	178	4,9	270 × 300	48	44	177,0	20300	4500	610
56 × 64	12	10,4	29,4	990	220	6,1	280 × 313	53	49	206,0	23300	5200	725

Tab. 9.6 Technische Daten von RINGSPANN-Sternscheiben (Werksangaben)

d mm	D mm	s mm	M_1 Nm	F_1 N	d mm	D mm	s mm	M_1 Nm	F_1 N
6	18	0,5	0,34	180	32	52	1,15	28,5	3300
7	18	0,5	0,52	250	35	52	1,15	33,5	3750
8	18	0,5	0,72	310	38	62	1,15	40,5	3600
9	22	0,6	0,99	370	40	62	1,15	45,5	4000
10	22	0,6	1,26	430	42	62	1,15	51	4450
11	22	0,6	1,53	500	45	62	1,15	60	5200
12	27	0,65	1,95	520	48	70	1,15	68	5000
13	27	0,65	2,40	590	50	70	1,15	75	5500
14	27	0,65	2,80	680	55	70	1,15	93	7000
15	27	0,65	3,30	770	60	80	1,15	112	6800
16	37	0,9	5,10	1030	65	90	1,15	131	6700
17	37	0,9	5,90	1150	70	90	1,15	154	8000
18	37	0,9	6,80	1270	75	100	1,15	176	7800
20	37	0,9	8,70	1540	80	100	1,15	205	9300
22	42	0,9	9,90	1490	85	110	1,15	230	9000
24	42	0,9	12,20	1760	90	110	1,15	260	10600
25	42	0,9	13,50	1900	100	120	1,15	325	11900
28	52	1,15	21	2550					
30	52	1,15	25	2900					

Tab. 10.1 Abmessungen und Querschnitte des metrischen ISO-Gewindes DIN 13 nach ME Bild 10.1 (Auszug)

Regelgewinde											Taille	
Bezeichnung			d	P	d_2	d_K	A_K	d_S	A_S	A	d_T	A_T
Reihe 1	Reihe 2	Reihe 3	mm	mm	mm	mm	mm²	mm	mm²	mm²	mm	mm²
M 4			4	0,7	3,545	3,141	7,75	3,343	8,78	12,6	2,8	6,1
	M 4,5		4,5	0,75	4,013	3,580	10,0	3,797	11,3	15,9	3,2	8,0
M 5			5	0,8	4,480	4,019	12,7	4,250	14,2	19,6	3,6	10,2
M 6			6	1,0	5,350	4,773	17,9	5,062	20,1	28,3	4,3	14,5
		M 7	7	1,0	6,350	5,773	26,2	6,062	28,9	38,5	5,2	21,2
M 8			8	1,25	7,188	6,466	32,8	6,827	36,6	50,3	5,8	26,4
		M 9	9	1,25	8,188	7,466	43,8	7,827	48,1	63,6	6,7	35,2
M 10			10	1,5	9,026	8,160	52,3	8,593	58,0	78,5	7,3	41,9
		M 11	11	1,5	10,026	9,160	65,9	9,593	72,3	95,0	8,2	52,8
M 12			12	1,75	10,863	9,853	76,3	10,358	84,3	113	9	63,6
	M 14		14	2,0	12,701	11,546	105	12,124	115	154	10	78,5
M 16			16	2,0	14,701	13,546	144	14,124	157	201	12	113
	M 18		18	2,5	16,376	14,933	175	15,655	192	254	13	133
M 20			20	2,5	18,376	16,933	225	17,655	245	314	15	177
	M 22		22	2,5	20,376	18,933	282	19,655	303	380	17	227
M 24			24	3,0	22,051	20,319	324	21,185	352	452	18	254
	M 27		27	3,0	25,051	23,319	427	24,185	459	573	21	346
M 30			30	3,5	27,727	25,706	519	26,717	561	707	23	415

Feingewinde											Taille	
Bezeichnung			d	P	d_2	d_K	A_K	d_S	A_S	A	d_T	A_T
Reihe 1	Reihe 2	Reihe 3	mm	mm	mm	mm	mm²	mm	mm²	mm²	mm	mm²
M 8 × 1			8	1,0	7,35	6,773	36,0	7,061	39,2	50,3	6,0	28,3
M 10 × 0,75			10	0,75	9,513	9,080	64,7	9,296	67,9	78,5	8,2	52,8
× 1,25			10	1,25	9,188	8,466	56,3	8,827	61,2	78,5	7,6	45,4
M 12 × 1			12	1,0	11,350	10,773	91,1	11,061	96,1	113	9,7	73,9
× 1,25			12	1,25	11,188	10,466	86,0	10,827	92,1	113	9,4	69,4
	M 14 × 1		14	1,0	13,350	12,773	128	13,061	134	154	11,5	104
	× 1,5		14	1,5	13,026	12,160	116	12,593	125	154	11	95
		M 15 × 1	15	1,0	14,350	13,773	149	14,061	155	177	12,5	123
M 16 × 1			16	1,0	15,350	14,773	171	15,061	178	201	13	133
× 1,5			16	1,5	15,026	14,160	157	14,593	167	201	12,5	123
		M 17 × 1	17	1,0	16,350	15,773	195	16,061	203	227	14	154
	M 18 × 1		18	1,0	17,350	16,773	221	17,061	229	254	15	177
	× 1,5		18	1,5	17,026	16,160	205	16,593	216	254	14,5	165
M 20 × 1			20	1,0	19,350	18,773	277	19,061	285	314	17	227
× 1,5			20	1,5	19,026	18,160	259	18,593	271	314	16	201
	M 22 × 1		22	1,0	21,350	20,773	339	21,061	348	380	18,5	269
	× 1,5		22	1,5	21,026	20,160	319	20,593	333	380	18	254
M 24 × 1,5			24	1,5	23,026	22,160	386	22,593	401	452	20	314
× 2			24	2,0	22,701	21,546	365	22,123	384	452	19	283
		M 25 × 1,5	25	1,5	24,026	23,160	421	23,593	437	491	20,5	330
	M 27 × 1,5		27	1,5	26,026	25,160	497	25,593	514	573	22,5	398
	× 2		27	2,0	25,701	24,546	479	25,123	496	573	22	380
M 30 × 1,5			30	1,5	29,026	28,160	623	28,593	643	707	25	491
× 2			30	2,0	28,701	27,546	596	28,123	621	707	24,5	471

d Nenndurchmesser
P Steigung
d_2 Flankendurchmesser
d_K Kerndurchmesser
A_K Kernquerschnitt
d_S Spannungsdurchmesser
(fiktiver Durchmesser als Größe zur Berechnung des Spannungsquerschnitts)

A_S Spannungsquerschnitt
A Schaftquerschnitt bei Schaftschrauben
d_T Schaftdurchmesser bei Dehnschrauben
A_T Schaftquerschnitt bei Dehnschrauben

Tab. 10.2 Kennzeichen und Festigkeitswerte in N/mm² von Schrauben- und Mutternstahl (nach DIN EN 20898 und DIN EN ISO 898-6)

Kennzeichen der Festigkeitsklasse für Schraubenstahl		3.6	4.6	4.8	5.6	5.8	6.8	8.8 $\leq$M 16	8.8 >M 16[1]	9.8[2]	10.9	12.9
Zugfestigkeit R_m	Nennwert	300	400	400	500	500	600	800	800	900	1000	1200
	Mindestwert	330	400	420	500	520	600	800	830	900	1040	1220
Streckgrenze R_e bzw. $R_{p0,2}$ (ab 8,8)	Nennwert	180	240	320	300	400	480	640	640	720	900	1080
	Mindestwert	190	240	340	300	420	480	640	660	720	940	1100
Kennzeichen der Festigkeitsklasse für Mutternstahl	>M 16	4			5	6	8			9[3]	10	12
	$\leq$M 16	5										

[1] für Stahlbauschrauben ab M 12
[2] nur für Schrauben bis M 16
[3] auch für Verbindungen mit 8.8 – Schrauben >M 16

Nach DIN EN ISO 898-6 für Muttern mit Feingewinde nur die Festigkeitsklassen 5, 6, 8, 10 und 12

Tab. 10.3 Durchgangslöcher in mm für Schrauben (Auszug aus DIN EN 20273)

Gewinde-dmr.	Durchgangsloch fein	mittel	grob	Gewinde-dmr.	Durchgangsloch fein	mittel	grob	Gewinde-dmr.	Durchgangsloch fein	mittel	grob
3	3,2	3,4	3,6	16	17	17,5	18,5	42	43	45	48
3,5	3,7	3,9	4,2	18	19	20	21	45	46	48	52
4	4,3	4,5	4,8	20	21	22	24	48	50	52	56
5	5,3	5,5	5,8	22	23	24	26	52	54	56	62
6	6,4	6,6	7	24	25	26	28	56	58	62	66
7	7,4	7,6	8	27	28	30	32	60	62	66	70
8	8,4	9	10	30	31	33	35	64	66	70	74
10	10,5	11	12	33	34	36	38	68	70	74	78
12	13	13,5	14,5	36	37	39	42	72	74	78	82
14	15	15,5	16,5	39	40	42	45	76	78	82	86

Tab. 10.4 Für die Berechnung wichtige Abmessungen in mm einiger Schraubenköpfe, Muttern und Unterlegscheiben

DIN	Maß	M 4	M 5	M 6	M 8	M 10	M 12	(M 14)	M 16	(M 18)	M 20	(M 22)	M 24	(M 27)	M 30
EN 24014	D_K	5,9	6,9	8,9	11,6	14,6	16,6	19,6	22,5	25,3	28,2	31,7	33,6	38,0	42,7
	k	2,8	3,5	4	5,3	6,4	7,5	8,8	10	11,5	12,5	14	15	17	18,7
EN ISO 4762	$D_K^{1)}$	7	8,5	10	13	16	18	21	24	27	30	33	36	40	45
	k	4	5	6	8	10	12	14	16	18	20	22	24	27	30
EN 24032	D_K	5,9	6,9	8,9	11,6	14,6	16,6	19,6	22,5	24,9	27,7	29,5	33,3	38,0	42,8
	m	3,2	4,7	5,2	6,8	8,4	10,8	12,8	14,7	15,8	18	19,4	21,5	23,8	25,6
125	D_i	4,3	5,3	6,4	8,4	10,5	13	15	17	19	21	23	25	28	31
	D_a	9	10	12	16	20	24	28	30	34	37	39	44	50	56
	s	0,8	1	1,6	1,6	2	2,5	2,5	3	3	3	3	4	4	4
9021	D_i	4,3	5,3	6,4	8,4	10,5	13	15	17	20	22		26		33
	D_a	12	15	14	25	30	37	44	50	56	60		72		92
	s	1	1,2	1,6	2	2,5	3	3	3	4	4		5		6

[1] Der in der Norm angegebene Kopfauflagedurchmesser d_w ist etwas kleiner als der Kopfdurchmesser D_K. Dieser geringe Unterschied wird hier vernachlässigt, da er die Berechnungsergebnisse nur unwesentlich beeinflusst.

Tab. 10.5 Mindesteinschraubtiefen m_{erf} (nach [10.6])

Schraubenfestigkeitsklasse	8.8	8.8	10.9	10.9
Bauteilwerkstoff	\<9	Gewindefeinheit d/P ≥ 9	\<9	≥ 9
Harte Aluminium-Legierung AlCu4Mg1 F40 1	$1,1d$	$1,4d$	–	
Gusseisen EN-GJL-250	$1,0d$	$1,2d$		$1,4d$
Baustahl S235, Einsatzstahl C15	$1,0d$	$1,25d$		$1,4d$
Baustahl E295, Vergütungsstahl C35	$0,9d$	$1,0d$		$1,2d$
Vergüteter Stahl $R_m > 800$ N/mm², z. B. C45, 34CrMo4	$0,8d$	$0,9d$		$1,0d$

Tab. 10.6 Richtwerte für den Anziehfaktor α_A (Auszug aus VDI 2230)

Anziehverfahren	Streuung[1]) von F_M in %	Anziehfaktor α_A
Längungsgesteuertes Anziehen mit Ultraschall	$\pm 2 \ldots \pm 10$	$1,05 \ldots 1,2$
Drehwinkel- oder streckgrenzengesteuertes Anziehen	$\pm 9 \ldots \pm 17$	$1,2 \ldots 1,4$
Drehmomentgesteuertes Anziehen mit Drehmomentenschlüssel oder Präzisionsdrehschrauber mit Drehmomentmessung, niedriges α_A bei kleinen Drehwinkeln.	$\pm 17 \ldots \pm 23$	$1,4 \ldots 1,6$
Mit messendem Drehmomentschlüssel, niedriges α_A bei gleichmäßigem Anziehen oder Präzisionsdrehschrauber. μ_G und $\mu_K = 0,04 \ldots 0,10$	$\pm 23 \ldots \pm 33$	$1,6 \ldots 2,0$
Drehmomentgesteuertes Anziehen mit Drehschrauber, Einstellen des Schraubers mit Nachziehmoment, niedriges α_A bei großer Zahl (etwa 10) von Kontrollversuchen oder Schrauber mit Abschaltkupplung. μ_G und $\mu_K = 0,08 \ldots 0,16$	$\pm 26 \ldots \pm 43$	$1,7 \ldots 2,5$
Impulsgesteuertes Anziehen mit Schlagschrauber, Einstellen des Schraubers mit Nachziehmoment, niedriges α_A bei großer Zahl von Einstellversuchen.	$\pm 43 \ldots \pm 60$	$2,5 \ldots 4$
Anziehen von Hand		4

[1]) ausgehend vom Mittelwert F_{Mm}.

Tab. 10.7 Reibwerte μ_G und μ_K für verschiedene Oberflächen- und Schmierzustände (nach [10.17])

μ_G Gewinde				Außengewinde (Schraube)						
	Werkstoff			Stahl						
		Oberfläche		schwarzvergütet oder phosphatisiert				galvanisch verzinkt (Zn6)		Klebstoff
			Gewinde-fertigung	gewalzt			geschnitten	geschnitten oder gewalzt		
			Schmierung	trocken	geölt	MoS$_2$*	geölt	trocken	geölt	trocken
Innengewinde (Mutter)	Stahl	blank	geschnitten, trocken	0,12 bis 0,18	0,10 bis 0,16	0,08 bis 0,12	0,10 bis 0,16	–	0,10 bis 0,18	0,16 bis 0,25
		galvanisch verzinkt		0,10 bis 0,16	–	–	–	0,12 bis 0,20	0,10 bis 0,18	0,14 bis 0,25
	GG/GTS	blank		–	0,10 bis 0,18	–	0,10 bis 0,18	–	0,10 bis 0,18	–
	AlMg	blank		–	0,08 bis 0,20	–	–	–	–	–

μ_K Auflagefläche				Schrauben- bzw. Mutternkopf						
	Werkstoff			Stahl						
		Oberfläche		schwarz oder phosphatisiert					galvanisch verzinkt (Zn6)	
			Fertigung	gepresst			gedreht	geschliffen	gepresst	
			Schmierung	trocken	geölt	MoS$_2$*	geölt	MoS$_2$	geölt	trocken	geölt
Gegenlage	Stahl	blank	geschliffen, trocken	–	0,16 bis 0,22	–	0,10 bis 0,18	–	0,16 bis 0,22	0,10 bis 0,18	–
			spanend bearbeitet	0,12 bis 0,18	0,10 bis 0,18	0,08 bis 0,12	0,10 bis 0,18	0,08 bis 0,12	–	0,10 bis 0,18	
		galvanisch verzinkt		0,10 bis 0,16	–	0,10 bis 0,16	–	0,10 bis 0,18	0,16 bis 0,20	0,10 bis 0,18	
	GG/GTS[1]	blank	geschliffen	–	0,10 bis 0,18	–	–	–	0,10 bis 0,18		
			spanend bearbeitet	–	0,14 bis 0,20	–	0,10 bis 0,18	–	0,14 bis 0,22	0,10 bis 0,18	0,10 bis 0,16
	AlMg			–	0,08 bis 0,10	–	–	–	–	–	

* Molybdändisulfid
[1] Nach DIN EN 1561 und 1562: GJL/GJMB

Tab. 10.8 Zulässige Montagevorspannkräfte $F_{\text{M zul}}$ und Anziehmomente $M_{\text{A zul}}$ (gerechnet mit $\mu_G = 0{,}12$ als mittlerem Reibwert im Gewinde) für **Schaftschrauben** mit metrischem Regelgewinde nach DIN 13-13 und Kopfabmessungen von Sechskantschrauben DIN EN 24014 bzw. Zylinderschrauben DIN ISO 4762 (nach VDI 2230)

Gewinde	Festig.-klasse	Montagevorspannkräfte $F_{\text{M zul}}$ in N für $\mu_G =$							Anziehmomente $M_{\text{A zul}}$ in Nm für $\mu_K =$						
		0,08	0,10	0,12	0,14	0,16	0,20	0,24	0,08	0,10	0,12	0,14	0,16	0,20	0,24
M 4	8.8	4400	4200	4050	3900	3700	3400	3150	2,2	2,5	2,8	3,1	3,3	3,7	4,0
	10.9	6400	6200	6000	5500	5700	5000	4600	3,2	3,7	4,1	4,5	4,9	5,4	5,9
	12.9	7500	7300	7000	6400	6700	5900	5400	3,8	4,3	4,8	5,3	5,7	6,4	6,9
M 5	8.8	7200	6900	6600	6400	6100	5600	5100	4,3	4,9	5,5	6,1	6,5	7,3	7,9
	10.9	10500	10100	9700	9300	9000	8200	7500	6,3	7,3	8,1	9,6	8,9	10,7	11,6
	12.9	12300	11900	11400	10900	10500	9600	8800	7,4	8,5	9,5	11,2	10,4	12,5	13,5
M 6	8.8	10100	9700	9400	9000	8600	7900	7200	7,4	8,5	9,5	10,4	11,2	12,5	13,5
	10.9	14900	14300	13700	13200	12600	11600	10600	10,9	12,5	14,0	15,5	16,5	18,5	20,0
	12.9	17400	16700	16100	15400	14800	13500	12400	12,5	14,5	16,5	18,0	19,5	21,5	23,5
M 7	8,8	14800	14200	13700	13100	12600	11600	10600	12,0	14,0	15,5	17,0	18,5	21,0	22,5
	10.9	21700	20900	20100	19300	18500	17000	15600	17,5	20,5	23,0	25	27	31	33
	12.9	25500	24500	23500	22600	21700	19900	18300	20,5	24,0	27	30	32	36	39
M 8	8.8	18500	17900	17200	16500	15800	14500	13300	18	20,5	23	25	27	31	33
	10.9	27000	26000	25000	24200	23200	21300	19500	26	30	34	37	40	45	49
	12.9	32000	30500	29500	28500	27000	24900	22800	31	35	40	43	47	53	57
M 10	8.8	29500	28500	27500	26000	25000	23100	21200	36	41	46	51	55	62	67
	10.9	43500	42000	40000	38500	37000	34000	31000	52	60	68	75	80	90	98
	12.9	50000	49000	47000	45000	43000	40000	36500	61	71	79	87	94	106	115
M 12	8.8	43000	41500	40000	38500	36500	33500	31000	61	71	79	87	94	106	115
	10.9	63000	61000	59000	56000	54000	49500	45500	90	104	117	130	140	155	170
	12.9	74000	71000	69000	66000	63000	58000	53000	105	121	135	150	160	180	195
M 14	8.8	59000	57000	55000	53000	50000	46500	42500	97	113	125	140	150	170	185
	10.9	87000	84000	80000	77000	74000	68000	62000	145	165	185	205	220	250	270
	12.9	101000	98000	94000	90000	87000	80000	73000	165	195	215	240	260	290	320
M 16	8.8	81000	78000	75000	72000	70000	64000	59000	145	170	195	215	230	260	280
	10.9	119000	115000	111000	106000	102000	94000	86000	215	250	280	310	340	380	420
	12.9	139000	134000	130000	124000	119000	110000	101000	250	300	330	370	400	450	490
M 18	8.8	102000	98000	94000	91000	87000	80000	73000	210	245	280	300	330	370	400
	10.9	145000	140000	135000	129000	124000	114000	104000	300	350	390	430	470	530	570
	12.9	170000	164000	157000	151000	145000	133000	122000	350	410	460	510	550	620	670
M 20	8.8	131000	126000	121000	117000	112000	103000	95000	300	350	390	430	470	530	570
	10.9	186000	180000	173000	166000	159000	147000	135000	420	490	560	620	670	750	820
	12.9	218000	210000	202000	194000	187000	171000	158000	500	580	650	720	780	880	960
M 22	8.8	163000	157000	152000	146000	140000	129000	118000	400	470	530	580	630	710	780
	10.9	232000	224000	216000	208000	200000	183000	169000	570	670	750	830	900	1020	1110
	12.9	270000	260000	250000	243000	233000	215000	197000	670	780	880	970	1050	1190	1300
M 24	8.8	188000	182000	175000	168000	161000	148000	136000	510	600	670	740	800	910	990
	10.9	270000	260000	249000	239000	230000	211000	194000	730	850	960	1060	1140	1300	1400
	12.9	315000	305000	290000	280000	270000	247000	227000	850	1000	1120	1240	1250	1500	1650
M 27	8.8	247000	239000	230000	221000	213000	196000	180000	750	880	1000	1100	1200	1350	1450
	10.9	350000	340000	330000	315000	305000	280000	255000	1070	1250	1400	1550	1700	1900	2100
	12.9	410000	400000	385000	370000	355000	325000	300000	1250	1450	1650	1850	2000	2250	2450
M 30	8.8	300000	290000	280000	270000	260000	237000	218000	1000	1190	1350	1500	1600	1800	2000
	10.9	430000	415000	400000	385000	370000	340000	310000	1450	1700	1900	2100	2300	2600	2800
	12.9	500000	485000	465000	450000	430000	395000	365000	1700	2000	2250	2500	2700	3000	3300
M 33	8.8	375000	360000	350000	335000	320000	295000	275000	1400	1600	1850	2000	2200	2500	2700
	10.9	530000	520000	495000	480000	460000	420000	390000	1950	2300	2600	2800	3100	3500	3900
	12.9	620000	600000	580000	560000	540000	495000	455000	2300	2700	3000	3400	3700	4100	4500
M 36	8.8	440000	425000	410000	395000	380000	350000	320000	1750	2100	2350	2600	2800	3200	3500
	10.9	630000	600000	580000	560000	540000	495000	455000	2500	3000	3300	3700	4000	4500	4900
	12.9	730000	710000	680000	660000	630000	580000	530000	3000	3500	3900	4300	4700	5300	5800

Tab. 10.9 Zulässige Montagevorspannkräfte $F_{M\,zul}$ und Anziehmomente $M_{A\,zul}$ (gerechnet mit $\mu_G = 0{,}12$ als mittlerem Reibwert im Gewinde) für **Taillenschrauben**, $d_T = 0{,}9 \cdot d_3$, mit metrischem Regelgewinde nach DIN 13-13 und Kopfabmessungen von Sechskantschrauben DIN EN 24014 bzw. Zylinderschrauben DIN ISO 4762 (nach VDI 2230)

Ge-winde	Festig.-klasse	Montagevorspannkräfte $F_{M\,zul}$ in N für $\mu_G =$							Anziehmomente $M_{A\,zul}$ in Nm für $\mu_K =$						
		0,08	0,10	0,12	0,14	0,16	0,20	0,24	0,08	0,10	0,12	0,14	0,16	0,20	0,24
M 4	8.8	2900	2760	2630	2500	2370	2150	1950	1,6	1,7	1,9	2,0	2,2	2,5	2,8
	10.9	4260	4060	3860	3670	3490	3150	2860	2,3	2,5	2,8	3,0	3,2	3,7	4,2
	12.9	6040	4750	4520	4290	4080	3690	3350	2,7	3,0	3,2	3,5	3,8	4,3	4,9
M 5	8.8	5000	4750	4500	4300	4100	3700	3350	3,0	3,4	3,8	4,1	4,4	4,8	5,2
	10.9	7300	7000	6600	6300	6000	5400	4900	4,4	5,0	5,5	6,0	6,4	7,1	7,6
	12.9	8600	8200	7800	7400	7000	6400	5800	5,1	5,8	6,5	7,0	7,5	8,3	8,9
M 6	8.8	7000	6700	6300	6000	5700	5200	4700	5,1	5,8	6,5	7,0	7,5	8,2	8,8
	10.9	10200	9800	9300	8800	8400	7600	6900	7,5	8,6	9,5	10,3	11,0	12,1	13,0
	12.9	12000	11400	10900	10300	9800	8900	8000	8,8	10,0	11,1	12,0	13,0	14,0	15,0
M 7	8.8	10400	10000	9500	9100	8600	7800	7100	8,5	9,8	10,9	11,9	12,5	14,0	15,0
	10.9	15300	14700	14000	13300	12700	11500	10400	12,5	14,5	16,0	17,5	18,5	20,5	22,0
	12.9	18000	17200	16400	15600	14800	13400	12200	14,5	17,0	18,5	20,5	22,0	24,0	26,0
M 8	8.8	12900	12300	11800	11200	10600	9600	8700	12,4	14,0	16,0	17,0	18,5	20,5	21,5
	10.9	19000	18100	17300	16400	15600	14100	12800	18,0	21,0	23,0	25,0	27,0	30,0	32,0
	12.9	22200	21200	20200	19200	18300	16500	15000	21,5	24,5	27,1	30,0	32,0	35,0	37,0
M 10	8.8	20700	19800	18900	18000	17100	15400	14000	25	29	32	35	37	41	44
	10.9	30500	29000	27500	26500	25000	22700	20600	37	42	47	51	55	60	65
	12.9	35500	34000	32500	31000	29500	26500	24100	43	49	55	60	64	71	76
M 12	8.8	30500	29000	27500	26500	25000	22600	20500	43	49	55	60	64	71	76
	10.9	44500	42500	40500	38500	36500	33000	30000	63	73	81	88	94	104	112
	12.9	52000	50000	47500	45000	43000	39000	35500	74	85	95	103	110	122	130
M 14	8.8	42000	40000	38000	36000	34500	31000	28500	69	79	88	96	103	114	122
	10.9	61000	59000	56000	53000	51000	46000	41500	101	116	130	140	150	165	180
	12.9	72000	69000	65000	62000	59000	54000	48500	118	135	150	165	175	195	210
M 16	8.8	58000	56000	53000	51000	48500	44000	40000	106	123	135	150	160	180	195
	10.9	86000	82000	79000	75000	71000	65000	59000	155	180	200	220	235	260	280
	12.9	100000	96000	92000	88000	83000	76000	69000	185	210	235	260	280	310	330
M 18	8.8	72000	69000	66000	63000	60000	54000	49000	150	175	195	210	225	250	270
	10.9	103000	99000	94000	89000	85000	77000	70000	215	245	280	300	320	360	380
	12.9	121000	115000	110000	105000	100000	90000	82000	250	290	320	350	380	420	450
M 20	8.8	94000	90000	86000	82000	78000	71000	64000	215	250	280	300	330	360	390
	10.9	134000	128000	123000	117000	111000	101000	92000	310	350	400	430	460	520	560
	12.9	157000	150000	144000	137000	130000	118000	107000	360	410	460	510	540	610	650
M 22	8.8	119000	114000	109000	104000	99000	90000	82000	290	340	380	420	450	500	540
	10.9	169000	162000	155000	148000	141000	128000	116000	420	480	540	590	640	710	770
	12.9	198000	190000	182000	173000	165000	150000	136000	490	560	630	690	740	830	900
M 24	8.8	136000	130000	124000	118000	113000	102000	93000	370	430	480	520	560	620	670
	10.9	193000	185000	177000	168000	160000	145000	132000	530	610	680	740	800	890	960
	12.9	226000	216000	207000	197000	188000	170000	154000	620	710	800	870	940	1040	1120
M 27	8.8	181000	173000	166000	158000	151000	137000	124000	550	640	720	790	850	940	1020
	10.9	255000	247000	236000	225000	215000	195000	177000	780	910	1020	1120	1200	1350	1450
	12.9	300000	290000	275000	265000	250000	228000	207000	920	1060	1190	1300	1400	1550	1700
M 30	8.8	218000	209000	200000	191000	182000	165000	150000	740	860	970	1060	1140	1250	1350
	10.9	310000	300000	285000	270000	260000	235000	214000	1060	1230	1400	1500	1600	1800	1950
	12.9	365000	350000	335000	320000	305000	275000	250000	1240	1450	1600	1750	1900	2100	2300
M 33	8.8	275000	265000	250000	241000	230000	208000	189000	1010	1180	1300	1450	1550	1750	1900
	10.9	390000	375000	360000	345000	325000	295000	270000	1450	1700	1900	2050	2250	2500	2700
	12.9	460000	440000	420000	400000	385000	345000	315000	1700	1950	2200	2400	2600	2900	3100
M 36	8.8	320000	310000	295000	280000	270000	243000	221000	1300	1500	1700	1850	2000	2250	2400
	10.9	460000	440000	420000	400000	380000	345000	315000	1850	2150	2400	2600	2800	3200	3400
	12.9	535000	510000	490000	470000	445000	405000	370000	2150	2500	2800	3100	3300	3700	4000

Tab. 10.10 Richtwerte für Setzbeträge f_Z von Schraubenverbindungen (nach VDI 2230)

Gemittelte Rautiefe	Belastung	Richtwerte für Setzbeträge in μm		
R_2 nach DIN 4768		im Gewinde	je Kopf- oder Mutternauflage	je innere Trennfuge
< 10 μm	Zug/Druck Schub	3 3	2,5 3	1,5 2
10 μm bis < 40 μm	Zug/Druck Schub	3 3	3 4,5	2 2,5
40 μm bis < 160 μm	Zug/Druck Schub	3 3	4 6,5	3 3,5

Tab. 10.11 Ausschlagsfestigkeit σ_A des Kerns von Regelgewinden unter Vorspannung (nach [10.4])

Festigkeitsklassen	σ_A in N/mm²			
	<M 8	M 8 bis M 12	M 14 bis M 20	>M 20
4.6 und 5.6	50	40	35	35
8.8 bis 12.9	60	50	40	35
10.9 und 12.9 schlussgerollt	100	90	70	60

Tab. 10.12 Zulässige Flächenpressungen $p_{B\,zul}$ gedrückter Bauteile in Schraubenverbindungen

Bauteilwerkstoff		$p_{B\,zul}$ in N/mm²
Stahl	S235, C 15 E295, C 35 S355, C 45 Stahl vergütet R_m > 900 N/mm² Stahl vergütet R_m > 1200 N/mm² C 15 einsatzgehärtet 0,6 mm 16MnCr5 u. ä. einsatzgehärtet 1 mm	300 500 600 900 1200 1400 1800
Gusseisen	EN-GJL-250 EN-GJS-500-7, EN-GJMB-450-6	850 500
Leichtmetall	EN AC-AlMg9K, ... D EN AC-AlSi12(Cu)K, ... D EN AC-AlSi6Cu4K, ... D	150 300 250

Die Zahlenwerte sind aus verschiedenen Quellen u. a. [10.5], [10.6], [10.15], [VDI 2230-1] ermittelt und aufgrund der Streuung der Literaturangaben nur als gemittelte Kurzzeit- und Richtwerte zu verstehen. Im konkreten Fall kann es wegen der Vielzahl von Einflussfaktoren (Geometrie, Relaxation und anderer) notwendig werden, fallspezifische Werte zu ermitteln.

Tab. 10.13 Anhaltswerte für zulässige Betriebsspannungen und mittlere Vorspannungen für Schrauben der Festigkeitsklassen unter 8.8 bei gefühlsmäßigem Anziehen
R_e = Streckgrenze

Festigkeitsklassen		4.6, 5.6	4.8, 5.8	6.8		
F_A ruhend F_A schwingend	$\sigma_{zul} \approx$	$0{,}3R_e$ $0{,}2R_e$	$0{,}35R_e$ $0{,}22R_e$	$0{,}4R_e$ $0{,}26R_e$		
Gewindedurchmesser	d in mm	...6	7...12	14...20	22...36	>36
Vorspannung	σ_V in N/mm²	350	280	180	100	80

Tab. 10.14 Anhaltswerte für zulässige Spannungen querbeanspruchter Schraubenverbindungen im Maschinenbau

Lastfall	ruhend	schwellend	wechselnd
Zulässige Scherspannung $\tau_{a\,zul}$ Für Spannhülsen ≈ 300 N/mm² unabhängig vom Lastfall	$\approx 0{,}6R_e$	$\approx 0{,}5R_e$	$\approx 0{,}4R_e$
	R_e = Streckgrenze des Schrauben- bzw. Scherbuchsenwerkstoffs (siehe Tab. 10.2)		
Zulässige Leibung $\sigma_{l\,zul}$ Für Grauguss etwa doppelte Werte	$\approx 0{,}75R_m$ oder $\approx 1{,}2R_e$	$\approx 0{,}6R_m$ oder $\approx 0{,}9R_e$	
	R_m = Zugfestigkeit und R_e = Streckgrenze der Werkstoffe von Schraube, Scherelement oder Bauteil (siehe Tabn. 1.2, 1.5 und 1.6)		

Tab. 10.15 Erfahrungswerte für übliche Sicherheiten und Reibwerte bei trockenen und glatten Trennflächen (Rautiefe $R_z = 25\ldots40$ µm) querbeanspruchter Schraubenverbindungen mit Reibhemmung

Lastfall	ruhend	schwingend
Haftsicherheit S_H	$\approx 1{,}3$	$\approx 1{,}5$
Werkstoffpaarung	Stahl/Stahl	Stahl/Gusseisen Stahl/Bronze	Gusseisen/Gusseisen Gusseisen/Bronze
Haftreibwert μ	$0{,}15\ldots0{,}2$	$0{,}18\ldots0{,}25$	$0{,}22\ldots0{,}26$

Tab. 11.1 Abmessungen in mm des Trapez- und des Sägengewindes

ISO-Trapezgewinde DIN 103								Sägengewinde DIN 513[1]						
P	h_3	H_1	R_2	P	h_3	H_1	R_2	P	h_3	H_1	R	P	h_3	H_1	R
1,5	0,9	0,75	0,15	14	8	7	1	2	1,74	1,5	0,25	12	10,41	9	1,49
2	1,25	1	0,25	16	9	8	1	3	2,60	2,25	0,37	14	12,15	10,5	1,74
3	1,75	1,5	0,25	18	10	9	1	4	3,47	3	0,50	16	13,88	12	1,99
4	2,25	2	0,25	20	11	10	1	5	4,34	3,75	0,62	18	15,62	13,5	2,24
5	2,75	2,5	0,25	22	12	11	1	6	5,21	4,5	0,75	20	17,33	15	2,48
6	3,5	3	0,5	24	13	12	1	7	6,07	5,25	0,87	22	19,09	16,5	1,73
7	4	3,5	0,5	28	15	14	1	8	6,94	6	0,99	24	20,83	18	2,98
8	4,5	4	0,5	32	17	16	1	9	7,81	6,75	1,12	28	24,30	21	3,48
9	5	4,5	0,5	36	19	18	1	10	8,68	7,5	1,24				
10	5,5	5	0,5	40	21	20	1								
12	6,5	6	0,5	44	23	22	1								
$d_2 = d - 0,5P$, $d_3 = d - 2h_3$								$d_2 = d - 0,75P$, $d_3 = d - 2h_3$							

Vorzugsreihe für Trapez- und Sägengewinde					
$d \times P$	$d \times P$	$d \times P$	$d \times P$	$d \times P$	$d \times P$
8 × 1,5	24 × 3	**36 × 6**	48 × 8	**70 × 10**	**100 × 12**
10 × 1,5	24 × 5	36 × 10	48 × 12	70 × 16	100 × 20
10 × 2	28 × 3	40 × 3	52 × 3	80 × 4	120 × 6
12 × 2	**28 × 5**	**40 × 7**	**52 × 8**	**80 × 10**	**120 × 14**
12 × 3	28 × 8	40 × 10	52 × 12	80 × 16	120 × 22
16 × 2	32 × 3	44 × 3	60 × 3	90 × 4	140 × 6
16 × 4	**32 × 6**	**44 × 7**	**60 × 9**	**90 × 12**	**140 × 14**
20 × 2	32 × 10	44 × 12	60 × 14	90 × 18	140 × 24
20 × 4	36 × 3	48 × 3	70 × 4	100 × 4	**160 × 16**

Bezeichnungsbeispiele:
3gängiges Trapezgewinde mit $d = 52$ mm, $P = 8$ mm und $P_h = 3 \cdot 8$ mm: *Tr 52 ×24 P8*,
3gängiges Sägengewinde mit $d = 52$ mm, $P = 8$ mm und $P_h = 3 \cdot 8$ mm: *S 52 × 24 P8*,
als Linksgewinde: *Tr 52 × 24 P8-LH*.

[1] Werte für h_3, H_1 und R gerundet.

Tab. 11.2 Anhaltswerte für Reibwerte und zulässige Spannungen für Bewegungsschrauben

Reibwert im Gewinde		Reibwert im Lager			
$\mu_G \approx 0,05$ bei Druckölschmierung $\approx 0,08$ bei reichlicher Fettschmierung $\approx 0,12 \ldots 0,15$ bei fast trockenen Flanken		$\mu_L \approx \mu_G$ bei Gleitlagerung $\approx 0,03$ bei Wälzlagerung (z. B. Axial-Rillenkugellager)			
Zulässige Vergleichsspannung $\sigma_{v\,zul}$		Beanspruchung		schwellend	wechselnd
		Trapezgewinde		$\approx 0,2 R_m$	$\approx 0,13 R_m$
		Sägengewinde		$\approx 0,25 R_m$	$\approx 0,16 R_m$
R_m = Zugfestigkeit des Spindelwerkstoffs (siehe Tab. 1.2)					
Zulässige Flankenpressung p_{zul} in N/mm²					
Werkstoffpaarung	Stahl Stahl	Stahl Grauguss	Stahl Bronze	Stahl gehärtet Bronze	Stahl/Kunststoff
					$v = 30$ m/min 10 m/min
Dauerbetrieb	8	5	10	15	2 5
Aussetzbetrieb	12	8	15	22	3 8
Seltener Betrieb	16	10	20	30	4 10

Tab. 12.1 Zulässige Flankenpressungen von Nabenverbindungen (Erfahrungswerte)

	Grundwert p_0 in N/mm² bei Naben aus						
Stahl, Stahlguss	Grauguss	Temperguss	Bronze, Messing	AlCuMg-Leg. ausgehärtet	AlMg-, AlMn-, AlMgS-Leg. ausgehärtet	AlSi-Gussleg. AlSiMg-Gussleg.
150[1]	90	110	50	100	90	70
Zulässige Flankenpressung p_{zul}						
Beanspruchung	Nutkeile Polygonwellen	Tangentkeile	Hohlkeile	Flachkeile	Passfedern, Keilwellen, Zahnwellen	
einseitig, ruhend	**1,1p_0**	–	0,15p_0	0,17p_0	0,8p_0	
einseitig, leichte Stöße	**1,0p_0**	1,4p_0	0,15p_0	0,17p_0	0,7p_0	
einseitig, starke Stöße	**0,75p_0**	1,2p_0	0,1p_0	0,11p_0	0,6p_0	
wechselnd, leichte Stöße	**0,6p_0**	1,0p_0	–	–	0,45p_0	
wechselnd, starke Stöße	**0,45p_0**	0,7p_0	–	–	0,25p_0	

[1] Bei gehärteten Nut- und Keil- bzw. Zahnflanken $p_0 = 200$ N/mm²

Tab. 12.2 Abmessungen in mm der Treib-, Einlege- und Nasenkeile (nach DIN 6886 und 6887) (hierzu Bild in Tab. 12.3)

d über	bis	$b \times h$	t_1	t_2	d über	bis	$b \times h$	t_1	t_2
10	12	4 × 4	2,5 + 0,1	1,2 + 0,1	95	110	28 × 16	10,0 + 0,2	5,4 + 0,2
12	17	5 × 5	3,0 + 0,1	1,7 + 0,1	110	130	32 × 18	11,0 + 0,3	6,4 + 0,2
17	22	6 × 6	3,5 + 0,1	2,2 + 0,2	130	150	36 × 20	12,0 + 0,3	7,1 + 0,3
22	30	8 × 7	4,0 + 0,2	2,4 + 0,2	150	170	40 × 22	13,0 + 0,3	8,1 + 0,3
30	38	10 × 8	5,0 + 0,2	2,4 + 0,2	170	200	45 × 25	15,0 + 0,3	9,1 + 0,3
38	44	12 × 8	5,0 + 0,2	2,4 + 0,2	200	230	50 × 28	17,0 + 0,3	10,1 + 0,3
44	50	14 × 9	5,5 + 0,2	2,9 + 0,2	230	260	56 × 32	20,0 + 0,3	11,1 + 0,3
50	58	16 × 10	6,0 + 0,2	3,4 + 0,2	260	290	63 × 32	20,0 + 0,3	11,1 + 0,3
58	65	18 × 11	7,0 + 0,2	3,4 + 0,2	290	330	70 × 36	22,0 + 0,3	13,1 + 0,3
65	75	20 × 12	7,5 + 0,2	3,9 + 0,2	330	380	80 × 40	25,0 + 0,3	14,1 + 0,3
75	85	22 × 14	9,0 + 0,2	4,4 + 0,2	380	440	90 × 45	28,0 + 0,3	16,1 + 0,3
85	95	25 × 14	9,0 + 0,2	4,4 + 0,2	440	500	100 × 50	31,0 + 0,3	18,1 + 0,3

Tab. 12.3 Abmessungen in mm der Passfedern (nach DIN 6885)

$b \times h$	für Wellendurchmesser d über	bis	Niedrige Form t_1	t_2 mit Rückenspiel	t_2 mit Übermaß	Abdrück- und Halteschraube DIN EN ISO 1207 (DIN 84)
5 × 3	12	17	1,9 + 0,1	1,2 + 0,1	0,8 + 0,1	M 3 × 8
6 × 4	17	22	2,5 + 0,1	1,6 + 0,1	1,1 + 0,1	M 3 × 10
8 × 5	22	30	3,1 + 0,2	2 + 0,1	1,4 + 0,1	M 4 × 10
10 × 6	30	38	3,7 + 0,2	2,4 + 0,1	1,8 + 0,1	M 5 × 10
12 × 6	38	44	3,9 + 0,2	2,2 + 0,1	1,6 + 0,1	M 5 × 10
14 × 6	44	50	4 + 0,2	2,1 + 0,1	1,4 + 0,1	M 5 × 10
16 × 7	50	58	4,7 + 0,2	2,4 + 0,1	1,7 + 0,1	M 6 × 12
18 × 7	58	65	4,8 + 0,2	2,3 + 0,1	1,6 + 0,1	M 6 × 12
20 × 8	65	75	5,4 + 0,2	2,7 + 0,1	2 + 0,1	M 6 × 15
22 × 9	75	85	6 + 0,2	3,1 + 0,2	2,4 + 0,1	M 6 × 15
25 × 9	85	95	6,2 + 0,2	2,9 + 0,2	2,2 + 0,1	M 8 × 15
28 × 10	95	110	6,9 + 0,2	3,2 + 0,2	2,4 + 0,1	M10 × 18
32 × 11	110	130	7,6 + 0,2	3,5 + 0,2	2,7 + 0,1	M10 × 20
36 × 12	130	150	8,3 + 0,2	3,8 + 0,2	3 + 0,1	M12 × 22

bei festem Sitz: Wellennut b P9, Nabennut b P9
bei leichtem Sitz: Wellennut b J9, Nabennut b N9
bei Gleitsitz: Wellennut b H8, Nabennut b D10

Tab. 12.4 Abmessungen in mm der Passfedern (nach DIN 6885)

$b \times h$	für Wellen-durchmesser d		Hohe Form			Hohe Form für Werkzeugmaschinen		Abdrück- und Halte-schraube DIN EN ISO 1207 (DIN 84)
			t_1	t_2				
	über	bis		mit Rückenspiel	mit Übermaß	t_1	t_2	
2 × 2	6	8	1,2 + 0,1	1,0 + 0,1	0,5 + 0,1			
3 × 3	8	10	1,8 + 0,1	1,4 + 0,1	0,9 + 0,1			
4 × 4	10	12	2,5 + 0,1	1,8 + 0,1	1,2 + 0,1	3 + 0,1	1,1 + 0,1	
5 × 5	12	17	3,0 + 0,1	2,3 + 0,1	1,7 + 0,1	3,8 + 0,1	1,3 + 0,1	
6 × 6	17	22	3,5 + 0,1	2,8 + 0,1	2,2 + 0,1	4,4 + 0,1	1,7 + 0,1	
8 × 7	22	30	4,0 + 0,2	3,3 + 0,2	2,4 + 0,2	5,4 + 0,2	1,7 + 0,2	M 3 × 8
10 × 8	30	38	5,0 + 0,2	3,3 + 0,2	2,4 + 0,2	6 + 0,2	2,1 + 0,2	M 3 × 10
12 × 8	38	44	5,0 + 0,2	3,3 + 0,2	2,4 + 0,2	6 + 0,2	2,1 + 0,2	M 4 × 10
14 × 9	44	50	5,5 + 0,2	3,8 + 0,2	2,9 + 0,2	6,5 + 0,2	2,6 + 0,2	M 5 × 10
16 × 10	50	58	6,0 + 0,2	4,3 + 0,2	3,4 + 0,2	7,5 + 0,2	2,6 + 0,2	M 5 × 10
18 × 11	58	65	7,0 + 0,2	4,4 + 0,2	3,4 + 0,2	8 + 0,2	3,1 + 0,2	M 6 × 12
20 × 12	65	75	7,5 + 0,2	4,9 + 0,2	3,9 + 0,2	8 + 0,2	4,1 + 0,2	M 6 × 12
22 × 14	75	85	9,0 + 0,2	5,4 + 0,2	4,4 + 0,2	10 + 0,2	4,1 + 0,2	M 6 × 15
25 × 14	85	95	9,0 + 0,2	5,4 + 0,2	4,4 + 0,2	10 + 0,2	4,1 + 0,2	M 8 × 15
28 × 16	95	110	10,0 + 0,2	6,4 + 0,2	5,4 + 0,2	11 + 0,2	5,1 + 0,2	M10 × 18
32 × 18	110	130	11,0 + 0,2	7,4 + 0,2	6,4 + 0,2	13 + 0,2	5,2 + 0,2	M10 × 20
36 × 20	130	150	12,0 + 0,3	8,4 + 0,3	7,1 + 0,3	13,7 + 0,3	6,5 + 0,3	M12 × 22
40 × 22	150	170	13,0 + 0,3	9,4 + 0,3	8,1 + 0,3	14 + 0,3	8,2 + 0,3	M12 × 25
45 × 25	170	200	15,0 + 0,3	10,4 + 0,3	9,1 + 0,3			M12 × 28
50 × 28	200	230	17,0 + 0,3	11,4 + 0,3	10,1 + 0,3			M12 × 30
56 × 32	230	260	20,0 + 0,3	12,4 + 0,3	11,1 + 0,3			M12 × 35
63 × 32	260	290	20,0 + 0,3	12,4 + 0,3	11,1 + 0,3			M12 × 35
70 × 36	290	330	22,0 + 0,3	14,4 + 0,3	13,1 + 0,3			M16 × 40
80 × 40	330	380	25,0 + 0,3	15,4 + 0,3	14,1 + 0,3			M16 × 45
90 × 45	380	440	28,0 + 0,3	17,4 + 0,3	16,1 + 0,3			M20 × 50
100 × 50	440	500	31,0 + 0,3	19,5 + 0,3	18,1 + 0,3			M20 × 55

bei festem Sitz: Wellennut b P9, Nabennut b P9   bei Gleitsitz:
bei leichtem Sitz: Wellennut b N9, Nabennut b JS9   Wellennut b H9, Nabennut b D10

Tab. 12.5 Abmessungen in mm der Scheibenfedern (nach DIN 6888) (hierzu ME Bild 12.8)

$b \times h$	I für Wellendurchmesser d_1		II		d_2 + 0,5	l	t_1 Reihe		t_2 Reihe	
	über	bis	über	bis			A	B	A	B
1 × 1,4	3	4	6	8	4	3,82	1 + 0,1	1 + 0,1	0,6 + 0,1	0,6 + 0,1
1,5 × 2,6	4	6	8	10	7	6,76	2 + 0,1	2 + 0,1	0,8 + 0,1	0,8 + 0,1
2 × 2,6	6	8	10	12	7	6,76	1,8 + 0,1	1,8 + 0,1	1 + 0,1	1 + 0,1
2 × 3,7	6	8	10	12	10	9,66	2,9 + 0,1	2,9 + 0,1	1 + 0,1	1 + 0,1
3 × 3,7	8	10	12	17	10	9,66	2,5 + 0,1	2,8 + 0,1	1,4 + 0,1	1,1 + 0,1
3 × 5	8	10	12	17	13	12,65	3,8 + 0,1	4,1 + 0,1	1,4 + 0,1	1,1 + 0,1
3 × 6,5	–	–	12	17	16	15,72	5,3 + 0,1	5,6 + 0,1	1,4 + 0,1	1,1 + 0,1
4 × 5	10	12	17	22	13	12,65	3,5 + 0,1	4,1 + 0,1	1,7 + 0,1	1,1 + 0,1
4 × 6,5	10	12	17	22	16	15,72	5 + 0,1	5,6 + 0,1	1,7 + 0,1	1,1 + 0,1
4 × 7,5	–	–	17	22	19	18,57	6 + 0,1	6,6 + 0,1	1,7 + 0,1	1,1 + 0,1
5 × 6,5	12	17	22	30	16	15,72	4,5 + 0,1	5,4 + 0,1	2,2 + 0,1	1,3 + 0,1
5 × 7,5	12	17	22	30	19	18,57	6 + 0,1	6,4 + 0,1	2,2 + 0,1	1,3 + 0,1
5 × 9	–	–	22	30	22	21,63	7 + 0,2	7,9 + 0,2	2,2 + 0,1	1,3 + 0,1
6 × 7,5	17	22	30	38	19	18,57	5,1 + 0,2	6 + 0,1	2,6 + 0,2	1,7 + 0,1
6 × 9	17	22	30	38	22	21,63	6,6 + 0,2	7,5 + 0,2	2,6 + 0,2	1,7 + 0,1
6 × 11	–	–	30	38	28	27,35	8,6 + 0,2	9,5 + 0,2	2,6 + 0,2	1,7 + 0,1
8 × 9	22	30	38	–	22	21,63	6,2 + 0,2	7,5 + 0,2	3 + 0,1	1,7 + 0,1
8 × 11	22	30	38	–	28	27,35	8 + 0,2	9,5 + 0,2	3 + 0,1	1,7 + 0,1
8 × 13	–	–	38	–	32	31,43	10,2 + 0,2	11,5 + 0,2	3 + 0,1	1,7 + 0,1
10 × 11	30	38	38	–	28	27,35	7,8 + 0,2	9,1 + 0,2	3,4 + 0,2	2,1 + 0,1
10 × 13	30	38	38	–	32	31,43	9,8 + 0,2	11,1 + 0,2	3,4 + 0,2	2,1 + 0,1
10 × 16	–	–	38	–	45	43,08	12,8 + 0,2	14,1 + 0,2	3,4 + 0,2	2,1 + 0,1

Zuordnung I zur Drehmomentübertragung   Zuordnung II zur Lagerfeststellung.
Reihe A   (hohe Nabennut) bevorzugen, stimmt mit DIN 6885 hohe Form überein.
Reihe B   (niedrige Nabennut) stimmt mit DIN 6885 hohe Form für Werkzeugmaschinen überein.

Tab. 12.6 Abmessungen in mm des Keilwellen- und Keilnabenprofils

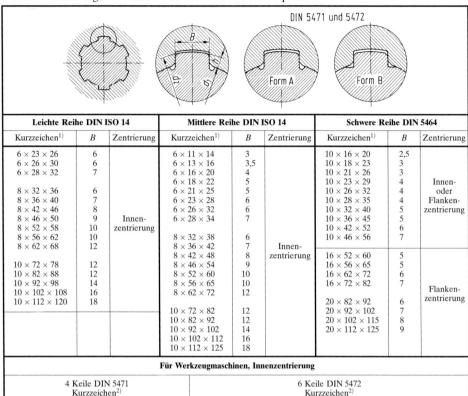

Leichte Reihe DIN ISO 14			Mittlere Reihe DIN ISO 14			Schwere Reihe DIN 5464		
Kurzzeichen[1]	B	Zentrierung	Kurzzeichen[1]	B	Zentrierung	Kurzzeichen[1]	B	Zentrierung
6 × 23 × 26	6		6 × 11 × 14	3		10 × 16 × 20	2,5	
6 × 26 × 30	6		6 × 13 × 16	3,5		10 × 18 × 23	3	
6 × 28 × 32	7		6 × 16 × 20	4		10 × 21 × 26	3	
			6 × 18 × 22	5		10 × 23 × 29	4	Innen-
8 × 32 × 36	6		6 × 21 × 25	5		10 × 26 × 32	4	oder
8 × 36 × 40	7		6 × 23 × 28	6		10 × 28 × 35	4	Flanken-
8 × 42 × 46	8		6 × 26 × 32	6		10 × 32 × 40	5	zentrierung
8 × 46 × 50	9	Innen-	6 × 28 × 34	7		10 × 36 × 45	5	
8 × 52 × 58	10	zentrierung				10 × 42 × 52	6	
8 × 56 × 62	10		8 × 32 × 38	6		10 × 46 × 56	7	
8 × 62 × 68	12		8 × 36 × 42	7	Innen-			
			8 × 42 × 48	8	zentrierung	16 × 52 × 60	5	
10 × 72 × 78	12		8 × 46 × 54	9		16 × 56 × 65	5	
10 × 82 × 88	12		8 × 52 × 60	10		16 × 62 × 72	6	
10 × 92 × 98	14		8 × 56 × 65	10		16 × 72 × 82	7	Flanken-
10 × 102 × 108	16		8 × 62 × 72	12				zentrierung
10 × 112 × 120	18					20 × 82 × 92	6	
			10 × 72 × 82	12		20 × 92 × 102	7	
			10 × 82 × 92	12		20 × 102 × 115	8	
			10 × 92 × 102	14		20 × 112 × 125	9	
			10 × 102 × 112	16				
			10 × 112 × 125	18				

Für Werkzeugmaschinen, Innenzentrierung			
4 Keile DIN 5471 Kurzzeichen[2]		6 Keile DIN 5472 Kurzzeichen[2]	
11 × 15 × 3	36 × 42 × 12	21 × 25 × 5	46 × 52 × 12	82 × 95 × 16
13 × 17 × 4	42 × 48 × 12	23 × 28 × 6	52 × 60 × 14	88 × 100 × 16
16 × 20 × 6	46 × 52 × 14	26 × 32 × 6	58 × 65 × 14	92 × 105 × 20
18 × 22 × 6	52 × 60 × 14	28 × 34 × 7	62 × 70 × 16	98 × 110 × 20
21 × 25 × 6	58 × 65 × 16	32 × 38 × 8	68 × 78 × 16	105 × 120 × 20
24 × 28 × 8	62 × 70 × 16	36 × 42 × 8	72 × 82 × 16	115 × 130 × 20
28 × 32 × 10	68 × 78 × 16	42 × 48 × 10	78 × 90 × 16	130 × 145 × 24
32 × 38 × 10				

[1] Kurzzeichen = Anzahl der Keile × Innendurchmesser d_1 × Außendurchmesser d_2.
[2] Kurzzeichen = Innendurchmesser d_1 × Außendurchmesser d_2 × Keilbreite B.

Tab. 12.7 Zu bevorzugende Toleranzklassen für Keilnaben und Keilwellen

Bauteil	Art der Zentrierung, Sitz und Behandlung		DIN ISO 14			DIN 5464		
			B	d_1	d_2	B	d_1	d_2
Nabe	Innen- zentrierung	Nach dem Räumen behandelt nein	H9	H7	H10	unge- härtet	–	–
		ja	H11			gehär- tet	–	–
	Innen- und Flankenzentrierung		–	–	–	D9	F10	H7	H11
Welle	Innen- zentrierung	Gleitsitz	d10	f7		h8	e8	f7
		Übergangssitz	f9	g7	a11	–	–	
		Festsitz	h10	h7		p6	h6	f6	a11
	Flanken- zentrierung	Gleitsitz	–	–	–	h8	e8	
		Festsitz	–	–	–	u6	k6	

Tab. 12.8 Abmessungen in mm des Kerbzahnprofils

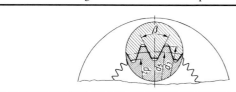

Kerbzahnprofil DIN 5481											
Kurzzeichen[1]	d_2	d_3	d_5	z	β	Kurzzeichen[1]	d_2	d_3	d_5	z	β
7 × 8	6,9	8,1	7,5	28		60 × 65	60	65	61,5	41	
8 × 10	8,1	10,1	9	28		65 × 70	65	70	67,5	45	
10 × 12	10,1	12	11	30		70 × 75	70	75	72	48	
12 × 14	12	14,2	13	31		75 × 80	75	80	76,5	51	
15 × 17	14,9	17,2	16	32		80 × 85	80	85	82,5	55	
17 × 20	17,3	20	18,5	33		85 × 90	85	90	87	58	
21 × 24	20,8	23,9	22	34		90 × 95	90	95	91,5	61	
26 × 30	26,5	30	28	35	60°	95 × 100	95	100	97,5	65	55°
30 × 34	30,5	34	32	36		100 × 105	100	105	102	68	
30 × 40	36	39,9	38	37		105 × 110	105	110	106,5	71	
40 × 44	40	44	42	38		110 × 115	110	115	112,5	75	
45 × 50	45	50	47,5	39		115 × 120	115	120	117	78	
50 × 55	50	54,9	52,5	40		120 × 125	120	125	121,5	81	
55 × 60	55	60	57,5	42							

Tab. 12.9 Abmessungen in mm des Evolventenzahnprofils (es ist nur eine Auswahl der vorzugsweise zu verwendenden Profile aufgeführt)

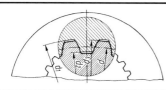

[1] Die Durchmesserbezeichnungen stimmen nicht mit DIN 5480 überein.

Bezeichnungsbeispiel für eine Verzahnung mit $d_1 = 120$ mm und $m = 3$ mm;
Zahnwellen-Verbindung DIN 5480 – 120 × 3.
In der ausführlichen Bezeichnung nach DIN 5480 sind außerdem der Eingriffswinkel, die Zähnezahl und die Passung enthalten. Naben werden mit N und Wellen mit W vor dem Bezugsdurchmesser d_1 gekennzeichnet.

Zahnwellen-Verbindungen mit Evolventenflanken DIN 5480[1]											
$m = 0,8$ mm		$m = 1,25$ mm		$m = 2$ mm		$m = 3$ mm		$m = 5$ mm		$m = 8$ mm	
d_1	z	d_1	z	d_1	z	d_1	z	d_1	z	d_1	z
6	6	17	12	35	16	55	17	85	16	160	18
7	7	18	13	37	17	60	18	90	16	170	20
8	8	20	14	38	18	65	20	95	18	180	21
9	10	22	16	40	18	70	22	100	18	190	22
10	11	25	18	42	20	75	24	105	20	200	24
12	13	28	21	45	21	80	25	110	21	210	25
14	16	30	22	47	22	85	27	120	22	220	26
15	17	32	24	48	22	90	28	130	24	240	28
16	18	35	26	50	24	95	30	140	26	250	30
17	20	37	28	55	26	100	32	150	28	260	31
18	21	38	29	60	28	105	34	160	30	280	34
20	23	40	30	65	31	110	35	170	32	300	36
22	26	42	32	70	34	120	38	180	34	320	38
25	30	45	34	75	36	130	42	190	36	340	41
28	34	47	36	80	38	140	45	200	38	360	44
30	36	48	37			150	48	210	40	380	46
32	38	50	38					220	42	400	48
								240	46	420	51
								250	48	440	54
								260	50	450	55
								280	54	460	56
										480	58
										500	61

d_1 = Bezugsdurchmesser in mm, m = Modul in mm
$d = z \cdot m$ $d_2 = d_1 - 2m$ $d_3 = d_1 - 0,2m$

Tab. 12.10 Abmessungen in mm der Polygonprofile P3G und P4C

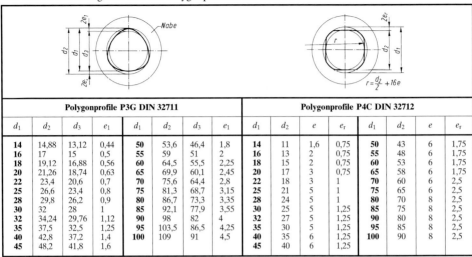

Polygonprofile P3G DIN 32711								Polygonprofile P4C DIN 32712							
d_1	d_2	d_3	e_1	d_1	d_2	d_3	e_1	d_1	d_2	e	e_r	d_1	d_2	e	e_r
14	14,88	13,12	0,44	50	53,6	46,4	1,8	14	11	1,6	0,75	50	43	6	1,75
16	17	15	0,5	55	59	51	2	16	13	2	0,75	55	48	6	1,75
18	19,12	16,88	0,56	60	64,5	55,5	2,25	18	15	2	0,75	60	53	6	1,75
20	21,26	18,74	0,63	65	69,9	60,1	2,45	20	17	3	0,75	65	58	6	1,75
22	23,4	20,6	0,7	70	75,6	64,4	2,8	22	18	3	1	70	60	6	2,5
25	26,6	23,4	0,8	75	81,3	68,7	3,15	25	21	5	1	75	65	6	2,5
28	29,8	26,2	0,9	80	86,7	73,3	3,35	28	24	5	1	80	70	8	2,5
30	32	28	1	85	92,1	77,9	3,55	30	25	5	1,25	85	75	8	2,5
32	34,24	29,76	1,12	90	98	82	4	32	27	5	1,25	90	80	8	2,5
35	37,5	32,5	1,25	95	103,5	86,5	4,25	35	30	5	1,25	95	85	8	2,5
40	42,8	37,2	1,4	100	109	91	4,5	40	35	6	1,25	100	90	8	2,5
45	48,2	41,8	1,6					45	40	6	1,25				

Bezeichnung eines Polygonwellen-Profils P3G von $d_1 = 40$ und $d_2 = 42,8$ g6: Profil DIN 32711 – A P3G 40 g6
Bezeichnung eines Polygonnaben-Profils P4C von $d_1 = 40$ und $d_2 = 35$ H7: Profil DIN 31712 – B P4C 40 H7

Tab. 12.11 Abmessungen der kegeligen Wellenenden mit Kegel 1:10 nach DIN 1448-1 (Auszug)

Bezeichnungsbeispiel für ein Wellenende mit $D = 40$ mm und $L_1 = 82$ mm: Wellenende DIN 1448 – 40 × 82

$D \times L_1$ mm	L mm	Passfeder $b \times h$ mm	Gewinde	A_S mm²	$D \times L_1$ mm	L mm	Passfeder $b \times h$ mm	Gewinde	A_S mm²
12 × 30 14 × 30	18 18	2 × 2 3 × 3	M8 × 1	39,2	55 × 82 × 110	54 82	14 × 9	M36 × 3	865
16 × 28 × 40	16 28	3 × 3	M10 × 1,25	61,2	60 × 105 × 140 65 × 105 × 140	70 105 70 105	16 × 10	M42 × 3	1206
24 × 36 × 50	22 36	4 × 4	M12 × 1,25	92,1	70 × 105 × 140 75 × 105 × 140	70 105 70 105	18 × 11	M48 × 3	1604
25 × 42 × 60 28 × 42 × 60	24 42 24 42	5 × 5	M16 × 1,5	167					
30 × 58 × 80	36 58	5 × 5	M20 × 1,5	271	80 × 130 × 170 85 × 130 × 170	90 130 90 130	20 × 12	M56 × 4	2144
35 × 58 × 80	36 58	6 × 6			90 × 130 × 170 95 × 130 × 170	90 130 90 130	22 × 14	M64 × 4	2851
40 × 82 × 110	54 82	10 × 8	M24 × 2	384					
42 × 82 × 110	54 82	12 × 8	M30 × 2	621	100 × 165 × 210	120 165	25 × 14	M72 × 4	3659
50 × 82 × 110	54 82	12 × 8	M36 × 3	865	110 × 165 × 210	120 165	25 × 14	M80 × 4	4567

Tab. 12.12 Abmessungen der Stirnverzahnung

Gruppe	D_a in mm von	D_a in mm bis	z	H	$\approx \alpha$	D_a in mm von	D_a in mm bis	z	H	$\approx \alpha$
A	10					25				
B	11	109	12	$0{,}226 D_a$	12,73°	43	224	48	$0{,}0566 D_a$	6,45°
C	16					64				
A	20					50				
B	22	219	24	$0{,}1132 D_a$	12,73°	64	245	72	$0{,}378 D_a$	4,32°
C	32					96				
A	20					50				
B	32	217	36	$0{,}075 D_a$	8,58°	86	449	96	$0{,}0283 D_a$	3,23°
C	48					128				

Gruppe A		Gruppe B		Gruppe C	
r in mm	S in mm	r in mm	S in mm	r in mm	S in mm
0,3	0,4	0,6	0,6	0,9	0,9

Tab. 13.1 Zulässige Beanspruchungen in N/mm² für Stift- und Bolzenverbindungen bei Stiften oder Bolzen aus Stahl (Erfahrungswerte)

Bauteilwerkstoff	Lastfall	Presssitz glatter Stifte			Sitz mit gekerbtem Teil			Gleitsitz glatter Bolzen		
		p	σ_b	τ_a	p	σ_b	τ_a	p	σ_b	τ_a
S235 E295 Stahlguss Grauguss CuSn-, CuZn-Leg. AlCuMg-Leg. AlSi-Leg.	ruhend	98 104 83 68 40 65 45	190	80	69 73 58 48 28 46 32	160	65	30 30 30 40 40 20 20	200	80
S235 E295 Stahlguss Grauguss CuSn-, CuZn-Leg. AlCuMg-Leg. AlSi-Leg.	schwellend	72 76 62 52 29 47 33	145	60	52 55 43 36 21 35 24	120	50	24 24 24 32 32 16 16	140	60
S235 E295 Stahlguss Grauguss CuSn-, CuZn-Leg. AlCuMg-Leg. AlSi-Leg.	wechselnd	36 38 31 26 14 23 16	75	30	26 28 21 18 10 17 12	60	25	12 12 12 16 16 8 8	70	30

Tab. 13.2 Abmessungen in mm der Sicherungsringe nach DIN 471 und 472 (Auszug)

\multicolumn{4}{c	}{DIN 471}	\multicolumn{4}{c	}{DIN 471}	\multicolumn{4}{c	}{DIN 472}	\multicolumn{4}{c	}{DIN 472}
d_1	s	m H13	d_2 Abw.	d_1	s	m H13	d_2 Abw.	d_1	s	m H13	d_2 Abw.	d_1	s	m H13	d_2 Abw.
8	0,8	0,9	7,6	50			47	10			10,4	56			59
				52			49	11			11,4	58			61
9			8,6	55			52	12			12,5	60	2	2,15	63
10			9,6	56	2	2,15	53	13			13,6	62			65
11			10,5	58			55	14			14,6	63			66
12			11,5	60			57	15			15,7				
13	1	1,1	12,4	62			59	16	1	1,1	16,8	65			68
14			13,4	63			60	17			17,8	68			71
15			14,3					18			19	70			73
16			15,2	65			62	19			20	72	2,5	2,65	75
17			16,2	68			65	20			21	75			78
				70			67	21			22	78			81
18			17	72	2,5	2,65	69	22			23	80			83,5
19			18	75			72					82			85,5
20			19	78			75	24			25,2				
21	1,2	1,3	20	80			76,5	25			26,2	85			88,5
22			21	82			78,5	26	1,2	1,3	27,2	88			91,5
24			22,9					28			29,4	90			93,5
25			23,9	85			81,5	30			31,4	92	3	3,15	95,5
26			24,9	88			84,5	32			33,7	95			98,5
28			26,6	90	3	3,15	86,5					98			101,5
29			27,6	95			91,5	34			35,7	100			103,5
30	1,5	1,6	28,6	100			96,5	35			37				
32			30,3					36	1,5	1,6	38	102			106
34			32,3	105			101	37			39	105			109
35			33	110			106	38			40	108			112
				115			111					110			114
36			34	120			116	40			42,5	112			116
38			36	125			121	42			44,5	115	4	4,15	119
40	1,75	1,85	37,5	130	4	4,5	126	45	1,75	1,85	47,5	120			124
42			39,5	135			131	47			49,5	125			129
45			42,5	140			136	48			50,5	130			134
48			45,5	145			141					135			139
				150			145	50			53	140			144
				160			151	52	2	2,15	55	145			149
								55			58				

Abweichungen: h11 (für d_1 12–17), h12 (für d_1 18–29 DIN 471; 22–33 DIN 472), h13 (für d_1 30–48 DIN 471; 34–55 DIN 472), H11 (DIN 472 12–21), H12 (DIN 472 22–48), H13 (DIN 472 50–130)

Tab. 13.3 Genormte Durchmesser d nach ISO und Längen l in mm von Stiften und Bolzen

\multicolumn{5}{c	}{d}	\multicolumn{12}{c	}{l}
0,8	3	12	24	45	80	2	9	20	40	70	100	130	170	230	290
1	4	14	27	50	90	3	10	22	45	75	105	135	180	240	300
1,2	5	16	30	55	100	4	12	25	50	80	110	140	190	250	310
1,5	6	18	33	60		5	14	28	55	85	115	145	200	260	320
2	8	20	36	65		6	16	30	60	90	120	150	210	270	
2,5	10	22	40	70		8	18	35	65	95	125	160	220	280	

Tab. 14.1 Güteeigenschaften (Anhaltswerte) und Verwendungsbeispiele von warmgewalzten Stählen für vergütbare Federn zur Warmformgebung durch Prägen, Biegen oder Wickeln

Härtung		Stahlsorte nach DIN 17221	Behandlungszustand[1]				Verwendungsbeispiele
			U	G	H + A		
			Härte HV5	R_e N/mm^2	R_m N/mm^2	A_5 %	
Wasser	Qualitätsstähle	38Si7	240	217	1030	1180	6	Federringe und Federplatten für Schraubensicherungen, Spannmittel für den Oberbau
		54SiCr7	270	245	1130	1320	6	Blattfedern für Schienenfahrzeuge, Kegelfedern
		60SiCr7	310	255	1130	1320	6	Fahrzeugblattfedern, Schraubenfedern, Federplatten, Tellerfedern
Öl	Edelstähle	55Cr3	>310	248	1180	1370	6	Hochbeanspruchte Fahrzeugblattfedern, Schraubenfedern, Stabilisatoren
		50CrV4	>310	241	1180	1370	6	Höchstbeanspruchte Blatt- und Schraubenfedern, Tellerfedern, Drehstabfedern (bis $d = 40$ mm), Stabilisatoren
		51CrMoV4	>310	255	1180	1370	6	Höchstbeanspruchte Blatt- und Schraubenfedern, Drehstabfedern ($d > 40$ mm)

[1] U = unbehandelt (Walzzustand), G = weichgeglüht, H + A = gehärtet und angelassen. Es sind jeweils die Mindesthärten und -Festigkeitswerte angegeben.

Tab. 14.2 Güteeigenschaften nach DIN 17222 von kaltgewalzten Stahlbändern für Federn zur Kaltformgebung durch Schneiden, Stanzen, Prägen, Biegen und Wickeln. Für vielseitige Zwecke geeignet. Ölhärtung.

Qualitätsstähle					Edelstähle				
Stahlsorte	Behandlungszustand[1]				Stahlsorte	Behandlungszustand[1]			
	G	H + A				G	H + A		
	Härte HV	Härte HV	R_m N/mm^2	Dicke bis mm		Härte HV	Härte HV	R_m N/mm^2	Dicke bis mm
C55	180	340	1150	2	Ck55	180	340	1150	2
C60	185	350	1180	2	Ck60	185	350	1180	2
C67	190	365	1320	2,5	Ck67	190	365	1320	2,5
C75	190	390	1320	2,5	Ck75	190	390	1320	2,5
55Si7	220	385	1300	2	Ck85	200	415	1400	2,5
					Ck101	205	445	1500	2
					71Ri7[2]	240	445	1500	3
					67SiCr5	240	445	1500	3
					50CrV4	220	415	1400	3

[1] G = weichgeglüht, H + A = gehärtet und angelassen. Es sind jeweils die Mindesthärten und -festigkeitswerte angegeben.
[2] für höchstbeanspruchte Zugfedern im Uhren- und Triebwerksbau geeignet.

Tab. 14.3 Runder Federstahldraht nach DIN 17223-1 und -2 (Auszug)

Bezeichnung	Kurzzeichen	Durchmesserbereich	Für Zug-, Druck-, Dreh- und Formfedern. Höhe der Beanspruchung
Patentiert gezogener Federdraht aus unlegierten Stählen	A	1 ... 10 mm	gering statisch, selten dynamisch
	B	0,3 ... 20 mm	mittel statisch, gering dynamisch
	C	2 ... 20 mm	hoch statisch, gering dynamisch
	D	0,07 ... 20 mm	hoch statisch, hoch dynamisch
Unlegierter Federstahldraht	FD	0,5 ... 17 mm	Federn, die im Zeitfestigkeitsgebiet arbeiten oder eine mäßige Dauerschwingbeanspruchung haben
Unlegierter Ventilfederstahldraht	VD	0,5 ... 10 mm	Für alle Federn mit hoher Dauerschwingbeanspruchung

Tab. 14.4 Mindestzugfestigkeit in N/mm² von rundem Federstahldraht nach DIN 17223-1 und -2 (Auszug)

d mm	Drahtsorte A	B	C	D	FD	VD	d mm	Drahtsorte A	B	C	D	FD	VD
0,3		2370		2660			2,50	1460	1690	1900	1900	1670	1630
0,32		2350		2640			2,60	1450	1670	1890	1890	1640	1600
0,34		2330		2610			2,80	1420	1650	1860	1860	1620	1600
0,36		2310		2590			3,00	1410	1630	1840	1840	1620	1600
0,38		2290		2570			3,20	1390	1610	1820	1820	1600	1570
0,40		2270		2560			3,40	1370	1590	1790	1790	1580	1570
0,43		2250		2530			3,60	1350	1570	1770	1770	1550	1550
0,45		2240		2510			3,80	1340	1550	1750	1750	1550	1550
0,48		2220		2490			4,00	1320	1530	1740	1740	1550	1550
0,50		2200		2480	1900	1850	4,25	1310	1510	1710	1710	1540	1550
0,53		2180		2460	1900	1850	4,50	1290	1500	1690	1690	1520	1550
0,56		2170		2440	1900	1850	4,75	1270	1480	1680	1680	1500	1540
0,60		2140		2410	1900	1850	5,00	1260	1460	1660	1660	1500	1540
0,63		2130		2390	1900	1850	5,30	1240	1440	1640	1640	1470	1520
0,65		2120		2380	1900	1850	5,60	1230	1430	1620	1620	1470	1520
0,70		2090		2360	1900	1850	6,00	1210	1400	1590	1590	1460	1520
0,75		2070		2330	1900	1850	6,30	1190	1390	1570	1570	1440	1470
0,80		2050		2310	1900	1850	6,50	1180	1380	1560	1560	1440	1470
0,85		2030		2290	1860	1850	7,00	1160	1350	1540	1540	1430	1470
0,90		2010		2270	1860	1850	7,50	1140	1330	1510	1510	1400	1420
0,95		2000		2250	1860	1850	8,00	1120	1310	1490	1490	1400	1420
1,00	1720	1980		2230	1810	1850	8,50	1110	1290	1470	1470	1380	1390
1,05	1710	1960		2210	1810	1750	9,00	1090	1270	1450	1450	1360	1390
1,10	1690	1950		2200	1810	1750	9,50	1070	1260	1430	1430	1360	1390
1,20	1670	1920		2170	1810	1750	10,00	1060	1240	1410	1410	1360	1390
1,25	1660	1910		2150	1810	1750	10,50		1220	1390	1390	1320	
1,30	1640	1900		2140	1790	1700	11,00		1210	1380	1380	1320	
1,40	1620	1870		2110	1790	1700	12,00		1180	1350	1350	1320	
1,50	1600	1850		2090	1760	1700	12,50		1170	1330	1330	1280	
1,60	1590	1830		2060	1760	1700	13,00		1160	1320	1320	1280	
1,70	1570	1810		2040	1720	1670	14,00		1130	1290	1290	1280	
1,80	1550	1790		2020	1720	1670	15,00		1110	1270	1270	1270	
1,90	1540	1770		2000	1720	1670	16,00		1090	1240	1240	1250	
2,00	1520	1760	1980	1980	1720	1670	17,00		1070	1220	1220	1250	
2,10	1510	1740	1970	1970	1670	1630	18,00		1050	1200	1200		
2,25	1490	1720	1940	1940	1670	1630	19,00		1030	1180	1180		
2,40	1470	1700	1920	1920	1670	1630	20,00		1020	1160	1160		

Tab. 14.5 Grenzabmaße in mm (nach DIN 2076 und DIN 17223) für runden Federstahldraht

d in mm von	bis	Genauigkeitsklasse B	C	d in mm von	bis	Genauigkeitsklasse B	C
0,3	0,34	±0,015	±0,008	3,40	5,60	±0,045	±0,025
0,36	0,48	±0,015	±0,010	6,00	8,50	±0,060	±0,035
0,50	0,80	±0,020	±0,010	9,00	10,00	±0,070	±0,050
0,85	1,40	±0,025	±0,015	10,50	15,00	±0,090	±0,070
1,50	3,20	±0,035	±0,020	16,00	17,00	±0,12	±0,080
				18,00	20,00	±0,15	±0,100

Die Genauigkeitsklasse A ist entfallen. Die **Klasse B** gilt für die Drahtsorten A und B nach DIN 17223-1 und für Federdraht FD nach DIN 17223-2.
Die **Klasse C** gilt für die Drahtsorten C und D nach DIN 17223-1, Ventilfederdraht VD nach DIN 17223-2 sowie für alle Werkstoffe nach DIN 17224 und DIN EN 12166 (DIN 17682).

Tab. 14.6 Stabdurchmesser d (nach DIN 2077) für warmgewalzten Federstahl (nach DIN 17221) (Ausnahme 38Si7 und 54SiCr7) und für nach dem Warmwalzen gemäß DIN 2096 bearbeiteten Federstahl, beide für Federn nach DIN 2096

warmgewalzt								gedreht, geschält oder geschliffen		
d in mm		Stufg.	Grenz-abmaße	d in mm		Stufg.	Grenz-abmaße	d in mm		Grenz-abmaße
von	bis	mm	mm	von	bis	mm	mm	über	bis	mm
7	11,5	0,5	±0,15	40	50	2	±0,4	ab 8	10	±0,05
12	21,5	0,5	±0,2	52	60	2	±0,5	10	20	±0,08
22	29,5	0,5	±0,25	65			±0,5	20	30	±0,10
30	39	1	±0,3	70	80	5	±0,01d	30	40	±0,12
								über 40		±0,15

Tab. 14.7 Auswahl von Dicken t in mm von kaltgewalztem Band aus Stahl nach DIN EN 10140 (DIN 1544) bis Breiten $b = 125$ mm (b frei wählbar nach Normmaßen) und zulässige Dickenabweichungen

t	0,1	0,12	0,15	0,20	0,25	0,30	0,35	0,40	0,50	0,60	0,70	0,80	0,90	1,0	1,2	1,5	2,0	2,5	3,0	3,5	4,0	4,5	5,0	6,0
A	±0,010		±0,020		±0,020		±0,030			±0,030				±0,040		±0,050			±0,060				±0,080	
B	±0,008		±0,012		±0,015		±0,020			±0,025				±0,030		±0,035			±0,045				±0,060	
C	±0,005		±0,010		±0,010		±0,015			±0,015				±0,020		±0,025			±0,030				–	

A = Regelabweichung (R), B = Feinabweichung (F), C = Präzisionsabweichung (P)

Tab. 14.8 Abmessungen in mm von warmgewalztem Federstahl für geschichtete Blattfedern (nach DIN 4620)

Genormte Dicken t	3	3,5	4	4,5	5	5,5	6	6,5	7	8	9	10	11	12	14	16	20
Genormte Breiten b	35	40	45	50	55	60	65	70	75	80	90	100	110	120			140
lieferbar $t \times b$	3 × 35…50 5 × 35…90 8 × 40…140 12 × 60…140				3,5 × 35…60 6 × 35…140 9 × 40…140 14 × 110…140				4 × 35…70 6,5 × 35…140 10 × 40…140 16 × 110…140				4,5 × 35…70 7 × 40…140 11 × 60…140 20 × 110…140				

Tab. 14.9 Kennwerte bei Raumtemperatur für die Berechnung von Federn (nach DIN 2089)

Werkstoff	E N/mm²	G N/mm²
Federstahldraht (patentiert gezogen) DIN 17223-1	206000	81500
Federstahldraht (unlegiert) DIN 17223-2 (FD und VD)	200000	79500
Stähle nach DIN 17221	206000	78500
Nichtrostende Stähle DIN 17224 X12CrNi177	185000	70000
X7CrNiAl177	195000	73000
X5CrNiMo18 10	180000	68000
Zinnbronze CuSn6 nach DIN EN 12166 federhart gezogen	115000	42000
Kupfer-Zink-Leg. CuZn36 DIN EN 12166 federhart gezogen	110000	39000
Kupfer-Beryllium-Leg. CuBe2 nach DIN EN12166	120000	47000
Kupfer-Kobalt-Beryllium-Leg. CuCo2Be nach DIN EN 12166	130000	48000

Tab. 14.10 Zulässige Schubspannung für zylindrische Schraubenfedern bei ruhender (statischer) Beanspruchung

	Druckfedern bei der Blocklänge L_c					
kaltgeformt	$\tau_{c\,zul} = 0{,}56 R_m$					
warmgeformt aus Edelstahl DIN 17221	d in mm	10	20	30	40	50	60
	$\tau_{c\,zul}$ in N/mm²	925	840	790	760	735	720
	Zugfedern bei der größten Federkraft F_n					
kaltgeformt	$\tau_{zul} = 0{,}45 R_m$					
warmgeformt	$\tau_{zul} \approx 600$ N/mm² bei $d = 10\ldots35$ mm und Stahlsorten nach Tab. 14.1					

Mindestzugfestigkeit R_m von Federstahldraht siehe Tab. 14.4.

Tab. 14.11 Baugrößen für kaltgeformte zylindrische Schraubendruckfedern aus runden Drähten ab $d = 0{,}5$ mm (nach DIN 2098-1)

d	D	F_n	D_d	D_h	$n = 3{,}5$		$n = 5{,}5$		$n = 8{,}5$		$n = 12{,}5$		$n = 18{,}5$	
					L_0	c	L_0	c	L_0	c	L_0	c	L_0	c
mm	mm	N	mm	mm	mm	N/mm	mm	N/mm	mm	N/mm	mm	N/mm	mm	N/mm
0,5	6,3	6,57	5,3	7,5	13,5	0,726	20	0,46	30	0,30	44	0,206	65	0,137
	5	8,04	4,0	6,2	9,4	1,46	14	0,93	20,5	0,61	30	0,412	44,5	0,275
	4	9,32	3,1	5,0	7	2,84	10	1,81	15	1,17	21,5	0,795	31	0,540
	3,2	10,0	2,4	4,1	5,5	5,57	7,9	3,53	11,5	2,29	16	1,56	23,5	1,05
	2,5	10,4	1,7	3,4	4,4	11,58	6,1	7,43	8,7	4,80	12	3,27	17,5	2,21
0,63	8	10,0	6,8	9,4	16	0,89	24,5	0,569	37	0,373	55	0,245	80,5	0,167
	6,3	12,46	5,1	7,6	11,5	1,83	17	1,17	25,5	0,756	36,5	0,510	54	0,343
	5	15,5	3,9	6,1	8,5	3,69	12,5	2,35	18,5	1,52	26	1,03	38,5	0,697
	4	17,17	3,0	5,0	6,7	7,16	9,6	4,55	14	2,94	20	2,00	29	1,35
	3,2	21,0	2,3	4,2	5,5	14,0	7,8	8,91	11	5,77	15,5	3,93	22,5	2,65
0,8	10	15,4	8,6	11,6	20	1,20	30	0,755	45,5	0,490	66	0,334	96,5	0,226
	8	19,5	6,6	9,6	14,5	2,32	21,5	1,48	32	0,961	47	0,647	68	0,441
	6,3	24,0	5,0	7,7	10,5	4,77	15,5	3,03	23	1,96	33	1,334	48	0,903
	5	26,0	3,8	6,3	8,3	9,54	12	6,07	17,5	3,92	24,5	2,67	36	1,80
	4	31,9	2,8	5,3	6,9	18,5	9,7	11,9	14	7,67	19,5	5,22	28	3,52
1	12,5	22,0	10,8	14,4	24	1,49	36,5	0,952	55,5	0,608	80,5	0,412	115	0,284
	10	27,4	8,4	11,8	17,5	2,90	26	1,854	39	1,11	56	0,814	81,5	0,549
	8	33,2	6,5	9,6	13	5,68	19	3,61	28,5	2,334	40,5	1,59	59	1,08
	6,3	34,1	4,9	7,8	10	11,6	14,5	7,40	21,5	4,79	30,5	3,16	43,5	2,20
	5	43,8	3,6	6,5	8,5	21,6	12	14,8	17	9,575	24	6,51	34,5	4,40
1,25	16	54,25	14,1	18,2	40,5	1,73	62	1,10	94	0,716	140	0,481	205	0,324
	12,5	69,1	10,6	14,6	27	3,63	41,5	2,31	62,5	1,49	90,5	1,02	130	0,687
	10	85,4	8,2	11,9	20	7,09	29,5	4,51	44,5	2,92	64	1,99	93,5	1,344
	8	105,0	6,1	9,9	15	14,3	22	8,93	33	5,84	47,5	3,96	69	2,69
	6,3	133,4	4,7	8,1	12	29,0	17	18,0	25	11,8	35,5	8,09	51,5	5,40
1,6	20	84,9	17,5	22,6	48	2,38	73,5	1,52	110	0,99	165	0,667	240	0,451
	16	106,0	13,7	18,5	34	4,65	51,5	2,96	77,5	1,92	110	1,30	165	0,883
	12,5	135,4	10,3	14,7	24	9,76	36	6,23	53,5	4,04	78	2,73	115	1,844
	10	169,7	7,9	12,1	18,5	19,1	27	12,2	40,5	7,88	58,5	5,34	85	3,61
	8	211,9	5,9	10,1	14,5	37,3	21,5	23,7	31,5	15,4	45	10,4	65,5	7,05
2	25	127,5	22,0	28,0	58	2,98	88,5	1,90	135	1,23	195	0,834	290	0,569
	20	158,9	17,1	22,9	41	5,83	62	3,71	94	2,394	135	1,63	200	1,10
	16	198,2	13,4	18,6	30	11,4	45	7,24	68	4,69	98	3,19	145	2,16
	12,5	254,1	9,9	15,1	22,5	23,9	33	15,2	49,5	9,81	71	6,69	105	4,52
	10	317,8	7,5	12,5	18	46,6	26,5	29,7	38,5	19,23	55	13,05	79,5	8,81
2,5	32	182,5	28,3	36,0	71,5	3,48	110	2,22	170	1,33	245	0,971	360	0,657
	25	233,5	21,6	28,4	49	7,29	74,5	4,64	115	3,00	165	2,04	240	1,383
	20	292,3	16,8	23,2	36	14,2	54	9,05	81,5	5,86	120	3,98	175	2,69
	16	364,9	12,9	19,1	27,5	27,8	41	17,7	61	11,5	88	7,78	130	5,25
	12,5	467,9	9,4	15,6	22	58,4	32	37,2	47,5	24,0	67,5	16,3	98	11,0
3,2	40	288,4	35,6	46,0	82	4,76	125	2,81	190	1,96	275	1,334	405	0,903
	32	361,0	27,6	36,5	58,5	9,31	88,5	5,93	135	3,83	190	2,61	280	1,756
	25	461,1	21,1	28,9	42,5	19,4	63,5	12,4	94,5	8,02	135	5,454	200	3,68
	20	576,8	16,1	23,9	33,5	38,2	49,5	24,2	74	15,7	105	10,7	155	7,21
	16	721,0	12,2	19,8	27,5	74,4	40	47,4	59	30,7	83,5	20,8	120	14,1
4	50	426,7	44,0	56,0	99	5,955	150	3,79	230	2,45	335	1,67	490	1,13
	40	532,7	34,8	45,2	71	11,7	105	7,41	160	4,79	235	3,26	340	2,20
	32	666,1	27,0	37,0	53,5	22,76	79,5	14,4	120	9,35	170	6,36	250	4,30
	25	852,2	20,3	29,7	41	47,7	60,5	30,3	89,5	19,6	130	13,34	185	9,03
	20	1069	15,3	24,7	33,4	93,1	49	59,25	72	38,4	105	26,1	150	17,56
5	63	623	56,0	70,0	120	7,27	180	4,63	275	2,99	395	2,03	585	1,37
	50	785	43,0	57,0	85	14,5	130	9,25	195	5,98	280	4,07	410	2,75
	40	981	34,0	46,0	64	28,35	95,5	18,05	140	11,7	205	7,95	300	5,37
	32	1226	26,0	38,0	51	55,4	75	35,3	110	22,86	160	15,5	230	10,50
	25	1570	19,3	30,7	41	116,7	60	74,1	87,5	47,9	125	32,6	180	21,97
6,3	80	932	71,0	89,0	145	8,96	220	5,70	335	3,69	490	2,51	720	1,70
	63	1177	55,0	71,5	105	18,34	155	11,7	235	7,55	340	5,13	500	3,47
	50	1481	42,0	58,0	80	36,7	115	23,3	175	14,0	250	10,3	365	6,95
	40	1854	32,6	47,5	60	71,7	90	45,6	135	29,53	195	20,1	280	13,54
	32	2315	24,6	39,5	50	140,3	75	89,2	110	57,7	155	39,24	225	26,5
8	100	1413	89,0	111	170	11,9	260	7,58	390	4,90	570	3,335	835	2,26
	80	1766	69,0	91,0	125	23,25	180	14,8	285	9,584	410	6,51	600	4,40
	63	2237	53,0	73,0	95	47,7	140	30,3	205	19,6	300	13,34	435	9,03
	50	2825	40,5	60,0	75	95,35	110	60,8	160	39,24	230	26,7	335	18,0
	40	3532	31,2	49,0	65	185,4	90	118,7	135	71,2	190	52,2	275	35,2
10	125	2080	111	140	205	14,9	315	9,49	475	6,13	690	4,17	1015	2,83
	100	2600	87,0	114	150	29,0	230	18,54	345	12,0	500	8,14	730	5,50
	80	3247	67,5	93,0	115	56,8	175	36,2	255	23,45	370	15,9	540	10,8
	63	4120	51,0	75,0	96	115,8	135	74,0	200	47,9	285	32,6	410	22,0
	50	5200	38,0	62,0	75	232,5	110	148,1	165	95,75	230	65,1	335	43,9

Bezeichnung einer Druckfeder mit $d = 2{,}5$ mm, $D = 20$ mm und $L_0 = 81{,}5$ mm: Druckfeder DIN 2098 − 2,5 × 20 × 81,5.

Tab. 14.12 Beiwerte a_F, k_f und Q zur Errechnung der zulässigen Abweichungen von zylindrischen Schraubenfedern aus runden Drähten (nach DIN 2095 und 2097)

d mm	a_F in N bei D in mm									d mm	a_F in N bei D in mm							
	1,5	2	3	4	5	6	8	10	15		20	30	40	50	60	80	100	150	200
0,28	0,6	0,3	0,18	0,16	0,15					1,0	1,3								
0,32	0,9	0,5	0,26	0,22	0,2	0,19				1,1	1,6								
0,36	1,4	0,75	0,36	0,28	0,25	0,23				1,25	2,0								
0,40		1,1	0,5	0,36	0,32	0,29	0,28			1,4	2,5								
0,45		1,8	0,75	0,5	0,4	0,35	0,34			1,6	3,2	2,9							
0,50			1,1	0,7	0,5	0,46	0,42	0,4		1,8	4,2	3,6							
0,56			1,7	1,0	0,7	0,6	0,5	0,5		2,0	5,3	4,5	4,0						
0,63			2,7	1,7	1,0	0,8	0,65	0,6	0,6	2,25	7,0	5,7	5,3						
0,7			4,0	2,2	1,6	1,1	0,85	0,75	0,7	2,5	9,0	7,0	6,5	6,0					
0,8				3,5	2,4	1,7	1,2	1,0	0,9	2,8	14	9,0	8,0	7,5	7,3				
0,9				6,0	3,8	2,6	1,6	1,4	1,2	3,2	22	13	11	10	9,5				
1,0				9,0	5,5	3,7	2,2	1,7	1,5	3,6	35	17	13,5	12,5	12				
1,1				11	8,0	5,5	3,0	2,2	1,7	4,0	50	24	17	15,5	15	14			
1,25					11	8,0	4,4	3,0	2,2	4,5	80	36	20	19	17				
1,4						14	6,6	4,2	2,8	5,0	120	55	32	24	23	20,5	20		
1,6							12	6,8	3,8	5,6		80	56	34	30	26	24		
1,8							17	11	5,3	6,3		120	70	46	40	33	31		
2,0							26	16	7,5	7,0		180	105	70	55	42	38	35	
2,25								24	12	8,0			170	110	85	56	50	46	
2,5								36	16	9,0			260	170	120	78	65	56	54
2,8									24	10			400	250	180	105	84	70	65
3,2									40	11				350	250	145	105	85	78
3,6									70	12,5				580	400	230	155	110	100
										14					625	350	230	150	125
										16						580	380	200	165

Federart	k_f bei $n =$													
	2	3	4	5	6	8	10	15	20	25	30	40	50	60	80	100
Druckfeder	1,6	1,3	1,19	1,12	1,06	1,0	0,97	0,93	0,89	0,87	0,86	0,85	0,84	0,83	0,82	0,82
Zugfeder	2,6	–	2,6	2,04	1,78	1,6	1,4	1,28	1,1	1,0	0,94	0,9	0,84	0,82	0,8	0,77	0,76

$Q = 0,63$ bei Gütegrad 1 $Q = 1$ bei Gütegrad 2 $Q = 1,6$ bei Gütegrad 3

Tab. 14.13. Hubfestigkeiten τ_{kF} in N/mm^2 bei $\tau_{kU} = 0$ und zulässige Schubspannungen $\tau_{k2\,zul}$ für Schraubendruckfedern (nach DIN 2089-1)

	Kaltgeformte Schraubendruckfedern aus Stahldraht Sorten C und D DIN 17223-1 (Tab. 14.4)						
Drahtdurchmesser d in mm	1	2	3	5	8	10	nach
τ_{kF} kugelgestrahlt	710	660	610	570	530	500	$N = 10^6$ Schwingspielen
kugelgestrahlt	590	550	510	470	430	400	$N \geq 10^7$ Schwingspielen
nicht kugelgestrahlt	500	460	430	400	340	330	$N \geq 10^7$ Schwingspielen
$\tau_{k2\,zul}$	1115	990	920	830	745	705	
	Kaltgeformte Schraubendruckfedern aus Stahldraht Sorte FD DIN 17223-2						
Drahtdurchmesser d in mm	1	2	3	5	8	10	nach
τ_{kF} kugelgestrahlt	640	590	560	530	490	490	$N = 10^6$ Schwingspielen
kugelgestrahlt	500	440	420	390	360	360	$N \geq 10^7$ Schwingspielen
nicht kugelgestrahlt	370	340	330	300	260	260	$N \geq 10^7$ Schwingspielen
$\tau_{k2\,zul}$	880	810	760	700	630	630	
	Kaltgeformte Schraubendruckfedern aus Stahldraht Sorte VD DIN 17223-2						
Drahtdurchmesser d in mm	1	2	3	5	7		nach
τ_{kF} kugelgestrahlt	630	590	570	540	530		$N \geq 10^7$ Schwingspielen
nicht kugelgestrahlt	530	490	450	410	390		$N \geq 10^7$ Schwingspielen
$\tau_{k2\,zul}$	835	760	715	670	650		
	Warmgeformte Schraubendruckfedern aus Edelstahl DIN 17221 (Tab. 14.1)						
Stabdurchmesser d in mm	10	15	25	35	50		nach
τ_{kF} kugelgestrahlt	760	670	590	520	430		$N = 10^5$ Schwingspielen
kugelgestrahlt	640	550	470	410	330		$N = 2 \cdot 10^6$ Schwingspielen
$\tau_{k2\,zul}$	890	830	780	740	690		

Fortsetzung Tab. 14.13 ▷

Fortetzung Tab. 14.13

Kaltgeformte Schraubendruckfedern aus nichtrostendem Stahl nach DIN 17224 (nicht kugelgestrahlt, nach 10^7 Schwingspielen)					
Drahtdurchm. d in mm	1	2	3	4	6
τ_{kF} Sorte X12CrNi17 7 $\tau_{k2\,zul}$	490 1000	440 900	390 800	330 750	330 700
τ_{kF} Sorte X7CrNi17 7 $\tau_{k2\,zul}$	510 1050	460 950	410 850	350 750	350 700

Allgemein gilt $\tau_{k2\,zul} = 0{,}5 R_m$.

Tab. 14.14 Knickgrenze von zylindrischen Schraubendruckfedern (nach DIN 2089-1)

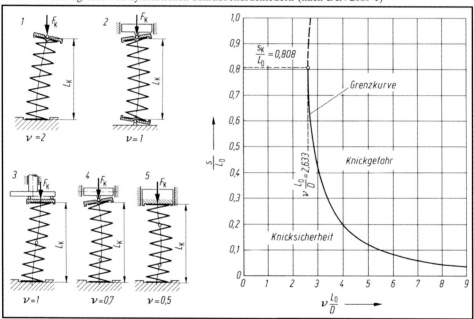

Tab. 14.15 Vorspannbeiwerte k_0 (näherungsweise) für kaltgeformte zylindrische Schraubenzugfedern aus runden Drähten (nach DIN 2089-2)

Wickeln auf Wickelbank k_0 bei $w = D/d =$					Wickeln auf Federwindeautomat k_0 bei $w = D/d =$				
4	6	8	10	12	4	6	8	10	12
0,11	0,097	0,085	0,07	0,059	0,06	0,052	0,045	0,037	0,029

Tab. 14.16 Abmessungen der Tellerfedern in mm (nach DIN 2093) (Kräfte F_n für Stahlfederteller)

	D_e h12	D_i H12	Reihe A					Reihe B					Reihe C				
			t	t'	h_0	l_0	F_n kN	t	t'	h_0	l_0	F_n kN	t	t'	h_0	l_0	F_n kN
Gruppe 1	8	4,2	0,4		0,2	0,6	0,21	0,3		0,25	0,55	0,119	0,2		0,25	0,45	0,039
	10	5,2	0,5		0,25	0,75	0,329	0,4		0,3	0,7	0,213	0,25		0,3	0,55	0,058
	12,5	6,2	0,7		0,3	1	0,673	0,5		0,35	0,85	0,291	0,35		0,45	0,8	0,152
	14	7,2	0,8		0,3	1,1	0,813	0,6		0,4	0,9	0,279	0,35		0,45	0,8	0,123
	16	8,2	0,9		0,35	1,25	1,00	0,7		0,45	1,05	0,412	0,4		0,5	0,9	0,155
	18	9,2	1		0,4	1,4	1,25	0,8		0,5	1,2	0,572	0,45		0,6	1,05	0,214
	20	10,2	1,1		0,45	1,55	1,53	0,8		0,55	1,35	0,745	0,5		0,65	1,15	0,254
	22,5	11,2						0,9		0,65	1,45	0,710	0,6		0,8	1,4	0,425
	25	12,2						1		0,7	1,6	0,868	0,7		0,9	1,6	0,601
	28	14,2								0,8	1,8	1,11	0,8		1	1,8	0,801
	31,5	16,3											0,8		1,05	1,85	0,687
	35,5	18,3											0,9		1,15	2,05	0,831
	40	20,4											1		1,3	2,3	1,02
Gruppe 2	22,5	11,2	1,25		0,5	1,75	1,95										
	25	12,2	1,5		0,55	2,05	2,91										
	28	14,2	1,5		0,65	2,15	2,85										
	31,5	16,3	1,75		0,7	2,45	3,9	1,25		0,9	2,15	1,92					
	35,5	18,3	2		0,8	2,8	5,19	1,25		1	2,25	1,7					
	40	20,4	2,25		0,9	3,15	6,5	1,5		1,15	2,65	2,62					
	45	22,4	2,5		1	3,5	7,72	1,75		1,3	3,05	3,66	1,25		1,6	2,85	1,89
	50	25,4	3		1,1	4,1	12	2		1,4	3,4	4,76	1,25		1,6	2,85	1,55
	56	28,5	3		1,3	4,3	11,4	2		1,6	3,6	4,44	1,5		1,95	3,45	2,62
	63	31	3,5		1,4	4,9	15	2,5		1,75	4,25	7,18	1,8		2,35	4,15	4,24
	71	36	4		1,6	5,6	20,5	2,5		2	4,5	6,73	2		2,6	4,6	5,14
	80	41	5		1,7	6,7	33,7	3		2,3	5,3	10,5	2,25		2,95	5,2	6,61
	90	46	5		2	7	31,4	3,5		2,5	6	14,2	2,5		3,2	5,7	7,68
	100	51	6		2,2	8,2	48	3,5		2,8	6,3	13,1	2,7		3,5	6,2	8,61
	112	57	6		2,5	8,5	43,8	4		3,2	7,2	17,8	3		3,9	6,9	10,5
	125	64						5		3,5	8,5	30	3,5		4,5	8	15,4
	140	72						5		4	9	27,9	3,8		4,9	8,7	17,2
	160	82						6		4,5	10,5	41,1	4,3		5,6	9,9	21,8
	180	92						6		5,1	11,1	37,5	4,8		6,2	11	26,4
	200	102											5,5		7	12,5	36,1
Gruppe 3	125	64	8	7,5	2,6	10,6	85,9						Bezeichnung einer Tellerfeder mit $D_e = 40$ mm der Reihe A: Tellerfeder DIN 2093 – A 40				
	140	72	8	7,5	3,2	11,2	85,3										
	160	82	10	9,4	3,5	13,5	139										
	180	92	10	9,4	4	14	125										
	200	102	12	11,25	4,2	16,2	183	8	7,5	5,6	13,6	76,4					
	225	112	12	11,25	5	17	171	8	7,5	6,5	14,5	70,8	6,5	6,2	7,1	13,6	44,6
	250	127	14	13,1	5,6	19,6	249	10	9,4	7	17	119	7	6,7	7,8	14,8	50,5

Tab. 14.17 Grenzabmaße A_t in mm von t bzw. t', A_l in mm von l_0 und Grenzabweichungen A_F von F (nach DIN 2093)

Gruppe 1					Gruppe 2					Gruppe 3				
t in mm		A_t	A_l	A_F	t in mm		A_t	A_l	A_F	t in mm		A_t	A_l	A_F
von	bis				von	bis				von	bis			
0,2	0,6	+0,2 −0,06	+0,10 −0,05	+0,25F −0,075F	1,25	2	+0,04 −0,12	+0,15 −0,08	+0,15F −0,075F	6,2	13,1	±0,1	±0,3	±0,05F
					2,25	3		+0,20 −0,10						
0,7	1,1	+0,03 −0,09			3,5	3,8	+0,05 −0,15	+0,30 −0,15	+0,10F −0,05F					
					4	6								

Tab. 14.18 Empfohlenes Spiel zwischen Führungselement und Federteller

d_e, D_i mm	...16	>16...20	>20...26	>26...31,5	>31,5...50	>50...80	>80...140	>140...250
Spiel mm	0,2	0,3	0,4	0,5	0,6	0,8	1	1,6

Tab. 14.19 Kennwerte K_1, K_2, K_3, K_4 und K_5 für Tellerfedern (nach DIN 2092) ($\delta = D_e/D_i$)

δ	K_1	K_2	K_3	K_5	δ	K_1	K_2	K_3	K_5	δ	K_1	K_2	K_3	K_5
1,2	0,29	1,02	1,05	1,08	2,6	0,77	1,35	1,60	1,85	4,0	0,80	1,60	2,07	2,54
1,4	0,45	1,07	1,14	1,21	2,8	0,78	1,39	1,67	1,95	4,2	0,80	1,64	2,13	2,62
1,6	0,57	1,12	1,22	1,32	3,0	0,79	1,43	1,74	2,05	4,4	0,80	1,67	2,19	2,71
1,8	0,65	1,17	1,30	1,43	3,2	0,79	1,46	1,81	2,16	4,6	0,80	1,70	2,25	2,80
2,0	0,69	1,22	1,38	1,54	3,4	0,80	1,50	1,87	2,24	4,8	0,79	1,73	2,31	2,89
2,2	0,73	1,26	1,45	1,64	3,6	0,80	1,54	1,94	2,34	5,0	0,78	1,76	2,37	2,98
2,4	0,75	1,31	1,53	1,75	3,8	0,80	1,57	2,00	2,43					

Gruppen 1 und 2 (ohne Auflageflächen) $K_4 = 1$	Gruppe 3 (mit Auflageflächen) $K_4 \approx 1,08$ Reihe A, $\approx 1,06$ Reihe B, $\approx 1,03$ Reihe C

Tab. 14.20 Hubfestigkeiten σ_F bei $\sigma_U = 0$ und Oberspannung $\sigma_{O\,max}$ von Tellerfedern aus Edelstahl (nach DIN 2092)

Tellerdicke t	<1,25 mm	1,25...6 mm	über 6...14 mm	Schwingspielzahl
σ_F in N/mm²	730 840 980	710 820 950	640 700 770	$N \geq 2 \cdot 10^6$ $N = 5 \cdot 10^5$ $N = 10^5$
$\sigma_{O\,max}$ in N/mm²	1300	1250	1200	–

Tab. 14.21 Schichtung der Tellerfedern zu Federsäulen

	T	P	GP	VT	VP
Schichtung	gleiche Federteller	Federpaket	gleiche Pakete	verschiedene Federteller	verschiedene Pakete
Säulenkraft F_S	F	$n \cdot F$	$n \cdot F$	F	$n \cdot F$
Federweg der Säule S	$i \cdot s$	s	$i \cdot s$	$i_1 \cdot s_1 + i_2 \cdot s_2 + ...$	$i_1 \cdot s_1 + i_2 \cdot s_2 + ...$
Säulensteifigkeit c_S	$\dfrac{c}{i}$	c_p	$\dfrac{c_p}{i}$	$\dfrac{1}{c_S} = \dfrac{i_1}{c_1} + \dfrac{i_2}{c_2} + ...$	$\dfrac{1}{c} = \dfrac{i_1}{c_{p1}} + \dfrac{i_2}{c_{p2}} + ...$
Länge der unbelasteten Säule L_0	$i \cdot l_0$	l_p	$i \cdot l_p$	$i_1 \cdot l_{01} + i_2 \cdot l_{02} + ...$	$i_1 \cdot l_{p1} + i_2 \cdot l_{p2} + ...$

F in N   Tellerkraft des dünnsten Federtellers,
s in mm   Federweg eines Federtellers,
n Anzahl der Federteller in einem Paket,
i Anzahl gleicher Federteller bei T und VT
i Anzahl gleicher Pakete bei GP und VP,
R_p in N/mm   Federrate eines Paketes $= n \cdot R$,
l_p in mm   Höhe eines unbelasteten Paketes $= h_0 + n \cdot t$[*],
c in N/mm   Federsteifigkeit eines Federtellers.

Reibwert $\nu \approx 0,02$ bei $n = 2$, $\approx 0,025$ bei $n = 3$, $\approx 0,03$ bei $n = 4$

[*] Für Tellerfedern mit Auflageflächen (Gruppe 3) $= h_0' + n \cdot t'$

Tab. 14.22 Spannungsbeiwerte q zur Berücksichtigung der Drahtkrümmung von gewundenen Schenkelfedern (nach DIN 2088) und zulässige Spannungen σ_{zul} und $\sigma_{q2\,zul}$

$w = D/d$	2,5	3	4	5	6	7	8	10	12	14	16	18	20
q	1,5	1,36	1,25	1,2	1,16	1,14	1,12	1,09	1,07	1,05	1,04	1,03	1,03
r/d		0,8	1	1,5	2	2,5	3	3,5	4,5	5,5	6,5	7,5	8,5	9,5
Belastung	ruhend			$\sigma_{zul} = 0{,}7R_m$ beim größten Drehwinkel α_n									
	schwingend			$\sigma_{q2\,zul} = 0{,}71R_m$ bei Drahtdicken $d \leq 2$ mm, $\quad = 0{,}69R_m$ bei Drahtdicken $d > 2$ mm bis $d = 4$ mm									

Tab. 14.23 Zulässige Schubspannungen τ_{zul} und Hubfestigkeiten τ_F von Drehstabfedern aus Edelstahl bei $\tau_U = 0$, Stäbe geschliffen und kugelgestrahlt sowie vorgesetzt (nach DIN 2091)

Bei statischer Belastung: $\tau_{zul} = 700$ N/mm² für nicht vorgesetzte Stabfedern, $= 1020$ N/mm² für vorgesetzte Stabfedern*⁾						
*⁾ Dieser Wert gilt auch für τ_{2zul} bei dynamischer Belastung						
Stabdurchmesser d in mm	10...20	30	40	50	60	Schwingspielzahl
τ_F in N/mm²	760 900	700 840	660 790	600 740	540 580	$N \geq 2 \cdot 10^6$ $N = 2 \cdot 10^5$

Tab. 14.24 Formbeiwerte k_1 und zulässige Biegespannungen $\sigma_{b\,zul}$ für Blattfedern

b/B	0	0,1	0,2	0,3	0,4	0,5	0,6	0,7	0,8	0,9	1,0
k_1	1,5	1,4	1,32	1,26	1,2	1,17	1,12	1,08	1,05	1,03	1,0
Belastung	ruhend				schwellend				wechselnd		
$\sigma_{b\,zul}$	$\approx 0{,}7R_m$				$\approx 0{,}5R_m$				$\approx 0{,}3R_m$		

Tab. 14.25 Grundformen von Gummifedern und deren Berechnungsgleichungen

ED	RD	SS
Eckige Druckfeder	Runde Druckfeder	Schub-Scheibenfeder
$\sigma = \dfrac{F}{b \cdot l}$	$\sigma = \dfrac{4F}{d^2 \cdot \pi}$	$\tau = \dfrac{F}{h \cdot l}$
$s = \dfrac{F \cdot h}{b \cdot l \cdot E}$	$s = \dfrac{4F \cdot h}{d^2 \cdot \pi \cdot E}$	$\gamma = \dfrac{\tau}{G};\ s = \gamma \cdot b$
$k_F = \dfrac{b \cdot l}{2h(b+l)};\ c \approx \dfrac{F}{s}$	$k_F = \dfrac{d}{4h};\ c \approx \dfrac{F}{s}$	$c \approx \dfrac{F}{s}$
SH	DSH	DSS
Schub-Hülsenfeder	Drehschub-Hülsenfeder	Drehschub-Scheibenfeder
$\tau = \dfrac{F}{d \cdot \pi \cdot h}$	$\tau = \dfrac{M}{2r^2 \cdot \pi \cdot b}$	$\tau = \dfrac{2}{\pi} \cdot \dfrac{M \cdot r_e}{r_e^4 - r_i^4}$
$s = \dfrac{F}{2\pi \cdot h \cdot G} \ln \dfrac{D}{d}$	$\alpha = \dfrac{M}{4\pi \cdot b \cdot G}\left(\dfrac{1}{r_i^2} - \dfrac{1}{r_e^2}\right)$	$\alpha = \dfrac{2}{\pi} \cdot \dfrac{M \cdot b}{(r_e^4 - r_i^4)\,G}$
$c \approx \dfrac{F}{s}$	$c_t \approx \dfrac{M}{\alpha}$	$c_t \approx \dfrac{M}{\alpha}$

σ	in N/mm²	Druckspannung,	c	in N/mm / c_t in Nmm/rad Federsteifigkeit
τ	in N/mm²	Schubspannung,	b, l, h	in mm Breite, Länge, Höhe der Feder,
F	in N	Belastungskraft,	d, D	in mm Durchmesser der Feder,
M	in Nmm	Drehmoment,	r_e, r_i	in mm Radien der Feder,
E	in N/mm²	Elastizitätsmodul,	s	in mm Federweg,
G	in N/mm²	Gleitmodul,	γ	in rad Schubwinkel,
k_F		Formfaktor,	α	in rad Drehwinkel.

Gummihärte in Shore A	40	50	60	70
Korrekturfaktor k	1,15	1,3	1,6	2,2

Tab. 14.26 Anhaltswerte für zulässige Spannungen in N/mm² von Gummifedern

Beanspruchung Zulässige Spannung	Zug σ_{zul}	Druck σ_{zul}	Parallelschub τ_{zul}	Drehschub τ_{zul}
gleichbleibend	2	5	2	2
zeitweiser Stoß	1,5	4	2	2
schwingende Dauerbelastung	1	1,5	0,5	1
Sonderfälle mit Anschlagbegrenzung	2	5	1	1,5

Tab. 14.27 Abmessungen und Drehmomente der ROSTA-Gummifederelemente Typ DR-S

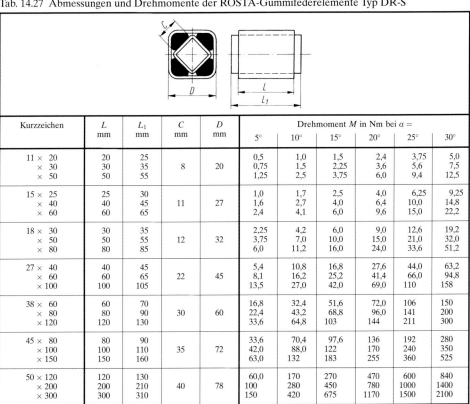

Kurzzeichen	L mm	L_1 mm	C mm	D mm	Drehmoment M in Nm bei $\alpha =$					
					5°	10°	15°	20°	25°	30°
11 × 20 × 30 × 50	20 30 50	25 35 55	8	20	0,5 0,75 1,25	1,0 1,5 2,5	1,5 2,25 3,75	2,4 3,6 6,0	3,75 5,6 9,4	5,0 7,5 12,5
15 × 25 × 40 × 60	25 40 60	30 45 65	11	27	1,0 1,6 2,4	1,7 2,7 4,1	2,5 4,0 6,0	4,0 6,4 9,6	6,25 10,0 15,0	9,25 14,8 22,2
18 × 30 × 50 × 80	30 50 80	35 55 85	12	32	2,25 3,75 6,0	4,2 7,0 11,2	6,0 10,0 16,0	9,0 15,0 24,0	12,6 21,0 33,6	19,2 32,0 51,2
27 × 40 × 60 × 100	40 60 100	45 65 105	22	45	5,4 8,1 13,5	10,8 16,2 27,0	16,8 25,2 42,0	27,6 41,4 69,0	44,0 66,0 110	63,2 94,8 158
38 × 60 × 80 × 120	60 80 120	70 90 130	30	60	16,8 22,4 33,6	32,4 43,2 64,8	51,6 68,8 103	72,0 96,0 144	106 141 211	150 200 300
45 × 80 × 100 × 150	80 100 150	90 110 160	35	72	33,6 42,0 63,0	70,4 88,0 132	97,6 122 183	136 170 255	192 240 360	280 350 525
50 × 120 × 200 × 300	120 200 300	130 210 310	40	78	60,0 100 150	170 280 420	270 450 675	470 780 1170	600 1000 1500	840 1400 2100

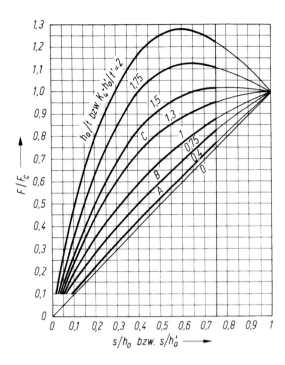

Diagr. 14.1 Kennlinien von Tellerfedern (nach DIN 2092) A, B, C Reihen nach DIN 2093

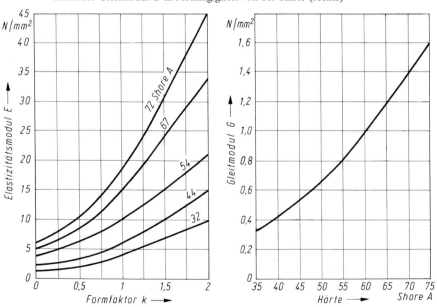

Diagr. 14.2 Statischer Elastizitätsmodul E in Abhängigkeit von der Härte und vom Formfaktor (links), statischer Gleitmodul G in Abhängigkeit von der Härte (rechts)

Tab. 15.1 Zulässige Spannungen für Überschlagsberechnungen und Festigkeitswerte in N/mm² für Achsen und Wellen.
R_m = Zugfestigkeit, R_e = Streckgrenze bzw. 0,2%-Dehngrenze, σ_{bF} = Biegegrenze,
σ_W = Zug-Druck-Wechselfestigkeit, τ_W = Schubwechselfestigkeit

Stahlart	Stahlsorte	$\tau_{t\,zul}$	$\sigma_{b\,zul}$	R_m	R_e	σ_{bF}	σ_W	τ_W
Baustähle[1] DIN EN 10025 (DIN 17100)	S235JRG2 (St 37-2)	18	37	340	215	260	150	105
	S275JR (St 44-2)	22	45	410	255	305	185	130
	E295 (St 50-2)	26	52	470	275	330	210	145
	E335 (St 60-2)	32	63	570	315	380	255	180
Vergütungsstähle[2] DIN EN 10083 (DIN 17200)	C35E (Ck 35)	27	53	480	270	325	215	150
	C45E (Ck 45)	32	64	580	305	365	260	180
	25CrMo4	39	77	700	450	540	315	220
	34CrMo4	44	88	800	550	660	360	250
	42CrMo4	50	100	900	650	780	405	285
	50CrMo4	50	100	900	700	840	405	285
	34CrNiMo6	55	110	1000	800	900	450	315
Einsatzstähle[3] DIN EN 10084 (DIN 17210)	16MnCr5	36	72	650	450	540	290	205
	20MnCr5	44	88	800	550	660	360	250
	15CrNi6	44	88	800	550	660	360	250

[1] Dicke 40...63 mm, [2] Dicke 40...100 mm, [3] Dicke 65 mm.

Tab. 15.2 Widerstandsmomente W_b und W_t sowie Flächenmomente I_b und I_t zweiten Grades verschiedener Querschnitte

	Glatte Welle oder genutete mit Keil oder Passfeder	Genutete Welle	Glatte Hohlwelle	Durchbohrte Welle
W_b	$\approx 0{,}1d^3$	$\approx 0{,}012(D+d)^3$	$\approx 0{,}1\dfrac{D^4-d^4}{D}$	$\approx 0{,}1D^3 - 0{,}17dD^2$
W_t	$2W_b$	$\approx 0{,}2(d-t_1)^3$	$\approx 0{,}2d^3$	$= 2W_b$	$\approx 2W_b$
I_b	$\approx 0{,}05d^4$	$\approx 0{,}003(D+d)^4$	$\approx 0{,}05(D^4-d^4)$	$\approx 0{,}05D^4 - 0{,}083dD^3$
I_t	$\approx 0{,}1d^4$	$\approx 0{,}1(d-t_1)^4$	$\approx 0{,}1d^4$	$= 2I_b$	$\approx 2I_b$

	Verzahnte Welle	Keilwelle	Polygonwelle P3G	Polygonwelle P4C
W_b	$\approx 0{,}012(D+d)^3$	$\approx 0{,}012(D+d)^3$	$\approx I_t/d_1$	$\approx 0{,}15 d_2^3$
W_t	$= 2W_b$	$= 2W_b$	$\approx 2I_t/d_1$	$\approx 0{,}2 d_2^3$
I_b	$\approx 0{,}003(D+d)^4$	$\approx 0{,}003(D+d)^4$	$\approx I_t/2$	$\approx 0{,}075 d_2^4$
I_t	$= 2I_b$	$= 2I_b$	$\approx \dfrac{\pi d_1^2}{4}\left(\dfrac{d_1^2}{8}-3e_1^2\right)-6\pi\cdot e_1^4$	$\approx 0{,}1 d_2^4$

Tab. 15.3 Anhaltswerte für die Formzahlen α_{kb} und α_{kt} für Achsen und Wellen sowie die für das bezogene Spannungsgefälle χ einzusetzenden Radien ϱ

Nr.	Welle	α_{kb}	α_{kt}	ϱ mm	Nr.	Welle	α_{kb}	α_{kt}	ϱ mm
1		3,3	2,1	0,25	7		1,7	1,4	ϱ
2		2,8	1,9	0,25	8		1,7	1,4	ϱ
3		2,6	1,7	0,25	9[1]		$1{,}14 + 1{,}08\sqrt{10\,t/s}$	$1{,}48 + 0{,}45\sqrt{10\,t/s}$	ϱ
4		1,7	1,6	ϱ	10		4,2	3,6	0,25
5		4,0	2,8	0,25	11		3,5	2,3	0,25
6		3,8	2,6	0,15	12		2,9	2,0	0,25

[1] Abmessungen der Nuten für Sicherungsringe siehe Tab. 13.2. Formeln für die Formzahlen nach *Pahl* und *Heinrich*.

Tab. 15.4 Formzahlen α_{kb} und α_{kt} für Achsen und Wellen mit Absätzen und mit Querbohrung

a) Querschnitte an Absätzen von Achsen und Wellen bei Biegung

b) Querschnitte an Absätzen von Wellen bei Torsion

c) Querschnitte mit Querbohrung

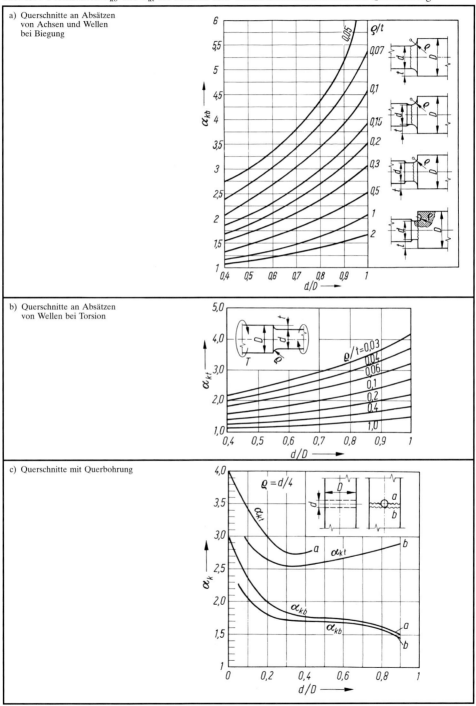

Tab. 15.5 Formzahlen α_{kb} und α_{kt} für Achsen und Wellen mit Rundrillen und Kerbwirkungszahlen β_{kb} für Achsen und Wellen mit spitzen Ringrillen

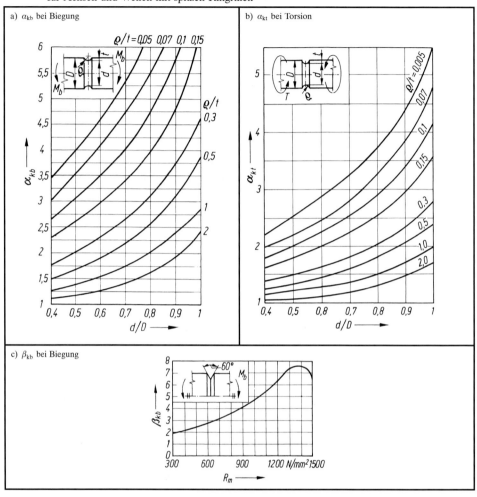

Tab. 15.6 Bezogenes Spannungsgefälle χ für verschiedene Kerbformen und Beanspruchungsarten (nach *Siebel* [15.11])

Kerbform	Beanspruchungsart	χ_0 (in mm^{-1})	χ (in mm^{-1})
	Zug – Druck	0	$\dfrac{2}{\varrho}$
	Biegung	$\dfrac{2}{b}$	$\dfrac{2}{b}+\dfrac{2}{\varrho}$
	Zug – Druck	0	$\dfrac{2}{\varrho}$
	Biegung	$\dfrac{2}{d}$	$\dfrac{2}{d}+\dfrac{2}{\varrho}$
	Torsion	$\dfrac{2}{d}$	$\dfrac{2}{d}+\dfrac{1}{\varrho}$
	Zug – Druck	0	$\dfrac{2}{\varrho}$
	Biegung	$\dfrac{4}{D+d}$	$\dfrac{4}{D+d}+\dfrac{2}{\varrho}$
	Torsion	$\dfrac{4}{D+d}$	$\dfrac{4}{D+d}+\dfrac{1}{\varrho}$
	Torsion	$\dfrac{2}{D}$	$\dfrac{2}{D}+\dfrac{1}{\varrho}$
$D \gg 2\varrho;\ 0 \leq d \leq D$	Biegung	$\dfrac{2}{D}$	$\dfrac{2}{D}+\dfrac{4}{\varrho}$
	Torsion	$\dfrac{2}{D}$	$\dfrac{2}{D}+\dfrac{3}{\varrho}$

Tab. 15.7 Auswahl an Biegelinien

Fall 1:

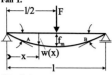

Durchbiegung:
$$f_m = \frac{Fl^3}{48EI_y}$$

Biegelinie:
$0 \leq x \leq \frac{l}{2}:$

$$w(x) = \frac{Fl^3}{48EI_y}\left[3\frac{x}{l} - 4\left(\frac{x}{l}\right)^3\right]$$

Neigungswinkel:
$$\alpha_A = \alpha_B = \frac{Fl^2}{16EI_y}$$

Fall 2:

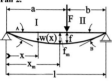

Durchbiegung:
$$f = \frac{Fa^2b^2}{3EI_y l}$$

$$a > b : f_m = \frac{Fb\sqrt{(l^2 - b^2)^3}}{9\sqrt{3}\,EI_y l}$$

in $x_m = \sqrt{(l^2 - b^2)/3}$

$$a < b : f_m = \frac{Fa\sqrt{(l^2 - a^2)^3}}{9\sqrt{3}\,EI_y l}$$

in $x_m = l - \sqrt{(l^2 - a^2)/3}$

Biegelinie:
$0 \leq x \leq a:$

$$w_I(x) = \frac{Fab^2}{6EI_y}\left[\left(1 + \frac{l}{b}\right)\frac{x}{l} - \frac{x^3}{abl}\right]$$

$a \leq x \leq l:$

$$w_{II}(x) = \frac{Fa^2b}{6EI_y}\left[\left(1 + \frac{l}{a}\right)\frac{l-x}{l} - \frac{(l-x)^3}{abl}\right]$$

Neigungswinkel:
$$\alpha_A = \frac{Fab(l+b)}{6EI_y l}$$

$$\alpha_B = \frac{Fab(l+a)}{6EI_y l}$$

Fall 3a:

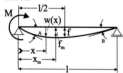

Durchbiegung:
$$f = \frac{Ml^2}{16EI_y} \quad \text{in} \quad x = \frac{l}{2}$$

$$f_m = \frac{Ml^2}{9\sqrt{3}\,EI_y} \quad \text{in} \quad x_m = l\frac{1}{\sqrt{3}}$$

Neigungswinkel:
$$\alpha_A = \frac{Ml}{3EI_y}$$

Biegelinie:

$$w(x) = \frac{Ml^2}{6EI_y}\left[2\frac{x}{l} - 3\left(\frac{x}{l}\right)^2 + \left(\frac{x}{l}\right)^3\right]$$

$$\alpha_B = \frac{Ml}{6EI_y}$$

Fortsetzung Tab. 15.7

Fall 3b:

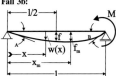

Biegelinie:
$$w(x) = \frac{Ml^2}{6EI_y}\left[\frac{x}{l} - \left(\frac{x}{l}\right)^3\right]$$

Durchbiegung:
$$f = \frac{Ml^2}{16EI_y} \quad \text{in} \quad x = \frac{l}{2}$$
$$f_m = \frac{Ml^2}{9\sqrt{3}\,EI_y} \quad \text{in} \quad x_m = \frac{l}{\sqrt{3}}$$

Neigungswinkel:
$$\alpha_A = \frac{Ml}{6EI_y}$$
$$\alpha_B = \frac{Ml}{3EI_y}$$

Fall 4:

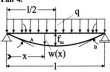

Biegelinie:
$$w(x) = \frac{ql^4}{24EI_y}\left[\frac{x}{l} - 2\left(\frac{x}{l}\right)^3 + \left(\frac{x}{l}\right)^4\right]$$

Durchbiegung:
$$f_m = \frac{5}{384}\frac{ql^4}{EI_y}$$

Neigungswinkel:
$$\alpha_A = \alpha_B = \frac{ql^3}{24\,EI_y}$$

Fall 5:

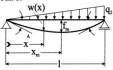

Biegelinie:
$$w(x) = \frac{q_2 l^4}{360EI_y}\left[7\frac{x}{l} - 10\left(\frac{x}{l}\right)^3 + 3\left(\frac{x}{l}\right)^5\right]$$

Durchbiegung:
$$f_m = \frac{q_2 l^4}{153{,}3 EI_y} \quad \text{in} \quad x_m = 0{,}519 l$$

Neigungswinkel:
$$\alpha_A = \frac{7}{360}\frac{q_2 l^3}{EI_y}$$
$$\alpha_B = \frac{8}{360}\frac{q_2 l^3}{EI_y}$$

Fall 6:

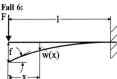

Biegelinie:
$$w(x) = \frac{Fl^3}{6EI_y}\left[2 - 3\frac{x}{l} + \left(\frac{x}{l}\right)^3\right]$$

Durchbiegung:
$$f = \frac{Fl^3}{3EI_y}$$

Neigungswinkel:
$$\alpha = \frac{Fl^2}{2EI_y}$$

Fortsetzung Tab. 15.7

Fall 7:

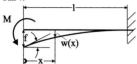

Biegelinie:
$$w(x) = \frac{Ml^2}{2EI_y}\left[1 - 2\frac{x}{l} + \left(\frac{x}{l}\right)^2\right]$$

Durchbiegung:
$$f = \frac{Ml}{2EI_y}$$

Neigungswinkel:
$$\alpha = \frac{Ml}{EI_y}$$

Fall 8:

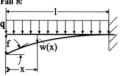

Biegelinie:
$$w(x) = \frac{ql^4}{24EI_y}\left[3 - 4\frac{x}{l} + \left(\frac{x}{l}\right)^4\right]$$

Durchbiegung:
$$f = \frac{ql^4}{8EI_y}$$

Neigungswinkel:
$$\alpha = \frac{ql^3}{6EI_y}$$

Fall 9:

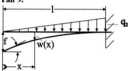

Biegelinie:
$$w(x) = \frac{q_2 l^4}{120 EI_y}\left[4 - 5\frac{x}{l} + \left(\frac{x}{l}\right)^5\right]$$

Durchbiegung:
$$f = \frac{q_2 l^4}{30 EI_y}$$

Neigungswinkel:
$$\alpha = \frac{q_2 l^3}{24 EI_y}$$

Fall 10:

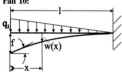

Biegelinie:
$$w(x) = \frac{q_1 l^4}{120 EI_y}\left[11 - 15\frac{x}{l} + 5\left(\frac{x}{l}\right)^4 - \left(\frac{x}{l}\right)^5\right]$$

Durchbiegung:
$$f = \frac{11}{120}\frac{q_1 l^4}{EI_y}$$

Neigungswinkel:
$$\alpha = \frac{q_1 l^3}{8 EI_y}$$

Fortsetzung Tab. 15.7

Fall 11:

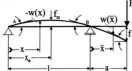

Biegelinie:
$0 \leq x \leq l$:
$$w(x) = -\frac{Fal^2}{6EI_y}\left[\frac{x}{l} - \left(\frac{x}{l}\right)^3\right]$$
$0 \leq \bar{x} \leq a$:
$$w(\bar{x}) = \frac{Fa^3}{6EI_y}\left[2\frac{l}{a}\frac{\bar{x}}{a} + 3\left(\frac{\bar{x}}{a}\right)^2 - \left(\frac{\bar{x}}{a}\right)^3\right]$$

Durchbiegung:
$$f = \frac{Fa^2(l+a)}{3EI_y}$$
$$f_m = \frac{Fal^2}{9\sqrt{3}\,EI_y} \quad \text{in} \quad x_m = \frac{l}{\sqrt{3}}$$

Neigungswinkel:
$$\alpha = \frac{Fa(2l+3a)}{6EI_y}$$
$$\alpha_A = \frac{Fal}{6EI_y}$$
$$\alpha_B = \frac{Fal}{3EI_y}$$

Fall 12:

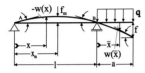

Biegelinie:
$0 \leq x \leq l$:
$$w(x) = -\frac{qa^2l^2}{12EI_y}\left[\frac{x}{l} - \left(\frac{x}{l}\right)^3\right]$$
$0 \leq \bar{x} \leq a$:
$$w(\bar{x}) = \frac{qa^4}{24EI_y}\left[4\frac{l}{a}\frac{\bar{x}}{a} + 6\left(\frac{\bar{x}}{a}\right)^2 - 4\left(\frac{\bar{x}}{a}\right)^3 + \left(\frac{\bar{x}}{a}\right)^4\right]$$

Durchbiegung:
$$f = \frac{qa^3(4l+3a)}{24EI_y}$$
$$f_m = \frac{qa^2l^2}{18\sqrt{3}\,EI_y} \quad \text{in} \quad x_m = \frac{l}{\sqrt{3}}$$

Neigungswinkel:
$$\alpha = \frac{qa^2(l+a)}{6EI_y}$$
$$\alpha_A = \frac{qa^2l}{12EI_y}$$
$$\alpha_B = \frac{qa^2l}{6EI_y}$$

Tab. 15.8 Technologischer Größeneinfluss K_1 (d_{eff} nach DIN 743-2)

Nitrierstähle (σ_S, σ_B), Baustähle (σ_B), nicht vergütet	$d_{eff} \leq 100$ mm: $K_1 = 1$	100 mm $\leq d_{eff} \leq 300$ mm: $K_1 = 1 - 0{,}23 \cdot \lg\left(\dfrac{d_{eff}}{100\text{ mm}}\right)$	300 mm $\leq d_{eff} \leq 500$ mm: $K_1 = 0{,}89$
Baustähle (σ_S)	$d_{eff} \leq 32$ mm: $K_1 = 1$	32 mm $\leq d_{eff} \leq 300$ mm, $d_B = 16$ mm: $K_1 = 1 - 0{,}26 \cdot \lg\left(\dfrac{d_{eff}}{2 \cdot d_B}\right)$	300 mm $\leq d_{eff} \leq 500$ mm: $K_1 = 0{,}75$
Vergütungs- und CrNiMo-Einsatzstähle (σ_S, σ_B)	$d_{eff} \leq 16$ mm: $K_1 = 1$	16 mm $\leq d_{eff} \leq 300$ mm, $d_B = 16$ mm: $K_1 = 1 - 0{,}26 \cdot \lg\left(\dfrac{d_{eff}}{d_B}\right)$	300 mm $\leq d_{eff} \leq 500$ mm: $K_1 = 0{,}67$
Andere Einsatzstähle, blindgehärtet (σ_S, σ_B)	$d_{eff} \leq 11$ mm: $K_1 = 1$	11 mm $\leq d_{eff} \leq 300$ mm, $d_B = 11$ mm: $K_1 = 1 - 0{,}41 \cdot \lg\left(\dfrac{d_{eff}}{d_B}\right)$	300 mm $\leq d_{eff} \leq 500$ mm: $K_1 = 0{,}41$

Tab. 15.9 Statische Stützwirkung K_{2F} (nach DIN 743-1)

Werkstoffe	Beanspruchungsart	Vollwelle	Hohlwelle
ohne harte Randschicht	Zug/Druck	1,0	1,0
ohne harte Randschicht	Biegung	1,2	1,1
ohne harte Randschicht	Torsion	1,2	1,0
mit harter Randschicht	Zug/Druck	1,0	1,0
mit harter Randschicht	Biegung	1,1	1,0
mit harter Randschicht	Torsion	1,1	1,0

Tab. 15.10 Erhöhungsfaktor der Fließgrenze γ_F bei Umdrehungskerben (nach DIN 743-1)

Beanspruchungsart	α_σ oder β_σ (nach DIN 743-2)	γ_F
Zug/Druck oder Biegung	bis 1,5	1,00
Zug/Druck oder Biegung	1,5 … 2,0	1,05
Zug/Druck oder Biegung	2,0 … 3,0	1,10
Zug/Druck oder Biegung	über 3,0	1,15
Torsion	beliebig	1,00

Tab. 15.11 Geometrischer Größeneinfluss $K_2(d)$ (nach DIN 743-2)

Zug/Druck	$K_2 = 1$		$K_2 = 1$
Biegung und Torsion	7,5 mm $\leq d \leq$ 150 mm: $K_2 = 1 - 0{,}2 \cdot \dfrac{\lg\left(\dfrac{d}{7{,}5\text{ mm}}\right)}{\lg 20}$		$d \geq 150$ mm: $K_2 = 0{,}8$

Tab. 15.12 Einflussfaktor der Oberflächenrauheit (nach DIN 743-2). Mit R_z gemittelte Rautiefe in µm und $\sigma_B \leq 2000$ N/mm²

Zug/Druck und Biegung	$K_{F\sigma} = 1 - 0{,}22 \cdot \lg\left(\dfrac{R_Z}{\mu\text{m}}\right) \cdot \left(\lg\left(\dfrac{\sigma_B(d)}{20\,\text{N/mm}^2}\right) - 1\right)$
Torsion	$K_{F\tau} = 0{,}575 \cdot K_{F\sigma} + 0{,}425$

Tab. 15.13 Einflussfaktor der Oberflächenverfestigung (Auszug aus DIN 743-2)

Verfahren	7 … 8 mm $\leq d \leq$ 25 mm	25 mm $\leq d \leq$ 40 mm
Nitrieren	1,15 … 1,25	1,10 … 1,15
Einsatzhärten	1,20 … 2,10	1,10 … 1,50
Carbonitrieren	1,10 … 1,90	1,00 … 1,40
Rollen	1,20 … 1,40	1,10 … 1,25
Kugelstrahlen	1,10 … 1,30	1,10 … 1,20
Induktiv- und Flammhärten	1,20 … 1,60	1,10 … 1,40

Diagr. 15.1 Dynamische Stützziffern n_χ in Abhängigkeit von Werkstoff und bezogenem Spannungsgefälle χ (nach *Siebel* [15.11])

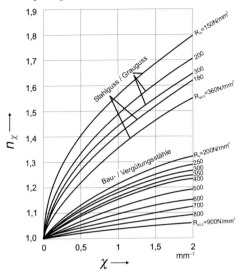

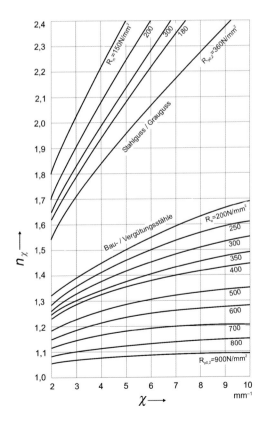

Diagr. 15.2 Oberflächenbeiwert b_1 in Abhängigkeit von Rautiefe und Bruchfestigkeit

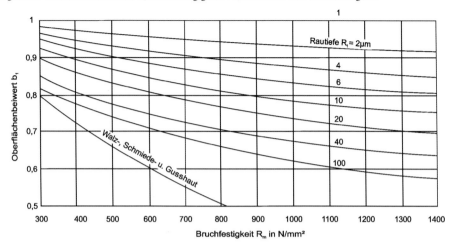

Diagr. 15.3 Größenbeiwert b_2 in Abhängigkeit vom Durchmesser

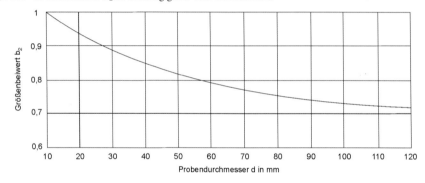

Tab. 16.1 Verschiedene Reibwerte (nach [16.1], [16.5], [16.6])

Reibungsart	Reibwert µ
Festkörperreibung	0,1 ... 1
Grenzreibung	0,1 ... 0,2
Mischreibung	0,01 ... 0,1
Flüssigreibung	0,001 ... 0,01
Gasreibung	0,0001
Rollreibung (Fettschmierung)	0,0001 ... 0,005
Rollreibung (trocken)	< 0,005
Wälzreibung (trocken: Reibräder Stahl/Stahl)	0,22 ... 0,28
Wälzreibung (trocken: Reibräder Gummi/Stahl)	0,4 ... 0,6
Wälzreibung (Mischreibung: Zahnräder, geschmiert)	0,02 ... 0,08
Wälzreibung (Mischreibung: Reibräder, Traction Fluids)	0,06 ... 0,12
Klemmkörperfreiläufe: Stahl/Stahl, Ölschmierung	0,1 ... 0,105

Materialpaarung	Reibwert µ Ruhe	Reibwert µ Bewegung
Stahl/Stahl, GJL/GJL, Ölnebel	0,12 ... 0,17	0,08 ... 0,1
Reibbelag/Stahl, Trockenlauf	0,27 ... 0,30	0,2 ... 0,25
Reibbelag/GJL, Trockenlauf	≥ 0,4	0,3 ... 0,4
Reibbelag/Stahl, Nasslauf	≥ 0,16	0,08 ... 0,12

Tab. 16.2 Kinematische Viskosität der Schmieröle für Verbrennungsmotoren und Kraftfahrzeuggetriebe

Motoren-Schmieröle			Getriebe-Schmieröle		
SAE Viskositätsklasse	Kinemat. Viskosität bei 100 °C		SAE Viskositätsklasse	Kinemat. Viskosität bei 100 °C	
	min. mm^2/s	max. mm^2/s		min. mm^2/s	max. mm^2/s
5W	3,8	–	75W	4,1	–
10W	4,1	–	80W	7,0	–
15W	5,6	–	85W	11,0	–
20W	5,6	–	90	13,5	unter 24,0
20	5,6	unter 9,3	140	24,0	unter 41,0
30	9,3	unter 12,5	250	41,0	–
40	12,5	unter 16,3			
50	16,3	unter 21,9			

Tab. 16.3 Umschlüsselung von DIN-VG und SAE-Klassen (Anmerkung: SAE Society of Automotive Engineers, W Winterviskosität, ATF Automatic Transmission Fluid, das ist ein Hydrauliköl für automatische Fahrzeuggetriebe)

ISO-VG Dynamische Viskosität in mm^2/s (cSt) bei 40 °C	SAE-Klasse Motorenöl	SAE-Klasse Getriebeöl
22	5W	
32	10W	75W und ATF
46	15W	
68	20W und 20	80W
100	30	
150	40	
220	50	90
460		140
1000		250

Tab. 16.4 NLGI-Konsistenzklassen nach DIN 51818 und Anwendung von Schmierfetten (nach *Möller* und *Boor*)

NLGI-Klasse	Penetration mm/10	Konsistenz	Gleitlager	Wälzlager	Zentral-schmier-anlagen	Getriebe	Wasser-pumpen	Block-fette
000	445 ... 475	fast flüssig			×	×		
00	400 ... 430	halbflüssig			×	×		
0	355 ... 385	außerordentlich weich			×	×		
1	310 ... 340	sehr weich			×	×		
2	265 ... 295	weich	×	×				
3	220 ... 250	mittel	×	×				
4	175 ... 205	ziemlich weich		×			×	
5	130 ... 160	fest					×	
6	85 ... 115	sehr fest und steif						×

Tab. 16.5 Zahlenwerte für die Koeffizienten a, b und c der *Vogel*schen Gleichung für die Temperaturabhängigkeit der dynamischen Viskosität η für die US-amerikanische SAE-Klasse von Motorölen (nach [16.2])

$$\eta = a \cdot \exp\left(\frac{b}{\vartheta + c}\right)$$

SAE-Klasse	$a \cdot 10^8$	b	c
10W und 10W/10	0,0850	820,723	93,625
10W/20	0,1034	773,810	93,153
10W/30	0,2020	737,690	89,900
10W/40	0,1165	1033,340	120,800
10W/50	0,0952	1304,170	155,220
20W und 20W/20	0,1350	737,810	77,700
20W/30	0,1441	811,962	93,458
20W/40	0,1671	793,329	83,931
20W/50	0,0948	1146,250	124,700
30	0,1531	720,015	71,123

Tab. 16.6 Grundöle für moderne Schmieröle (nach Angaben von Klüber Lubrication München [16.9])

Eigenschaften	Öle						
	Mineralöle	Synthetische KW-Öle (Polyalphaolefine)	Esteröle	Polyglycolöle	Polyphenyletheröle	Silikonöle	Perfluoralkylether
Dichte bei 20 °C (in g/ml)	0,9	0,85	0,9	0,9…1,1	1,2	0,9…1,05	1,9
Viskositätsindex (VI)	80…100	130…160	140…175	150…270	−20…−74	190…500	50…140
Stockpunkt (in °C)	−40…−10	−50…−30	−70…−37	−56…−23	−12…21	−80…−30	−70…−30
Flammpunkt (in °C)	< 250	< 200	200…230	150…300	150…340	150…350	nicht entflammbar
Oxidationsbeständigkeit	mäßig	gut	gut	gut	sehr gut	sehr gut	sehr gut
Thermische Stabilität	mäßig	gut	gut	gut	sehr gut	sehr gut	sehr gut
Schmierfähigkeit	gut	gut	gut	sehr gut	gut	mangelhaft bis befriedigend	gut
Verträglichkeit mit Elastomeren, Anstrichen usw.	gut	gut	mangelhaft	mangelhaft bis gut	mangelhaft	gut	gut

Tab. 16.7 Reibwerte von Festschmierstoffen im Beharrungszustand (nach *Bartz* und *Holinski*)

Belastung in N	Drehzahl in min^{-1}	pv-Wert in Nm/s	Graphit/ Sb(SbS$_4$)	MoS$_2$	MoS$_2$/ Sb(SbS$_4$)	MoS$_2$/ Graphit
245	500	300	0,15…0,15	0,03…0,05	0,02…0,04	0,04…0,06
980	500	1200	–	0,05	0,01…0,03	0,01…0,02
1470	500	1800	–			0,03…0,05

Tab. 16.8 Einfluss des Dickungsstoffes auf das Schmierfettverhalten (nach *Klüber* Lubrication München KG [16.9])

Dickungsstoff	Gebrauchstemperaturbereich (°C)		Tropfpunkt DIN ISO 2176 (in °C)	Wasserbeständigkeit	Hochdruckbelastbar	Bevorzugte Anwendungen
	Mineralöl	Syntheseöl				
Aluminium	-20 ... 70	–	120	gut	befriedigend	Getriebe, Armaturen (Kokereigas)
Kalzium	-30 ... 50	–	≤ 100	sehr gut	gut	Labyrinthdichtungen bei Einfluss von Wasser
Lithium	-35 ... 120	-60 ... 160	170/200	gut	befriedigend	Wälzlager, Kontakte
Natrium	-30 ... 100	–	150/170	mangelhaft	befriedigend	Getriebe
Aluminium-Komplex	-30 ... 140	-60 ... 160	> 230	gut	befriedigend	Wälzlager, Gleitlager, (Kunststofflager) Kleingetriebe
Barium-Komplex	-25 ... 140	-60 ... 160	> 220	sehr gut	sehr gut	Wälzlager, Armaturen, Gleitlager bei Mischreibung
Kalzium-Komplex	-30 ... 140	-60 ... 160	> 190	sehr gut	sehr gut	Wälzlager, Dichtungen (Hochgeschwindigkeitsfett), Kettenfett
Lithium-Komplex	-40 ... 140	-60 ... 160	> 220	gut	befriedigend	Wälzlager, Kupplungen
Natrium-Komplex	-30 ... 140	-40 ... 160	> 220	befriedigend	befriedigend	Wälzlager (bei Vibration, Tribokorrosion)
Bentonit	-40 ... 140	-60 ... 180	ohne	gut	befriedigend	Armaturen (auf Silikonbasis für Hochvakuum), Getriebe, Kontakte
Polyharnstoff	-30 ... 160	-40 ... 160	250	gut	ausreichend	Wälzlager (Langzeit-/Lebensdauerschmierung für 2Z- oder 2RS-Lager)
Polytetrafluorethylen	–	-40 ... 260	ohne	gut	gut	Wälzlager, Armaturen bei aggressiven Medien

Diagr. 16.1 Dynamische Viskosität η in Abhängigkeit von der Temperatur t für Schmieröle (nach DIN 51519) mit der Dichte $\varrho = 900 \, \text{kg/m}^3$

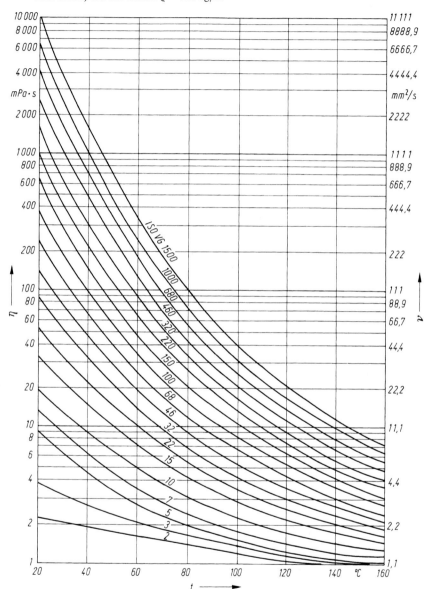

Tab. 17.1 Schmiernuten (nach DIN ISO 12128 (DIN 1591))

t_2 +0,2 0 Form C, D, E, F, G, H	e_1 ≈ Form D, E	e_2 Form G	e_2 Form H	r_1 Form C	r_1 Form D	r_1 Form F	r_2 Form C	s über	s bis	d_1 ≈
0,4	3	1,2	3	1,5	1,5	1	1,5	–	1	
0,6	4	1,6	3	1,5	1,5	1	2	1	1,5	bis 30
0,8	5	1,8	3	1,5	2,5	1	3	1,5	2	
1	8	2	4	2	4	1,5	4,5	2	2,5	
1,2	10,5	2,5	5	2,5	6	2	6	2,5	3	
1,6	14	3,5	6	3	8	3	9	3	4	bis 100
2	19	4,5	8	4	12	4	12	4	5	
2,5	28	7,5	10	5	20	5	15	5	7,5	
3,2	38	11	12	7	28	7	21	7,5	10	über 100
4	49	14	15	9	35	9	27	10	–	

Tab. 17.2 Schmiertaschen (nach DIN ISO 12128 (DIN 1591))

t_2	d_2	e_1	e_2	r_2
1,6	6	8	1,8	6,5
2,5	8	15	2,8	14
4	10	24	4,5	20
6	12	35	6,3	30

Tab. 17.3 Schmierlöcher (nach DIN ISO 12128 (DIN 1591))

$d_2 \approx$		2,5	3	4	5	6	8	10	12
$t_1 \approx$		1	1,5	2	2,5	3	4	5	6
$d_3 \approx$	Form A	4,5	6	8	10	12	16	20	24
	Form B	6	8,2	10,8	13,6	16,2	21,8	27,2	32,6
s	über	–	2	2,5	3	4	5	7,5	10
	bis	2	2,5	3	4	5	7,5	10	–
d_1	Nennmaß	bis 30			über 30 bis 100			über 100	

Tab. 17.4 Randabstände von Schmiernuten (nach DIN ISO 12128 (DIN 1591))

b	15…30	> 30…60
a	3	4
b	> 60…100	> 100
a	6	10

Tab. 17.5 Blei- und Zinn-Gusslegierungen für Gleitlager (nach DIN ISO 4381) (Kurzzeichen und Verwendung)

Lagerlegierungen $R_{p0,2}$ bei 100 °C	Merkmale und Grundsätzliches für die Verwendung
PbSb15SnAs 25 N/mm²	Geeignet nur für reine Gleitbeanspruchung bei geringer Belastung und niedrigen Gleitgeschwindigkeiten im hydrodynamischen Bereich, gut einbettfähig. Wird fast nur durch kontinuierliche Gießverfahren auf Stahlband aufgegossen. Dabei tritt eine extrem hohe Abkühlgeschwindigkeit auf. Verwendung für gerollte Buchsen und dünnwandige Lagerschalen bis etwa 3 mm Wanddicke sowie für Gleitscheiben, Nockenwellenbuchsen in Verbrennungsmotoren, Getriebebuchsen, Pleuel- und Hauptlager in kleineren Kolbenverdichtern.
PbSb15Sn10 30 N/mm²	Geeignet für reine Gleitbeanspruchung bei mittleren Belastungen und mittleren Gleitgeschwindigkeiten im hydrodynamischen Bereich, geringe Schlagbeanspruchung, gut einbettfähig. Verwendung bei mittlerer Beanspruchung für Gleitlager, Gleitschuhe, Kreuzköpfe und Kegelbrecher.
PbSb14Sn9CuAs 27 N/mm²	Gute Gleiteigenschaften, Einsatz im Mischreibungsgebiet möglich, geeignet bei hohen bis niedrigen Gleitgeschwindigkeiten im hydrodynamischen Bereich, mittlere Schlagbeanspruchung, weniger empfindlich gegen Kantenpressung, guter Wärmeleiter. Höchste thermische Belastbarkeit von den Lagerwerkstoffen auf Bleibasis. Verwendung für Gleitlager in Elektromaschinen, Getrieben, Walzwerken, Kammwalzengetriebe, als Segmente und Pleuellager.
PbSB10Sn6 27 N/mm²	Geeignet für reine Gleitbeanspruchung, bei geringer Belastung und mittleren Gleitgeschwindigkeiten im hydrodynamischen Bereich, mäßige Schlagbeanspruchung, gut einbettfähig.
SnSb12Cu6Pb 36 N/mm²	Gute Gleiteigenschaften bei mittlerer Belastung und hohen bis niedrigen Gleitgeschwindigkeiten im hydrodynamischen Bereich, gute Schlagbeanspruchung, empfindlich gegen Biegewechselbeanspruchung und Kantenpressung, hoher Verschleißwiderstand bei rauen Zapfen (Grauguss). Verwendung für Gleitlager in Turbinen, Verdichtern, Elektromaschinen und Kammwalzengetriebe.
SnSb8Cu4 27 N/mm²	Gute Gleiteigenschaften, Schmiegsamkeit und hohe Zähigkeit, gut einbettfähig, geeignet für hohe Gleitgeschwindigkeiten im hydrodynamischen Bereich, mittlere Belastung, Schlagbeanspruchung bei niedriger Frequenz, unempfindlich gegen Biegewechselbeanspruchung. Verwendung für hochbeanspruchte Walzwerklager; zur Herstellung von gerollten Buchsen, dünnwandigen Lagerschalen bis etwa 3 mm Wanddicke und von Gleitscheiben.
SnSb8Cu4Cd 30 N/mm²	Gute Gleiteigenschaften, geeignet für hohe Gleitgeschwindigkeiten im hydrodynamischen Bereich bei hoher Belastung, wenig empfindlich gegen Kantenpressung, hohe Schlagbeanspruchung bei hoher Frequenz, unempfindlich gegen Biegewechselbeanspruchung, gut einbettfähig. Verwendung für Haupt- und Pleuellager, Kreuzkopflager für Großkolbenmaschinen und Walzwerkslager.

Tab. 17.6 Kupfer-Zinn- und Kupfer-Zinn-Zink-Gusslegierungen (Guss-Zinnbronze und Rotguss) (nach DIN EN 1982 (DIN 1705)) für Gleitlager
GS = Sandguss (G), GZ = Schleuderguss, GC = Strangguss

Werkstoff	$R_{p0,2}$ N/mm² min.	Bemerkungen	Hinweise für die Verwendung
GS-CuSn11Pb2-C (CuSn12Pb)	130	Lagerwerkstoff mit guter Notlaufeigenschaft und Verschleißfestigkeit; korrosions- und meerwasserbeständig	Gleitlager mit hohen Lastspitzen (Stoßbelastungen bis 60 N/mm²), hochbeanspruchte Gleitplatten und Leisten
GZ- und GC-CuSn11Pb2-C	150	Siehe GS-CuSn11Pb2-C-Eigenschaften, jedoch gleichmäßiger, 0,2-Grenze, Zugfestigkeit und Härte höher	Gleitlager mit hohen Lastspitzen für p bis 120 N/mm², z. B. Kurbel- und Kniehebellager, Kolbenbolzenbuchsen, Buchsen für Kranlaufräder, unter Last mit hoher Geschwindigkeit bewegte Spindelmuttern; sehr hoch belastete Gleitleisten
GS-CuSn7Zn4Pb7-C (CuSn7ZnPb)	120	Mittelharter Gleitlagerwerkstoff mit guten Notlaufeigenschaften; meerwasserbeständig	Achslagerschalen und Kuppelstangenlager, Gleitlagerschalen für den allgemeinen Maschinenbau (Lastspitzen von p bis 40 N/mm² zulässig); mittelbeanspruchte Gleitplatten und -leisten. Normal- und hochbeanspruchte Gleitlagerbuchsen und -schalen für die Verwendung von Wellen aus ungehärteten Baustählen sowie aus oberflächengehärteten Stählen, auch bei leichten Kantenpressungen. Kolbenbolzen-Buchsen für p bis 40 N/mm²; Kurbel- und Kniehebellager mit Lastspitzen von p bis 30 N/mm²: Schiffswellenbezüge und Zylindereinsatzbuchsen, Grund- und Stoffbuchsenfutter, mittel- bis hochbeanspruchte Gleit- und Stellleisten für Werkzeugmaschinen, mittelbeanspruchte Kuppelstücke, Friktionsringe und -scheiben.
GZ- und GC-CuSn7Zn4Pb7-C	120	Siehe GS-CuSn7Zn4Pb7-C-Eigenschaften, jedoch gleichmäßige und verbesserte Verschleißfestigkeit	

Tab. 17.7 Kupfer-Blei-Zinn-Gusslegierungen (Guss-Zinn-Bleibronze) (nach DIN EN 1982 (DIN 1716)) für Gleitlager
GS = Sandguss (G), GZ = Schleuderguss, GC = Strangguss

Werkstoff	$R_{p0,2}$ N/mm² min.	Bemerkungen	Hinweise für die Verwendung
GS-CuSn10Pb10-C (CuPb10Sn)	80	Lagerwerkstoff mit guten Gleiteigenschaften und guter Verschleißfestigkeit. Als Verbundgusswerkstoff geeignet. Gute Korrosionsbeständigkeit.	Gleitlager mit hohen Flächendrücken, bei denen Kantenpressungen auftreten können, z. B. Kalanderwalzen, Fahrzeuglager, Lager für Warmwalzwerke, Spitzenbeanspruchungen bei guter Schmierung bis $p = 60$ N/mm². Bei Verbundlagern in Verbrennungsmotoren Beanspruchung bis 100 N/mm², z. B. Kolbenbolzen- und Getriebebüchsen, Anlaufscheiben.
GZ- und GC-CuSn10Pb10-C	110		
GS-CuSn7Pb15-C (CuPb15Sn)	80	Lagerwerkstoff mit guten Gleit- und Notlaufeigenschaften bei zeitweiligem Schmierstoffmangel und bei Wasserschmierung; als Verbundgusswerkstoff geeignet, gut beständig gegen Schwefelsäure.	Lager mit hohen Flächendrücken, bei denen starke Kantenpressungen auftreten können. Lager ohne Weißmetallausguss, auch mit eingegossenen Kupferkühlrohren für Kaltwalzwerke. Spitzenbeanspruchung bei guter Schmierung bis $p = 50$ N/mm².
GZ- und GC-CuSn7Pb15-C	90		
GS-CuSn5Pb20-C (CuPb20Sn)	70	Lagerwerkstoff mit besten Gleiteigenschaften, besonders gute Notlaufeigenschaften bei zeitweiligem Schmierstoffmangel und bei Wasserschmierung. Als Verbundgusswerkstoff geeignet. Gut beständig gegen Schwefelsäure. Gießtechnisch schlechtere Eigenschaften als GS-CuSn7Pb15-C, der deshalb zu bevorzugen ist.	Lager auch mit hohen Gleitgeschwindigkeiten; Lager für Müllereimaschinen, Wasserpumpen, Kalt- und Folienwalzwerke. Spitzenbeanspruchung bei guter Schmierung bis $p = 40$ N/mm². Korrosionsbeständige Armaturen und Gussstücke. Hochbeanspruchte Verbundlager in Verbrennungsmotoren, z. B. Kolbenbolzenbuchsen mit Beanspruchung bis $p = 70$ N/mm².

Tab. 17.8 Verbundwerkstoffe (nach DIN ISO 4383) für dünnwandige Gleitlager (Kurzzeichen und Verwendung)

Lagerlegierungen	Merkmale und Grundsätzliches für die Verwendung in schnelllaufenden Maschinen
PbSb10Sn6 PbSb15SnAs PbSb15Sn10	Weich; korrosionsbeständig; relativ gute Eignung bei Grenzreibung; geringe Dauerfestigkeit; für harte und weiche Wellen. Niedrig belastete Haupt- und Pleuellager, Buchsen, Gleitscheiben.
SnSb8Cu4	Weich; gute Korrosionsbeständigkeit; beste Eignung bei Grenzreibung; geringe Dauerfestigkeit; für harte und weiche Wellen. Niedrig belastete Haupt- und Pleuellager, Buchsen, Gleitscheiben.
CuPb10Sn10	Sehr hohe Dauer- und Schlagfestigkeit; gute Korrosionsbeständigkeit; vorzugsweise für harte Wellen. Gerollte Buchsen, Gleitscheiben, Kolbenbolzenbuchsen.
CuPb17Sn5	Sehr hohe Dauer- und Schlagfestigkeit; vorzugsweise für harte Wellen; bei Verwendung für Lagerschalen üblicherweise mit galvanischer Gleitschicht. Gerollte Buchsen, Gleitscheiben, hochbelastete Haupt- und Pleuellager.
CuPb24Sn4	Hohe Dauer- und Schlagfestigkeit; für hohe Gleitgeschwindigkeiten geeignet; für oszillierende oder rotierende Bewegung; vorzugsweise für harte Wellen; üblicherweise mit galvanischer Gleitschicht bei Verwendung für Lagerschalen. Gerollte Buchsen, Gleitscheiben, Haupt- und Pleuellager.
CuPb24Sn	Im Gusszustand hohe, gesintert mittlere bis hohe Dauerfestigkeit; üblicherweise mit galvanischer Gleitschicht bei Verwendung in Lagern und in der Form für harte und weiche Wellen; ohne galvanische Gleitschicht korrosionsanfällig bei gealtertem Öl. Haupt- und Pleuellager, Gleitscheiben.
CuPb30	Mittlere Dauerfestigkeit; ohne galvanische Gleitschicht korrosionsanfällig gegenüber gealtertem Öl; ohne galvanische Gleitschicht auch für harte Wellen verwendbar. Haupt- und Pleuellager, gerollte Buchsen.
AlSn20Cu	Mittlere Dauerfestigkeit; gute Korrosionsbeständigkeit; relativ gute Eignung bei Grenzreibung; auch für weiche Wellen geeignet. Haupt- und Pleuellager, Gleitscheiben, gerollte Buchsen.
AlSn6Cu	Mittlere bis hohe Dauerfestigkeit; gute Korrosionsbeständigkeit; üblicherweise mit galvanischer Gleitschicht und für harte Wellen. Haupt- und Pleuellager, gerollte Buchsen.
AlSi4Cd	Mittlere bis hohe Dauerfestigkeit; gute Korrosionsbeständigkeit; üblicherweise bei Verwenden in Lagern mit galvanischer Gleitschicht und für harte Wellen; mit Wärmebehandlung hohe Dauerfestigkeit. Haupt- und Pleuellager, gerollte Buchsen, Gleitscheiben.
AlCd3CuNi	Mittlere bis hohe Dauerfestigkeit; gute Korrosionsbeständigkeit; üblicherweise bei Verwenden in Lagern mit galvanischer Gleitschicht und für harte Wellen; mit Manganzusatz hohe Dauerfestigkeit. Haupt- und Pleuellager, in Sonderfällen gerollte Buchsen und Gleitscheiben.
AlSi11Cu	Hohe Dauerfestigkeit; gute Korrosionsbeständigkeit; üblicherweise bei Verwenden in Lagern mit galvanischer Gleitschicht und für harte Wellen. Haupt- und Pleuellager.
PbSn10Cu2 PbSn10 PbIn7	Dauerfestigkeit abhängig von der Schichtdicke; weich; gute Korrosionsbeständigkeit; relativ gute Eignung bei Grenzreibung. Verwendet bei Haupt- und Pleuellagern aus Legierungen auf Kupfer-Blei-Basis und hochfesten Aluminiumlegierungen.

Vorsetzzeichen: G- = gegossen (für CuPbSn10, CuPb17Sn5, CuPb24Sn4 und CuPb24Sn),
P- = gesintert (für CuPb10Sn10, CuPb24Sn4, CuPb24Sn und CuPb30).

Bezeichnung für einen Verbundwerkstoff bestehend aus einem Stahlstützkörper mit dem aufgegossenen (G) Lagermetall CuPb24Sn und der Gleitschicht PbSn10Cu2:
Lagermetall ISO 4383 – G-CuPb24Sn – PbSn10Cu2

Weitere Lagerwerkstoffe siehe DIN ISO 4381 und
DIN ISO 4382-1 Kupfer-Gusslegierungen für Verbund- und Massivgleitlager,
DIN ISO 4382-2 Kupfer-Knetlegierungen für Massivgleitlager.

Tab. 17.9 Abmessungen in mm der Gleitlagerbuchsen der Formen C und F nach DIN ISO 4379-1 (DIN 1850-1) (Auszug)

d_1	d_2			b_1			f max.	d_1	d_2	d_3		b_1			b_2	f max.	u
6	8	10	12	6	10	–	0,3	6	12	14	–	10	–		3	0,3	1
8	10	12	14	6	10	–	0,3	8	14	18	–	10	–		3	0,3	1
10	12	14	16	6	10	–	0,3	10	16	20	–	10	–		3	0,3	1
12	14	16	18	10	15	20	0,5	12	18	22	10	15	20		3	0,5	1
14	16	18	20	10	15	20	0,5	14	20	25	10	15	20		3	0,5	1
15	17	19	21	10	15	20	0,5	15	21	27	10	15	20		3	0,5	1
16	18	20	22	12	15	20	0,5	16	22	28	12	15	20		3	0,5	1,5
18	20	22	24	12	20	30	0,5	18	24	30	12	20	30		3	0,5	1,5
20	23	24	26	15	20	30	0,5	20	26	32	15	20	30		3	0,1	1,5
22	25	26	28	15	20	30	0,5	22	28	34	15	20	30		3	0,5	1,5
25	28	30	32	20	30	40	0,5	25	32	38	20	30	40		4	0,5	1,5
28	32	34	36	20	30	40	0,5	28	36	42	20	30	40		4	0,5	1,5
30	34	36	38	20	30	40	0,5	30	38	44	20	30	40		4	0,5	2
32	36	38	40	20	30	40	0,8	32	40	46	20	30	40		4	0,8	2
35	39	41	45	30	40	50	0,8	35	45	50	30	40	50		5	0,8	2
38	42	45	48	30	40	50	0,8	38	48	54	30	40	50		5	0,8	2
40	44	48	50	30	40	60	0,8	40	50	58	30	40	60		5	0,8	2
42	46	50	52	30	40	60	0,8	42	52	60	30	40	60		5	0,8	2
45	50	53	55	30	40	60	0,8	45	55	63	30	40	60		5	0,8	2
48	53	56	58	40	50	60	0,8	48	58	66	40	50	60		5	0,8	2
50	55	58	60	40	50	60	0,8	50	60	68	40	50	60		5	0,8	2
55	60	63	65	40	50	70	0,8	55	65	73	40	50	70		5	0,8	2
60	65	70	75	40	60	80	0,8	60	75	83	40	60	80		7,5	0,8	2
65	70	75	80	50	60	80	1	65	80	88	50	60	80		7,5	1	2
70	75	80	85	50	70	90	1	70	85	95	50	70	90		7,5	1	2
75	80	85	90	50	70	90	1	75	90	100	50	70	90		7,5	1	3
80	85	90	95	60	80	100	1	80	95	105	60	80	100		7,5	1	3
85	90	95	100	60	80	100	1	85	100	110	60	80	100		7,5	1	3
90	100	105	110	60	80	120	1	90	110	120	60	80	120		10	1	3
95	105	110	115	60	100	120	1	95	115	125	60	100	120		10	1	3
100	110	115	120	80	100	120	1	100	120	130	80	100	120		10	1	3
105	–	120	125	80	100	120	1	105	125	135	80	100	120		10	1	3
110	–	125	130	80	100	120	1	110	130	140	80	100	120		10	1	3
120	–	135	140	100	120	150	1	120	140	150	100	120	150		10	1	3
130	–	145	150	100	120	150	2	130	150	160	100	120	150		10	2	4
140	–	155	160	100	150	180	2	140	160	170	100	150	180		10	2	4
150	–	165	170	120	150	180	2	150	170	180	120	150	180		10	2	4
160	–	180	185	120	150	180	2	160	185	200	120	150	180		12,5	2	4
170	–	190	195	120	180	200	2	170	195	210	120	180	200		12,5	2	4
180	–	200	210	150	180	250	2	180	210	220	150	180	250		15	2	4
190	–	210	220	150	180	250	2	190	220	230	150	180	250		15	2	4
200	–	220	230	180	200	250	2	200	230	240	180	200	250		15	2	4

[1] Sonstige Maße und Einzelheiten wie Form C.
Bezeichnung einer Buchse der Form C mit $d_1 = 40$ mm, $d_2 = 48$ mm und $b_1 = 30$ mm aus CuSn8P nach DIN ISO 4382-2:
Buchse ISO 4379 – C40 × 48 × 30 – CuSn8P.

Tab. 17.10 Abmaße und Spiele für Gleitlagerungen in Abhängigkeit vom mittleren relativen Lagerspiel ψ_m nach DIN 31698 (Auszug)

Nennmaß-bereich mm		Abmaße der Welle[1] in µm für ψ_m in ‰							Höchst- und Mindestspiel zwischen Welle und Lagerbohrung[2] in µm für ψ_m in ‰							
über	bis	0,56	0,8	1,12	1,32	1,6	1,9	2,24	3,15	0,56	0,8	1,12	1,32	1,6	1,9	2,24	3,15
25	30	–	− 15 / − 21	− 23 / − 29	− 29 / − 35	− 37 / − 43	− 45 / − 51	− 51 / − 60	− 76 / − 85	–	30 / 15	38 / 23	44 / 29	52 / 37	60 / 45	73 / 51	98 / 76
30	35	–	− 17 / − 24	− 27 / − 34	− 34 / − 41	− 43 / − 50	− 48 / − 59	− 59 / − 70	− 89 / −100	–	35 / 17	45 / 27	52 / 34	61 / 43	75 / 48	86 / 59	116 / 89
35	40	− 12 / − 19	− 21 / − 28	− 33 / − 40	− 36 / − 47	− 47 / − 58	− 58 / − 69	− 71 / − 82	−105 / −116	30 / 12	39 / 21	51 / 33	63 / 36	74 / 47	85 / 58	98 / 71	132 / 105
40	45	− 14 / − 21	− 25 / − 32	− 34 / − 45	− 43 / − 54	− 55 / − 66	− 67 / − 78	− 82 / − 93	−120 / −131	31 / 14	43 / 25	61 / 34	70 / 43	82 / 55	94 / 67	109 / 82	147 / 120
45	50	− 18 / − 25	− 25 / − 36	− 40 / − 51	− 50 / − 60	− 63 / − 74	− 77 / − 88	− 93 / −104	−136 / −147	36 / 18	52 / 25	67 / 40	76 / 49	90 / 63	104 / 77	120 / 93	163 / 136
50	55	− 19 / − 27	− 26 / − 39	− 43 / − 56	− 53 / − 66	− 68 / − 81	− 84 / − 97	−102 / −115	−149 / −162	40 / 19	58 / 26	75 / 43	85 / 53	100 / 68	116 / 84	144 / 102	181 / 149
55	60	− 22 / − 30	− 30 / − 43	− 48 / − 61	− 60 / − 73	− 76 / − 89	− 93 / −106	−113 / −126	−165 / −178	43 / 22	62 / 30	80 / 48	92 / 60	108 / 76	125 / 93	145 / 113	197 / 165
60	70	− 20 / − 33	− 36 / − 49	− 57 / − 70	− 70 / − 83	− 80 / − 99	− 99 / −118	−121 / −140	−180 / −199	53 / 20	68 / 36	90 / 57	102 / 70	129 / 80	148 / 99	170 / 121	229 / 180
70	80	− 26 / − 39	− 44 / − 57	− 60 / − 79	− 75 / − 94	− 96 / −115	−118 / −137	−144 / −162	−212 / −231	58 / 26	76 / 44	109 / 60	124 / 75	145 / 96	167 / 118	193 / 144	261 / 212
80	90	− 29 / − 44	− 50 / − 65	− 67 / − 89	− 84 / −106	−108 / −130	−133 / −155	−162 / −184	−239 / −261	66 / 29	87 / 50	124 / 67	141 / 84	165 / 108	190 / 133	219 / 162	296 / 239
90	100	− 35 / − 50	− 58 / − 73	− 78 / −100	− 97 / −119	−124 / −146	−152 / −174	−184 / −206	−271 / −293	72 / 35	95 / 58	135 / 78	154 / 97	181 / 124	209 / 152	241 / 184	328 / 271
100	110	− 40 / − 55	− 56 / − 78	− 89 / −111	−110 / −132	−140 / −162	−171 / −193	−207 / −229	−302 / −324	77 / 40	113 / 56	146 / 89	167 / 110	197 / 140	228 / 171	264 / 207	359 / 302
110	120	− 36 / − 60	− 64 / − 86	−100 / −122	−122 / −145	−156 / −178	−190 / −212	−229 / −251	−334 / −356	93 / 36	121 / 64	157 / 100	180 / 122	213 / 156	247 / 190	286 / 229	391 / 334
120	140	− 40 / − 65	− 72 / − 97	−113 / −138	−139 / −164	−176 / −201	−215 / −240	−259 / −284	−377 / −402	105 / 40	137 / 72	178 / 113	204 / 139	241 / 176	280 / 215	324 / 259	442 / 377
140	160	− 52 / − 77	− 88 / −113	−136 / −161	−166 / −191	−208 / −233	−253 / −278	−304 / −329	−440 / −465	117 / 52	153 / 88	201 / 136	231 / 166	273 / 208	318 / 253	369 / 304	505 / 440
160	180	− 63 / − 88	−104 / −129	−158 / −183	−192 / −217	−240 / −265	−291 / −316	−348 / −373	−503 / −528	128 / 63	179 / 104	223 / 158	257 / 192	305 / 240	356 / 291	413 / 348	568 / 503
180	200	− 69 / − 98	−115 / −144	−175 / −204	−213 / −242	−267 / −296	−324 / −353	−388 / −417	−561 / −590	144 / 69	190 / 115	250 / 175	288 / 213	342 / 267	399 / 324	463 / 388	636 / 581
200	225	− 82 / −111	−133 / −162	−201 / −230	−243 / −272	−303 / −332	−366 / −395	−439 / −468	−632 / −661	157 / 82	208 / 133	276 / 201	318 / 243	378 / 303	441 / 366	514 / 439	707 / 632
225	250	− 96 / −125	−153 / −182	−229 / −258	−276 / −305	−343 / −372	−414 / −443	−495 / −524	−711 / −740	171 / 96	228 / 153	304 / 229	351 / 276	418 / 343	489 / 414	570 / 495	786 / 711
250	280	−106 / −138	−170 / −202	−255 / −287	−308 / −340	−382 / −414	−462 / −494	−552 / −584	−793 / −825	190 / 106	254 / 170	339 / 255	392 / 308	466 / 382	546 / 462	636 / 552	877 / 793
280	315	−125 / −157	−196 / −228	−291 / −323	−351 / −383	−434 / −466	−523 / −555	−624 / −656	−895 / −927	209 / 125	280 / 196	375 / 291	435 / 351	518 / 434	607 / 523	708 / 624	979 / 895
315	355	−141 / −177	−222 / −258	−329 / −365	−396 / −432	−490 / −526	−590 / −626	−704 / −740	−1009 / −1045	234 / 141	315 / 222	422 / 329	489 / 396	583 / 490	683 / 590	799 / 704	1102 / 1009
355	400	−165 / −201	−256 / −292	−376 / −412	−452 / −488	−558 / −594	−671 / −707	−799 / −835	−1143 / −1179	258 / 165	349 / 256	469 / 376	545 / 452	651 / 558	764 / 671	892 / 799	1236 / 1143

[1] Die Abmaße der Welle entsprechen oberhalb der Stufenlinie IT4, zwischen den Stufenlinien IT5 und unterhalb der Stufenlinie IT6.
[2] Das Höchst- und Mindestspiel entspricht für die Passung Welle/Lagerbohrung oberhalb der Stufenlinie IT4/H5, zwischen den Stufenlinien IT5/H6 und unterhalb der Stufenlinie IT6/H7.

Tab. 17.11 Anhaltswerte für zulässige Belastungen einfacher Gleitlager aus Gleitmetall

Lagerwerkstoff	Fett- oder Ölschmierung		Reichliche Tropfölschmierung	
	u m/s	$\bar{p}$ N/mm²	u m/s	$\bar{p}$ N/mm²
Grauguss	1	0,4	3	0,8
Kupferlegierung (Bronze, Rotguss)	2	0,6	2	1,2
Aluminiumlegierung	2	0,3	2	0,4
Blei- und Zinnlegierung	3	0,1	3	0,3
Sintermetall (ölgetränkt)	1[1]	1[1]	3	1,8

[1] ohne zusätzliche Schmierung

Tab. 17.12 Erfahrungswerte für die höchstzulässige spezifische Lagerbelastung $\bar{p}$ bei hydrodynamischen Gleitlagern (nach DIN 31652-3)

Lagerwerkstoff-Gruppe	$\bar{p}$ in N/mm²	Lagerwerkstoff-Gruppe	$\bar{p}$ in N/mm²
Pb-Legierungen	5 (15)	CuSn-Legierungen	7 (25)
Sn-Legierungen	5 (15)	AlSn-Legierungen	7 (18)
CuPb-Legierungen	7 (20)	AlZn-Legierungen	7 (20)
Die in Klammern gesetzten Zahlen sind bislang nur in Einzelfällen verwirklicht worden und können ausnahmsweise aufgrund besonderer Betriebsbedingungen, z. B. bei sehr niedrigen Gleitgeschwindigkeiten, zugelassen werden.			

Tab. 17.13 Reibwerte von Gleitlagern und zu empfehlende Schmierstoffe

	Lagerart und Schmierung	Lagerwerkstoff	Mittelwerte von μ		
			Anlaufreibung	Mischreibung	Flüssigkeitsreibung
Radiallager	Fett	Grauguss, Kupferlegierung	0,12	0,05 ... 0,1	–
	Öl	Grauguss, Kupferlegierung	0,14	0,02 ... 0,1	0,003 ... 0,008
	Öl	Blei- und Zinnlegierung	0,24	–	0,002 ... 0,003
	Öl	Sintermetall	0,17	0,05 ... 0,1	0,002 ... 0,014
Axiallager	Ringspurlager Fett Öl	Grauguss, Kupferlegierung Zinnlegierung	0,15 0,25	0,05 ... 0,1 0,03	–
	Segmentlager Öl	Zinnlegierung	0,25	0,02	0,002
u in m/s		Empfohlener Schmierstoff			
... 0,7		Festschmierstoff, Graphit, Molybdändisulfid, ggf. Gleitlack			
0,4 ... 2		Schmierfett, ggf. mit Hochdruckzusätzen oder Molybdändisulfid			
0,5 ... 10		Motoren- oder Maschinenöl			
10 ... 30		Turbinen- oder Spindelöl			
> 30		Spindelöl, ggf. Wasser oder Luft			

Tab. 17.14 Erfahrungsrichtwerte für die höchstzulässige Lagertemperatur t_B (nach DIN 31652-3)

Art der Schmierung	t_B in °C bei einem Verhältnis vom Gesamtschmieröldurchsatz Q zum Schmieröldurchsatz Q_1	
	bis 5	über 5
Druckschmierung (Umlaufschmierung)	100 (115)	110 (125)
drucklose Schmierung (Eigenschmierung)	90 (110)	
Die in Klammern gesetzten Zahlen können ausnahmsweise aufgrund besonderer Betriebsbedingungen zugelassen werden.		

Tab. 17.15 Sommerfeld-Zahl So in Abhängigkeit von der relativen Exzentrizität ε und von der relativen Lagerbreite B/D (nach DIN 31652-2)

$$So = \left(\frac{B}{D}\right)^2 \cdot \frac{\varepsilon}{2 \cdot (1-\varepsilon^2)^2} \cdot \sqrt{\pi^2 \cdot (1-\varepsilon^2) + 16 \cdot \varepsilon^2} \cdot \frac{a_1 \cdot (\varepsilon - 1)}{a_2 + \varepsilon}$$

mit:

$$a_1 = 1{,}1642 - 1{,}9456 \cdot \left(\frac{B}{D}\right) + 7{,}1161 \cdot \left(\frac{B}{D}\right)^2 - 10{,}1073 \cdot \left(\frac{B}{D}\right)^3 + 5{,}0141 \cdot \left(\frac{B}{D}\right)^4$$

$$a_2 = -1{,}000026 - 0{,}023634 \cdot \left(\frac{B}{D}\right) - 0{,}4215 \cdot \left(\frac{B}{D}\right)^2 - 0{,}038817 \cdot \left(\frac{B}{D}\right)^3 - 0{,}090551 \cdot \left(\frac{B}{D}\right)^4$$

ε	\multicolumn{8}{c}{B/D}							
	1	0,5	0,4	0,333	0,25	0,2	0,167	0,125
0,100	0,1196	0,0368	0,0243	0,0171	0,0098	0,0063	0,0044	0,0025
0,200	0,2518	0,0783	0,0518	0,0366	0,0210	0,0136	0,0095	0,0054
0,300	0,4091	0,1304	0,0867	0,0615	0,0354	0,0229	0,0160	0,0091
0,400	0,6109	0,2026	0,1357	0,0968	0,0560	0,0364	0,0254	0,0144
0,500	0,8903	0,3124	0,2117	0,1522	0,0888	0,0579	0,0406	0,0231
0,600	1,3146	0,4982	0,3435	0,2496	0,1476	0,0969	0,0682	0,0390
0,700	2,0432	0,8595	0,6079	0,4492	0,2708	0,1797	0,1274	0,0732
0,800	2,5663	1,7339	1,2756	0,9687	0,6043	0,4085	0,2930	0,1706
0,900	8,4392	5,0881	4,0187	3,2201	2,1595	1,5261	1,1263	0,6776
0,950	18,7895	13,3083	11,2225	9,4993	6,9248	5,1833	3,9831	2,5202
0,960	24,1172	17,7934	15,2823	13,1525	9,8517	7,5257	5,8712	3,7907
0,970	33,1297	25,5920	22,4503	19,7054	15,2697	11,9804	9,5425	6,3397
0,980	51,4774	41,9230	37,7412	33,9523	27,5040	22,3956	18,3874	12,7695
0,990	107,7868	93,7881	87,2906	81,1597	70,0359	60,3874	52,1425	39,2568
0,995	223,8850	203,2450	193,3490	183,8040	166,1540	149,8690	134,8910	109,6090
0,999	1174,540	1124,620	1102,070	1078,310	1032,870	989,1500	945,6700	864,7400

Tab. 17.16 Verlagerungswinkel β in Abhängigkeit von der relativen Exzentrizität ε und von der relativen Lagerbreite B/D (nach DIN 31652-2)

$$\beta = \left[\sum_{i=1}^{i=5} a_i \cdot \varepsilon^{i-1}\right] \cdot \arctan\left(\frac{\pi \cdot \sqrt{1-\varepsilon^2}}{2 \cdot \varepsilon}\right) \qquad a_3 = 8{,}73393 - 2{,}3291 \cdot \left(\frac{B}{D}\right)$$

$$a_1 = 1{,}152624 - 0{,}105465 \cdot \left(\frac{B}{D}\right) \qquad a_4 = -13{,}3415 + 3{,}424337 \cdot \left(\frac{B}{D}\right)$$

$$a_2 = -2{,}5905 + 0{,}798745 \cdot \left(\frac{B}{D}\right) \qquad a_5 = 6{,}6294 - 1{,}591732 \cdot \left(\frac{B}{D}\right)$$

ε	\multicolumn{8}{c}{B/D}							
	1	0,5	0,4	0,333	0,25	0,2	0,167	0,125
0,100	79,4100	81,7670	82,1190	82,2990	82,4810	82,5610	82,6080	82,6530
0,200	73,8580	75,1420	75,2830	75,3440	75,3870	75,4060	75,4140	75,4220
0,300	68,2640	68,4930	68,4230	68,3680	68,3040	68,2610	68,2380	68,2110
0,400	62,5710	61,7780	61,5440	61,3820	61,2080	61,1150	61,0620	61,0070
0,500	56,7040	54,9930	54,6030	54,3480	54,0690	53,9320	53,8630	53,7840
0,600	50,5360	48,0490	47,5210	47,1910	46,8250	46,6470	46,5540	46,4490
0,700	43,8590	40,8030	40,1560	39,7560	39,3260	39,1080	38,9830	38,8560
0,800	36,2350	32,9380	32,2160	31,7610	31,2490	30,9880	30,8400	30,6920
0,900	26,4820	23,5660	22,8490	22,3680	21,7900	21,4760	21,2890	21,0890
0,950	19,4500	17,2650	16,6480	16,2070	15,6320	15,2910	15,0750	14,8320
0,960	17,6090	15,6600	15,0890	14,6690	14,1090	13,7680	13,5470	13,2620
0,970	15,4840	13,8180	13,3130	12,9290	12,3990	12,0620	11,8380	11,5710
0,980	12,9030	11,5980	11,1780	10,8500	10,3750	10,0570	9,8350	9,5580
0,990	9,4160	8,5870	8,3010	8,0660	7,7030	7,4400	7,2420	6,9750
0,995	6,8290	6,3250	6,1430	5,9870	5,7330	5,5360	5,3800	5,1510
0,999	3,1960	3,0480	2,9890	2,9400	2,8480	2,7690	2,7080	2,5990

Tab. 17.17 Bezogener Reibwert μ/ψ_{eff} in Abhängigkeit von der relativen Exzentrizität ε und von der relativen Lagerbreite B/D (nach DIN 31652-2)

$$\frac{\mu}{\psi_{\text{eff}}} = 10^Y \quad \text{mit} \quad Y = C + E \cdot (\lg So) + F \cdot (\lg So)^2 + G \cdot (\lg So)^3 + H \cdot (\lg So)^4$$

$$C = 1{,}153423 - 2{,}69332 \cdot \left(\frac{B}{D}\right) + 6{,}552763 \cdot \left(\frac{B}{D}\right)^2 - 7{,}81938 \cdot \left(\frac{B}{D}\right)^3 + 3{,}405146 \cdot \left(\frac{B}{D}\right)^4$$

$$E = -0{,}7441784 + 0{,}104245 \cdot \left(\frac{B}{D}\right) - 0{,}343503 \cdot \left(\frac{B}{D}\right)^2 + 0{,}4677244 \cdot \left(\frac{B}{D}\right)^3 - 0{,}215028 \cdot \left(\frac{B}{D}\right)^4$$

$$F = -0{,}0105921 + 0{,}342048 \cdot \left(\frac{B}{D}\right) - 0{,}459955 \cdot \left(\frac{B}{D}\right)^2 + 0{,}381193 \cdot \left(\frac{B}{D}\right)^3 - 0{,}1056112 \cdot \left(\frac{B}{D}\right)^4$$

$$G = -0{,}000397154 - 0{,}01669 \cdot \left(\frac{B}{D}\right) + 0{,}00966612 \cdot \left(\frac{B}{D}\right)^2 - 0{,}0191126 \cdot \left(\frac{B}{D}\right)^3 - 0{,}01094135 \cdot \left(\frac{B}{D}\right)^4$$

$$H = 0{,}00258444 - 0{,}00870384 \cdot \left(\frac{B}{D}\right) - 0{,}00157289 \cdot \left(\frac{B}{D}\right)^2 + 0{,}01759905 \cdot \left(\frac{B}{D}\right)^3 - 0{,}006688832 \cdot \left(\frac{B}{D}\right)^4$$

ε	B/D							
	1	0,5	0,4	0,333	0,25	0,2	0,167	0,125
0,100	26,4427	85,8907	130,2185	184,3218	321,9239	498,7551	714,8460	1264,8260
0,200	12,8311	41,0398	62,0412	87,6606	152,7858	236,4620	338,7033	598,9066
0,300	8,1894	25,3883	38,1456	53,6956	93,2048	143,9332	205,9145	363,6555
0,400	5,7896	17,0974	25,4433	35,5988	61,3788	94,4678	134,8827	237,7137
0,500	4,2835	11,8170	17,3382	24,0429	41,0381	62,8350	89,4597	157,1831
0,600	3,2188	8,1048	11,6525	15,9504	26,8217	40,7521	57,7593	100,9919
0,700	2,3956	5,3468	7,4625	10,0173	16,4648	24,7073	34,7567	60,3122
0,800	1,7046	3,2373	4,3180	5,6156	8,8721	13,0223	18,0740	30,9000
0,900	1,0547	1,5964	1,9682	2,4095	3,5045	4,8874	6,5626	10,7977
0,950	0,6936	0,8970	1,0326	1,1817	1,5809	2,0663	2,6495	4,1137
0,960	0,6104	0,7601	0,8591	0,9746	1,2559	1,6051	2,0235	3,0702
0,970	0,5195	0,6208	0,6873	0,7643	0,9504	1,1800	1,4537	2,1357
0,980	0,4161	0,4751	0,5133	0,5573	0,6622	0,7905	0,9423	1,3177
0,990	0,2876	0,3114	0,3266	0,3439	0,3843	0,4329	0,4895	0,6274
0,995	0,1997	0,2096	0,2158	0,2229	0,2390	0,2579	0,2797	0,3316
0,999	0,0877	0,0889	0,0897	0,0910	0,0928	0,0950	0,0979	0,1038

Tab. 17.18 Bezogener Schmierstoffdurchsatz q_1 infolge Eigendruckentwicklung im Schmierspalt in Abhängigkeit von der relativen Exzentrizität ε und der relativen Lagerbreite B/D (nach DIN 31652-2)

$$q_1 = \frac{1}{4} \cdot \left[\left(\frac{B}{D}\right) - 0{,}233 \cdot \left(\frac{B}{D}\right)^3 \right] \cdot \varepsilon$$

ε	B/D							
	1	0,5	0,4	0,333	0,25	0,2	0,167	0,125
0,100	0,0201	0,0117	0,0096	0,0081	0,0062	0,0050	0,0041	0,0031
0,200	0,0400	0,0235	0,0192	0,0162	0,0123	0,0099	0,0083	0,0062
0,300	0,0596	0,0352	0,0288	0,0243	0,0185	0,0149	0,0124	0,0093
0,400	0,0790	0,0469	0,0384	0,0324	0,0246	0,0198	0,0166	0,0125
0,500	0,0982	0,0587	0,0480	0,0405	0,0308	0,0248	0,0207	0,0156
0,600	0,1172	0,0704	0,0576	0,0486	0,0369	0,0297	0,0248	0,0187
0,700	0,1361	0,0822	0,0673	0,0568	0,0431	0,0347	0,0290	0,0218
0,800	0,1549	0,0941	0,0770	0,0649	0,0493	0,0396	0,0331	0,0249
0,900	0,1737	0,1062	0,0868	0,0732	0,0555	0,0446	0,9373	0,0280
0,950	0,1832	0,1123	0,0918	0,0773	0,0586	0,0471	0,0393	0,0296
0,960	0,1851	0,1136	0,0928	0,0782	0,0592	0,0476	0,0398	0,0299
0,970	0,1871	0,1148	0,0938	0,0790	0,0599	0,0481	0,0402	0,0302
0,980	0,1891	0,1161	0,0949	0,0799	0,0605	0,0486	0,0406	0,0305
0,990	0,1910	0,1174	0,0959	0,0808	0,0612	0,0491	0,0410	0,0308
0,995	0,1919	0,1180	0,0965	0,0812	0,0615	0,0494	0,0413	0,0310
0,999	0,1926	0,1185	0,0969	0,0816	0,0618	0,0496	0,0414	0,0311

Tab. 17.19 Bezogener Schmierstoffdurchsatz q_2 in Abhängigkeit von der Anordnung der Schmierstoff-Zuführungselemente (nach DIN 31652-2)

Nr.	Formel	Nr.	Formel
1	$q_2 = \dfrac{\pi}{48} \cdot \dfrac{(1+\varepsilon)^3}{\ln\left(\dfrac{B}{d_H}\right)} \cdot q_H$	5	q_2 siehe unten
2	$q_2 = \dfrac{\pi}{48} \cdot \dfrac{1}{\ln\left(\dfrac{B}{d_H}\right)} \cdot q_H$	6	$q_2 = \dfrac{\pi}{48} \cdot \dfrac{(1+\varepsilon)^3}{\ln\left(\dfrac{B}{b_P}\right)} \cdot q_P$
3	$q_2 = \dfrac{\pi}{48} \cdot \dfrac{2}{\ln\left(\dfrac{B}{d_H}\right)} \cdot q_H$	7	$q_2 = \dfrac{\pi}{48} \cdot \dfrac{1}{\ln\left(\dfrac{B}{b_P}\right)} \cdot q_P$
4	$q_2 = \dfrac{\pi}{24} \cdot \dfrac{1+1{,}5 \cdot \varepsilon^2}{\left(\dfrac{B}{D}\right)} \cdot \dfrac{B}{B-b_G}$	8	$q_2 = \dfrac{\pi}{48} \cdot \dfrac{2}{\ln\left(\dfrac{B}{b_P}\right)} \cdot q_P$

zu 5
$$q_2 = \frac{1}{48} \cdot \frac{(\varphi_E - \varphi_A) \cdot (1 + 1{,}5 \cdot \varepsilon^2) + (3 \cdot \varepsilon + \varepsilon^3) \cdot (\sin\varphi_E - \sin\varphi_A) + 0{,}75 \cdot \varepsilon^2 \cdot (\sin 2\varphi_E - \sin 2\varphi_A) - \dfrac{\varepsilon^3}{3} \cdot (\sin^3\varphi_E - \sin^3\varphi_A)}{\left(\dfrac{B-b_G}{D}\right)}$$

$$q_H = 1{,}204 + 0{,}368 \cdot \left(\frac{d_H}{B}\right) - 1{,}046 \cdot \left(\frac{d_H}{B}\right)^2 + 1{,}942 \cdot \left(\frac{d_H}{B}\right)^3$$

$$q_P = 1{,}188 + 1{,}582 \cdot \left(\frac{b_P}{B}\right) - 2{,}585 \cdot \left(\frac{b_P}{B}\right)^2 + 5{,}563 \cdot \left(\frac{b_P}{B}\right)^3 \quad \text{gültig für } 0{,}05 \leq \left(\frac{b_P}{B}\right) \leq 0{,}7$$

Tab. 17.20 Erfahrungsrichtwerte für die kleinstzulässige Schmierfilmdicke $h_{0\,\text{lim}}$ in µm (nach DIN 31652-3)

Wellendurchmesser d in mm		Gleitgeschwindigkeit der Welle u in m/s				
über		–	1	3	10	30
	bis	1	3	10	30	–
24	63	3	4	5	7	10
63	160	4	5	7	9	12
160	400	6	7	9	11	14
400	1000	8	9	11	13	16
1000	2500	10	12	14	16	18

Tab. 17.21 Thermoplastische Kunststoffe für Gleitlager (aus VDI 2541)

Gleitlagerwerkstoffe ohne Zusatzstoffe	Kurzzeichen nach DIN 7728-1	Lagerherstellung	typische Anwendungsbereiche
Polyamid 66	PA 66	Spritzgießen ($s = 0,5$ bis maximal 10 mm) oder spanend aus Halbzeug	universelle Gleitlagerwerkstoffe für dem Maschinenbau
Polyamid 6	PA 6		
Gusspolyamid 6 Gusspolyamid 12	PA 6 G PA 12 G	Gießen, für dickwandige ($s > 10$ mm) und sehr große Lager	
Polyamid 610 Polyamid 11 Polyamid 12	PA 610 PA 11 PA 12	Spritzgießen, aus Halbzeug oder nach Pulverschmelzverfahren ($s = 0,1$ bis $0,3$ mm)	Gleitlagerwerkstoffe für die Feinwerktechnik. Lager mit großer Maßhaltigkeit.
Polyoxymethylen Homo- und Copolymerisat (polyacetal)	POM	Spritzgießen oder aus Halbzeug	
Polyethylenterephthalat	PETP		
Polybutylenterephthalat	PBTP		
Polyethylen hoher Dichte (hochmolekular)	HDPE	vorwiegend spanend aus Halbzeug	Auskleidungen, Gleitleisten, Gelenkdoprothesen
Polytetrafluorethylen	PTFE	Formpressen oder aus Halbzeug	Brückenlager
Polyimid	PI		Turbinenbau, Raumfahrt, strahlungsbeständig, thermisch hoch belastbar
Polyurethan (thermoplastisch)	PUR	Spritzgießen oder aus Halbzeug	
Gleitlagerwerkstoffe mit Zusatzstoffen		Lagerherstellung	typische Anwendungsbereiche
Polyamid, Polyethylenterephthalat, Polybutylenterephthalat, Polyoxymethylen mit Glasfasern		Spritzgießen oder aus Halbzeug	Spezifisch hochbelastbar mit kurzer Gesamtgleitstrecke. Geeignet für Wasserschmierung
Polyamid 12 mit Graphit (40 bis 50 Gew.-%)			hohe Wärmeleitfähigkeit, elektrisch halbleitend
Polyamid mit Molybdändisulfid			
Polyamid mit Polyethylen			geringe Stick-slip-Anfälligkeit, geeignet für Wasserschmierung
Polyoxymethylen mit Polytetrafluorethylen Polyoxymethylen mit Polyethylen Polyoxymethylen mit Kreide			geringe Stick-slip-Anfälligkeit
Polyimid mit Glasfasern Polyimid mit Graphit Polyimid mit MoS_2 Polyimid mit Graphit und PTFE		Formpressen oder aus Halbzeug	thermisch hoch belastbar, für Einsatz im Vakuum, Raumfahrt
Polytetrafluorethylen mit Glasfasern und/oder Graphit			Folienlager, chemische Industrie
Polytetrafluorethylen mit Kohle			für Wasserschmierung besonders geeignet, Kompressoren, Tauchpumpen
Polytetrafluorethylen mit Bronze (40 bis 60 Gew.-%)			Folienlager, hohe spezifische Belastbarkeit, Hydraulik

Tab. 17.22 Anhaltswerte für zulässige Belastungen von Kunststoff-Gleitlagern bei $t_a \leq 30\,°C$ (nach VDI 2541)

Kunststoff	$\bar{p} \cdot u$ in W/mm² bei $u \leq 1{,}5$ m/s und $\bar{p} \leq 15$ N/mm² und einer Wanddicke von					
	3 mm		1 mm		0,4 mm Schicht	
	T	F	T	F	T	F
PA 6	0,04	0,2	0,07	0,35	–	–
PA 66	0,05	0,2	0,09	0,35	–	–
PA 11 u. 12	0,03	0,2	0,06	0,35	–	0,6

Kunststoff	$\bar{p} \cdot u$ in W/mm² bei u in m/s				
	0,1 T	0,5 T	1 T	2 T	F
POM	0,13	0,13	0,08	0,05	0,3
PET, PBT	0,14	0,14	0,1	0,08	

Kunststoff	$\bar{p} \cdot u$ in W/mm² bei T und $\bar{p}$ in N/mm²		
	0,005	0,05	0,5
PTFE	0,04	0,06	0,09

T = Trockenlauf, F = Fettschmierung

Tab. 17.23 Charakteristiken und Eigenschaften der gebräuchlichsten Thermoplaste (ungefüllt) (nach DIN ISO 6691)

Thermoplastgruppe	Allgemeine Beschreibung	Chemische Eigenschaften	Anwendungsbeispiele
Polyamid PA	Schlagzäher Werkstoff, besonders stoß- und verschleißfest, gute Dämpfungseigenschaften. Im Trockenlauf hoher Gleitwiderstand, nimmt relativ viel Feuchte auf.	Beständig gegen Kraftstoffe, Öle und Fette sowie gegen die meisten gebräuchlichen Lösungsmittel. Empfindlich gegen Mineralsäuren, auch in verdünnter Lösung. Dagegen wird Polyamid auch von starken Alkalien nicht angegriffen. Bei Anwendung von PA 6 und PA 66 in Heißwasser sind hydrolysestabilisierte Typen erforderlich. PA 11 und PA 12 sind weitgehend hydrolysebeständig.	Stoß- und schwingungsbeanspruchte Lager. Gelenksteine in Stahlwerkskupplungen. Bremsgestängebuchsen im Waggonbau. Landmaschinenlager. Federaugenbuchsen.
Polyoxymethylen POM	Harter Werkstoff, dadurch höher druckbelastbar, jedoch stoßempfindlicher als Polyamid. Weniger verschleißfest, aber kleinerer Reibwert als Polyamid. Nimmt nur sehr wenig Feuchtigkeit auf.	Beständig gegen zahlreiche Chemikalien, vor allem gegen organische Substanzen. Nur wenige Lösungsmittel können POM anlösen. Starken Laugen, beispielsweise 50% NaOH, widersteht POM-Copolymerisat selbst bei höheren Temperaturen. Oxidierend wirkende Chemikalien und starke Säuren (pH < 4) greifen POM an.	Hinsichtlich Dimensionsstabilität und Reibwert anspruchsvollere Gleitlager. Gut bei Trockenlauf oder Mangelschmierung. Gleitlager für die Feinwerktechnik, Elektromechanik und Haushaltsgeräte.
Polyethylenterephthalat PET Polybutylenterephthalat PBT	Härte ähnlich POM; fällt jedoch bei über 70 °C wesentlich ab. Verschleiß und Reibwert bis 70 °C sehr niedrig. Geringe Feuchtigkeitsaufnahme.	Gute Witterungsbeständigkeit, hohe Beständigkeit gegen zahlreiche Lösungsmittel sowie gegen Öle, Fette und Salzlösungen. Gegenüber vielen Säuren und Laugen in wässriger Lösung hinreichend beständig. Konzentrierte anorganische Säuren und Laugen greifen an. Starke Anquellungen bewirken Halogenkohlenwasserstoffe wie Methylenchlorid und Chloroform. Hydrolyseempfindlich bei höheren Temperaturen.	Gleitlageranwendung ähnlich POM. Meist für Gleitlager bei Temperaturen unter 70 °C. Gilt bei Trockenlauf und Mangelschmierung. Gleitlager für Feinwerktechnik und Unterwasseranlagen, Führungsbuchsen für Gestänge. Gleitlager für oszillierende Bewegungen.

Fortsetzung Tab. 17.23 ▷

Fortsetzung Tab. 17.23

Thermoplast-gruppe	Allgemeine Beschreibung	Chemische Eigenschaften	Anwendungsbeispiele
Polyethylen mit ultrahohem Molekulargewicht PE-UHMW Polyethylen hoher Dichte PE-HD	PE-UHMW ist hoch stoßbeanspruchbar. PE-HD ist ein gering dauerdruckbeständiger Werkstoff, jedoch stoßbeanspruchbar. Ungefähr doppelte Wärmedehnung gegenüber PA und POM. Ausgezeichneter Verschleißwiderstand gegenüber abrasiver Beanspruchung. Gleitfreundlich und gute Einbettfähigkeit. Keine Feuchtigkeitsaufnahme. Beständig gegen niedrige Temperaturen.	Gegen Wasser, Laugen, Salzlösungen und anorganische Säuren (stark oxidierende Säuren ausgenommen) verhält sich PE bei Raumtemperatur indifferent. Polare Flüssigkeiten, wie Alkohole, organische Säuren, Ester, Ketone und dgl. verursachen bei Raumtemperatur nur eine geringe Quellung. Aliphatische und aromatische Kohlenwasserstoffe und deren Halogenderivate werden stärker aufgenommen, verbunden mit einer Abnahme der Festigkeit. Nach dem Ausdiffundieren dieser Medien kann Polyethylen seine ursprünglichen Eigenschaften wieder erreichen. Weniger kritisch sind schwerflüchtige Substanzen, wie Fette, Öle, Wachse usw.	Gleitlager für Anlagen in sandführenden Gewässern. Straßen- und Landmaschinenbau. Tieftemperaturlager. Gleitlager in Chemieanlagen.
Polytetrafluorethylen PTFE	Bei hoher Belastung und geringer Gleitgeschwindigkeit niedriger Reibwert. Antiadhäsiv, hoch- und tieftemperatureinsatzfähig. Keine Feuchtigkeitsaufnahme. Reines PTFE ist wenig verschleißfest und weich; wird daher ungefüllt meist nur für gekammerte Lager verwendet.	Bei Temperaturen unter 260 °C wird PTFE von Chemikalien nicht angegriffen, mit Ausnahme von gelösten oder geschmolzenen Alkali- und Erdalkalimetallen. Elementares Fluor und Chlortrifluorid greifen bei Temperaturen über Raumtemperatur an.	Gleitlager in Chemieanlagen, Hochfrequenztechnik, Hochtemperatur oder Niedrigst-Reibwert-Anwendung. Brückenlager und ähnliche Lager mit kleinsten Gleitgeschwindigkeiten (Schleichgeschwindigkeit).
Polyimid PI	Hochtemperaturwerkstoff mit großer Härte: Geringer Verschleiß. Relativ hoher Reibwert im Trockenlauf bei Gleitflächentemperaturen unter 70 °C. Hohe Belastbarkeit. Geringe Feuchtigkeitsaufnahme. Einsatzfähig auch bei sehr niedrigen Temperturen.	Beständig gegen die meisten aliphatischen und aromatischen Kohlenwasserstoffe, gegen verdünnte oder schwache Säuren sowie gegen Öle und Kraftstoffe. Laugen greifen je nach Konzentration und Temperatur an. In Heißwasser oder Dampf eingesetzt, muss mit Abbau durch Hydrolyse gerechnet werden.	Gleitlager im Tunnelofen.

Tab. 17.24 Richtwerte für Reibwerte von Kunststoff-Gleitlagern (links) und Folienlagern aus PTFE, das die niedrigsten Reibwerte aufweist (rechts) (nach VDI 2541)

Schmierungsart	μ	Trockenlauf von PTFE	μ
Trockenlauf	0,35	ohne Zusatz	0,13
Einmalige Fettschmierung	0,12	mit Glasfasern	0,16
Schmierfettdepot bzw. Fettschmierung	0,09	mit Glasfasern und Graphit	0,15
Ölnebel	0,09	mit 25% Kohle	0,20
Wasserschmierung	0,04	mit 35% Kohle	0,23
Ölschmierung	0,04	mit Graphit	0,14
		mit Bronze	0,28

Tab. 17.25 Eigenschaften von Kunststoffen für Gleitlager (aus VDI 2541)

Kunststoff	t_B °C	α_B $10^{-6}\over K$	λ_B $W\over m\cdot K$	γ_L	γ_W	Kunststoff	t_B °C	α_B $10^{-6}\over K$	λ_B $W\over m\cdot K$	γ_L	γ_W
PA 66	100	85	0,29	0,022	0,075	HD-PE hochmolekular	90	190	0,36	0	0
PA 6	100	85	0,29	0,028	0,09	PETP		80	0,23	0,003	0,006
PA 6 G	100	75	0,29	0,022	0,075	PBTB	110	60	0,21	0,002	0,005
PA 11	100	150	0,29	0,011	0,019	GF-PBTB	110	40	0,27	0,0017	0,0035
PA 12	100	110	0,29	0,009	0,015	PTFE	260	160	0,23	0	0
PA 12 G	100	110	0,29	0,009	0,015	GF-PTFE	260	130	0,35	0	0,0001
GF-PA 6	100	25	0,2	0,017	0,06	GF-PTFE + Graphit	260	140	0,55	0	0,0002
GF-PA 66	100	25	0,23	0,0125	0,055	PTFE + Kohle	260	95	0,65	0	0,0001
GF-PA 11	100	30	0,2	0,0054	0,013	PTFE + Graphit	260	125	0,85	0	0
GF-PA 12	100	30	0,21	0,005	0,01	PTFE + Bronze	260	95	0,75	0	0,0001
PA 12 + Graphit	100	30	0,25	0,004	0,005						
PA 66 + MoS$_2$	100	65	0,25	0,022	0,075	Polyimid	260	51	0,3	0,01	
PA + PE	100	90	0,2	0,02	0,08	+15% Graphit	260	41	0,73	–	
POM	100	120	0,29	0	0,008	+40% Graphit	260	29	1,43	–	
GF-POM	100	70	0,35	0	0,0055	Polyimid					
POM + PTFE	100	110	0,3	0	0,0013	+15% Graphit u.					
POM + Kreide	100	110	0,3	0	0,0021	10% PTFE	260	45	0,65	–	
POM + PE	100	140	0,3	0	0,0015						

G = Guss, GF = Glasfaser, HD = hochdicht
t_B = Dauergebrauchstemperatur, α_B = Längenausdehnungszahl,
λ_B = Wärmeleitzahl, γ_L = Feuchteaufnahmezahl bei Aufnahme aus der Luft,
γ_W = Feuchteaufnahmezahl bei Aufnahme aus dem Wasser

Tab. 17.26 Tragzahl So_{ax} und Reibbeiwert K bei hydrodynamischen Axial-Gleitlagern (nach VDI 2204)

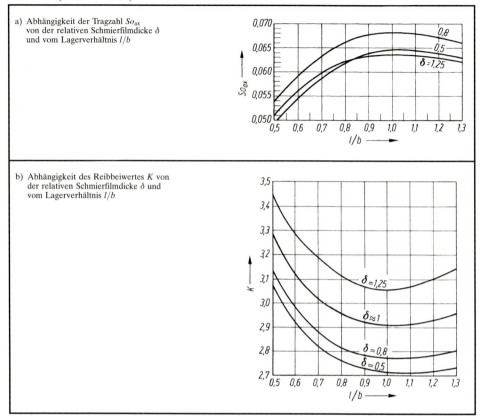

a) Abhängigkeit der Tragzahl So_{ax} von der relativen Schmierfilmdicke δ und vom Lagerverhältnis l/b

b) Abhängigkeit des Reibbeiwertes K von der relativen Schmierfilmdicke δ und vom Lagerverhältnis l/b

Tab. 17.27 Gemittelte Rautiefe R_z, Schmierfilmdicke $h_ü$ beim Übergang in die Flüssigkeitsreibung und Mindestschmierfilmdicke $h_{0\,lim}$ (nach VDI 2204)

d_m		mm	10	30	60	100	200	400	1000
R_z	H[1]	µm	1...1,8	1,9...3,2	2,1...3,3	2,5...3,5	2,7...3,9	2,9...4,0	3...4
	W[1]				2,1...3,6	2,5...4,3	2,7...4,8	2,9...5,5	3...6
$h_ü$		µm	4	4,4	4,7	5	5,2	5,6	6
$h_{0\,lim}$		µm	10	12	13	13	14	15	16

[1] H für Wellen und harte Lagermetalle (Bronzen), W für weiche Lagermetalle (auf Pb- oder Sn-Basis)

Tab. 17.28 Spezifische Lagerbelastungen und Gleitgeschwindigkeiten bei Automotive-Anwendungen (nach Angaben von KS Gleitlager)

	Spezifische Lagerbelastung (in N/mm^2)	Gleitgeschwindigkeit (in m/s)
Hauptlager	40 … 70	bis 25
Pleuellager	40 … 100	bis 25
Pleuelbuchsen	130 … 160	bis 5
Nockenwellen, Ausgleichswellen	60 … 140	bis 16

Tab. 17.29 Thermoplastische Kunststoffe für Gleitlager (Auswahl, nach [17.4])

Kunststoff	Kurzzeichen	Zusatzstoff	Anwendung
Polyamid 66, Polyamid 6	PA 66, PA 6	–	universell
Polyamid 610, P. 11, P. 12	PA 610, PA 11, PA 12	–	Feinwerktechnik
Polyoxymethylen	POM	–	Feinwerktechnik
Polyethylen	HDPE	–	Auskleidungen
Polytetrafluorethylen	PTFE	–	Brückenlager
Polyimid	PI	–	Turbinenbau, Raumfahrt, thermisch hoch belastbar
PA oder POM	–	Glasfasern	hoch belastbar, für Wasserschmierung geeignet
PA	–	MoS$_2$	wenig stick-slip
Polyimid	–	Glasfasern	Vakuum, Raumfahrt
PTFE	–	Glasfasern, Graphit	Folienlager, chemische Industrie
PTFE	–	Kohle	Kompressoren, Tauchpumpen
PTFE	–	Bronze	Folienlager, Hydraulik

Tab. 17.30 Je nach den Realmaßen der Lagerstuhlbohrungen und der Kurbelwellenzapfen müssen die jeweils passenden Lagerschalen eingebaut werden – hier, wie ersichtlich, fünf unterschiedliche Lagerschalen für die Lager Nr. 1, 2, 4 und 5 (nach Druckschrift RM395M für den 3S-FE-Motor der Toyota Motors)

Kennung Zylinderblock, entspricht Realmaß	1 59,020 … 59,026	1 59,020 … 59,026	1 59,020 … 59,026	2 59,026 … 59,032	2 59,026 … 59,032	2 59,026 … 59,032	3 59,032 … 59,038	3 59,032 … 59,038	3 59,032 … 59,038
Kennung Kurbelwelle, entspricht Realmaß	0 54,998 … 55,003	1 54,993 … 54,998	2 54,988 … 54,993	0 54,998 … 55,003	1 54,993 … 54,998	2 54,988 … 54,993	0 54,998 … 55,003	1 54,993 … 54,998	2 54,988 … 54,993
passendes Lager mit Kennungen und Realmaßen	1 1,997 … 2,000	2 2,000 … 2,003	3 2,003 … 2,006	2 2,000 … 2,003	3 2,003 … 2,006	4 2,006 … 2,009	3 2,003 … 2,006	4 2,006 … 2,009	5 2,009 … 2,012

Tab. 18.1 Toleranzen für den Einbau von Radial-Wälzlagern (nach DIN 5425)

Zylindrische Lagerbohrung

Bewegungsverhältnisse			Innenring/Welle				Außenring/Gehäuse			
Beschreibung	Schema	typische Beispiele	Lastfall	Belastung F	Passung	Toleranzlage[1] für Welle		Lastfall	Belastung F	Passung	Toleranzlage[1] für Gehäuse	
						Kugellager	Rollenlager				Kugellager	Rollenlager
Innenring rotiert Außenring steht still Lastrichtung unveränderlich		Stirnradgetriebe, Elektromotoren	Umfangslast für Innenring	$< 0{,}07 \cdot C$	fester Sitz erforderlich	h k	k m	Punktlast für Außenring, geteilte Gehäuse möglich	beliebig	loser Sitz zulässig	J[2] H G[3] F[3]	
Innenring steht still Außenring rotiert Lastrichtung rotiert mit Außenring		Nabenlagerung mit großer Unwucht	Umfangslast für Innenring	$0{,}07$ bis $0{,}15 \cdot C$	fester Sitz erforderlich	j k m	k m n					
				$> 0{,}15 \cdot C$		m n	n p r					
Innenräder mit stillstehender Achse, Seilrollen		Laufräder mit stillstehender Achse, Seilrollen	Punktlast für Innenring	beliebig	loser Sitz zulässig	j h		Umfangslast für Außenring, nur ungeteilte Gehäuse	$< 0{,}07 \cdot C$	fester Sitz erforderlich	J	K
Innenring steht still Außenring rotiert Lastring unveränderlich									$0{,}07$ bis $0{,}15 \cdot C$		K M	M N
Innenring rotiert Außenring steht still Lastrichtung rotiert mit Innenring		Schwingsiebe, Unwuchtschwinger				g f			$> 0{,}15 \cdot C$		–	N P
Kombination von verschiedenen Bewegungsverhältnissen oder wechselnde Bewegungsverhältnisse		Kurbelgetriebe	Unbestimmt		Passung und Toleranzlage für die Welle werden bestimmt von dem dominierenden Lastfall sowie Montierbarkeit und Einstellbarkeit der Lagerung			Unbestimmt		Passung und Toleranzlage für das Gehäuse werden bestimmt von dem dominierenden Lastfall sowie Montierbarkeit und Einstellbarkeit der Lagerung		

Kegelige Lagerbohrung

Lagerbefestigung	Toleranzfeld für Welle[4]
Mit Abziehhülse nach DIN 5416	h7/IT 5 h8/IT 6
Mit Spannhülse nach DIN 5415	h7/IT 5 h8/IT 6 h9/IT 7

Der **Genauigkeitsgrad** hängt im wesentlichen ab von den Anforderungen an die Laufgenauigkeit und Laufruhe. Eingeengte Wälzlagertoleranzen kommen nur dann zur Geltung, wenn die Lagersitzstellen in entsprechender Genauigkeit bearbeitet werden. Wellentoleranzen sollen im allgemeinen dem Genauigkeitsgrad 6 nach DIN 7160 entsprechen. Bei erhöhten Anforderungen an werden auch bessere Genauigkeiten angewandt.

[1]) Die Reihenfolge der Toleranzlage (von oben nach unten) ist nach steigender Lagergröße geordnet.
[2]) Nicht für geteilte Gehäuse.
[3]) Die Toleranzlage „G" und „F" werden auch bei Wärmezufuhr von der Welle angewandt.
[4]) IT (5, 6, 7) bedeutet, dass außer der jeweiligen Maßtoleranz eine Zylinderformtoleranz des entsprechenden Genauigkeitsgrades empfohlen wird.

Tab. 18.2 Toleranzen für den Einbau von Axial-Wälzlagern (nach DIN 5425)

Belastungsart	Lager Bauform	Wellenscheibe/Welle			Gehäusescheibe/Gehäuse		
		Lastfall	Passung	Toleranz-lage[1] für Welle	Lastfall	Passung	Toleranz-lage[1] für Welle
Kombinierte Last	Axial-Schräg-kugellager, Axial-Pendel-rollenlager, Axial-Kegel-rollenlager	Umfangslast	fester Sitz erforderlich	j k m	Punktlast	loser Sitz zulässig	H J
		Punktlast	loser Sitz zulässig	j	Umfangslast	fester Sitz erforderlich	K M
Reine Axiallast	Axial-Kugellager, Axial-Rollenlager	–		h j k	–		H G E

[1] Die Reihenfolge der Toleranzlagen (von oben nach unten) ist nach steigender Lagergröße geordnet.

Tab. 18.3 Daten (nach FAG) für Rillenkugellager (nach DIN 625) (hierzu Bild 18.6a)

Bohrungs-kennz.	d mm	Lagerreihe 160				Lagerreihe 60				Lagerreihe 62				Lagerreihe 63				Lagerreihe 64			
		D mm	B mm	C kN	C_0 kN	D mm	B mm	C kN	C_0 kN	D mm	B mm	C kN	C_0 kN	D mm	B mm	C kN	C_0 kN	D mm	B mm	C kN	C_0 kN
00	10					26	8	4,55	1,96	30	9	6	2,6	35	11	8,15	3,45				
01	12					28	8	5,1	2,36	32	10	6,95	3,1	37	12	9,65	4,15				
02	15	32	8	5,60	2,85	32	9	5,6	2,85	35	11	7,8	3,75	42	13	11,4	5,4				
03	17	35	8	6,00	3,25	35	10	6	3,25	40	12	9,5	4,75	47	14	13,4	6,55	62	17	23,6	11
04	20	42	8	6,95	4,05	42	12	9,3	5	47	14	12,7	6,55	52	15	17,3	8,5	72	19	30,5	15
05	25	47	8	7,20	4,65	47	12	10	5,85	52	15	14,3	8	62	17	22,4	11,4	80	21	36	19,3
06	30	55	9	11,2	7,35	55	13	12,7	8	62	16	19,3	11,2	72	19	29	16,3	90	23	42,5	23,3
07	35	62	9	12,2	8,8	62	14	16,3	10,4	72	17	25,5	15,3	80	21	33,5	19	100	25	55	31
08	40	68	9	13,2	10,2	68	15	17	11,8	80	18	29	18	90	23	42,5	25	110	27	63	36,5
09	45	75	10	15,6	12,2	75	16	20	14,3	85	19	32,5	20,4	100	25	53	32	120	29	76,5	45
10	50	80	10	16,0	13,2	80	16	20,8	15,6	90	20	36,5	24	110	27	62	38	130	31	86,5	52
11	55	90	11	19,3	16,3	90	18	28,5	21,2	100	21	43	29	120	29	76,5	47,5	140	33	100	62
12	60	95	11	20,0	17,6	95	18	29	23,2	110	22	52	36	130	31	81,5	52	150	35	110	69,6
13	65	100	11	21,1	19,6	100	18	30,5	25	120	23	60	41,5	140	33	93	60	160	37	118	78
14	70	110	13	28,0	25,0	110	20	39	31,5	125	24	62	44	150	35	104	68	180	42	143	104
15	75	115	13	28,5	27,0	115	20	40	34	130	25	65,5	49	160	37	114	76,5	190	45	153	114
16	80	125	14	32,0	31,0	125	22	47,5	40	140	26	72	53	170	39	122	86,5	200	48	163	125
17	85	130	14	34,0	33,5	130	22	50	43	150	28	83	64	180	41	125	88	210	52	173	137
18	90	140	16	41,5	39,0	140	24	58,5	50	160	30	96,5	72	190	43	134	102	225	54	196	163
19	95	145	16	40,0	40,5	145	24	60	54	170	32	108	81,5	200	45	143	112				
20	100	150	16	44,0	44,0	150	24	60	54	180	34	122	93	215	47	163	134				
21	105	160	16	54,0	54,0	160	26	71	64	190	36	132	104	225	49	173	146				
22	110	170	19	57,0	57,0	170	28	80	71	200	38	143	116	240	50	190	166				
24	120	180	19	61,0	64,0	180	28	83	78	215	40	146	122	260	55	212	190				
26	130	200	22	78,0	81,5	200	33	104	100	230	40	166	146	280	58	228	216				
28	140	210	22	80,0	86,5	210	33	108	108	250	42	176	166	300	62	255	245				
30	150	225	24	91,5	98,0	225	35	122	125	270	45	176	170	320	65	285	300				
$(d+D)/2$ mm		25	40	60	≥100	20	60	150	400	6	15	60	400	10	20	100	400	40	60	80	≥100
$f_0 \approx$		14	15,5	16	16,3	12	15,2	15,9	15,6	12,7	12,3	14	15,1	12,9	11,7	13,3	13,9	10,9	11,9	12,1	12,2

Bei normaler Lagerluft	$f_0 \cdot F_a / C_0$	0,3	0,5	0,9	1,6	3,0	6,0	Bei $F_a/F_r > e$: $X = 0{,}56$ Bei $F_a/F_r \leq e$: $X = 1$, $Y = 0$
	e	0,22	0,24	0,28	0,32	0,36	0,43	Bei $F_{a0}/F_{r0} \leq 0{,}8$: $P_0 = F_{r0}$ Bei $F_{a0}/F_{r0} > 0{,}8$: $X_0 = 0{,}6$, $Y_0 = 0{,}5$
	Bei $F_a/F_r > e$ ist $Y =$	2	1,8	1,59	1,4	1,2	1	

Tab. 18.4 Daten (nach FAG) für Schrägkugellager (nach DIN 628) (hierzu Bild 18.31b und d)

Bohrungs-kennz.	Lagerreihe 72...B						Lagerreihe 73...B					Lagerreihe 32...B[1)], 32[1)2)]					Lagerreihe 72...B[1)], 33[1)3)]				
	d mm	D mm	B mm	a mm	C kN	C_0 kN	D mm	B mm	a mm	C kN	C_0 kN	D mm	B mm	a mm	C kN	C_0 kN	D mm	B mm	$a^{4)}$ mm	C kN	C_0 kN
00	10	30	9	13	5	2,5						30	14	15	7,8	4,55					
01	12	32	10	14	6,95	3,4	37	12	16	10,6	5	32	15,9	17	10,6	5,85					
02	15	35	11	16	8	4,3	42	13	18	12,9	6,55	35	15,9	18	11,8	7,1	42	19	22	16,3	10
03	17	40	12	18	10	5,5	47	14	20	16	8,3	40	17,5	20	14,6	9	47	22,2	24	20,8	12,5
04	20	47	14	21	13,4	7,65						47	20,6	24	19,6	12,5	52	22,2	26	32,2	15
05	25	52	15	24	14,6	9,3	62	17	27	26	15	52	20,6	27	21,2	14,6	62	25,4	31	30	20
06	30	62	16	27	20,4	13,4	72	19	31	32,5	20	62	23,8	31	30	21,8	72	30,2	36	41,5	28,5
07	35	72	17	31	27	18,3	80	21	35	39	25	72	27	36	39	28,5	80	34,9	42	51	34,5
08	40	80	18	34	32	23,2	90	23	39	50	32,5	80	30,2	41	48	36,5	90	36,5	46	62	45
09	45	85	19	37	36	26,5	100	25	43	60	40	85	30,2	43	48	37,5	100	39,7	50	68	51
10	50	90	20	39	37,5	28,5	110	27	47	69,5	47,5	90	30,3	45	51	42,5	110	44,4	55	81,5	62
11	55	100	21	43	46,5	36	120	29	51	78	56	100	33,3	50	58,5	49	120	49,2	61	102	78
12	60	110	22	47	56	44	130	31	55	90	65,5	110	36,5	55	72	61	130	54	67	125	98
13	65	120	23	50	64	53	140	33	60	102	75	120	38,1	60	80	73,5	140	58,7	71	150	118
14	70	125	24	53	69,5	58,5	150	35	64	114	86,5	125	39,7	62	83	76,5	150	63,5	109	143	166
15	75	130	25	56	68	58,5	160	37	68	127	100	130	41,3	65	91,5	85	160	68,3	117	163	193
16	80	140	26	59	80	69,5	170	39	72	140	114	140	44,4	69	98	93	170	68,3	123	176	212
17	85	150	28	63	90	80	180	41	76	150	127	150	49,2	106	112	150	180	73	131	190	228
18	90	160	30	67	106	93	190	43	80	150	140	160	52,4	113	125	170	190	73	136	216	275
19	95	170	32	72	116	110	200	45	84	173	153	170	55,6	120	140	186	200	77,8	143	220	320
20	100	180	34	76	129	114	215	47	90	193	180	180	60,3	127	160	224	215	82,6	158	240	320

Lagerreihe	e	$F_a/F_r \leq e$		$F_a/F_r > e$				Lagerreihe	e	$F_a/F_r \leq e$		$F_a/F_r > e$			
		X	Y	X	Y	X_0	Y_0			X	Y	X	Y	X_0	Y_0
72...B, 73...B	1,14	1	0	0,35	0,57	0,5	0,26	32...B, 33...B	0,68	1	0,92	0,67	1,41	1	0,76
Werte für Lagerpaare siehe Abschn. 18.5								32 und 33	0,95	1	0,66	0,6	1,07	1	0,58

[1)] zweireihig, [2)] ab Kennzahl 17 ohne B, [3)] ab Kennzahl 14 ohne B,
[4)] Abstand der beiden Drucklinien auf der Wellenachse.

Tab. 18.5 Daten (nach INA) für Nadellager (nach DIN 617) (hierzu Bilder 18.14 und 18.15a)

Bohrungs-kennz.	d mm	Lagerreihe NA 49				Lagerreihe NA 69				Bohrungs-kennz.	d mm	Lagerreihe NA 48			
		D mm	B mm	C kN	C_0 kN	D mm	B mm	C kN	C_0 kN			D mm	B mm	C kN	C_0 kN
						doppelreihig ab 07									
00	10	22	13	8,5	9,2					22	110	140	30	94	216
01	12	24	13	9,4	10,9	24	22	16	21,6	24	120	150	30	99	239
02	15	28	13	10,6	13,6	28	23	17,3	25,5	26	130	165	35	118	310
03	17	30	13	11	14,6	30	23	18,6	29	28	140	175	35	120	325
04	20	37	17	21	25,5	37	30	36	51	30	150	190	40	152	400
05	25	42	17	23,6	31,5	42	30	39	59	32	160	200	40	160	435
06	30	47	17	25	35,5	47	30	43,5	71	34	170	215	45	185	510
07	35	55	20	31,5	48	55	36	48	86	36	180	225	45	194	550
08	40	62	22	43	67	62	40	66	116	38	190	240	50	227	690
09	45	68	22	45	73	68	40	69	127	40	200	250	50	230	720
10	50	72	22	47	80	72	40	73	139	44	220	270	50	243	790
11	55	80	25	58	100	80	45	90	176	48	240	300	60	355	1080
12	60	85	25	60	108	85	45	94	191	52	260	320	60	370	1160
13	65	90	25	61	112	90	45	95	198	56	280	350	60	450	1300
14	70	100	30	84	156	100	54	128	265	60	300	380	80	620	1770
15	75	105	30	86	162	105	54	130	275	64	320	400	80	630	1850
16	80	110	30	89	174	110	54	135	300	68	340	420	80	640	1940
17	85	120	35	111	237	120	63	166	400	72	360	440	80	660	2020
18	90	125	35	114	250	125	63	172	425	76	380	480	100	1000	2900
19	95	130	35	116	260	130	63	174	440						
20	100	140	40	128	270										
22	110	150	40	132	290										
24	120	165	45	181	390										
26	130	180	50	203	470										
28	140	190	50	209	500										

Tab. 18.6 Daten (nach FAG) für Zylinderrollenlager (nach DIN 5412) (hierzu Bilder 18.5 und 18.6g)

Bohrungs-kennz.	d mm	NU10				NU2, NJ2, NUP2, N2[1]				NU22, NJ22, NUP22[1)2)]			
		D mm	B mm	C kN	C_0 kN	D mm	B mm	C kN	C_0 kN	D mm	B mm	C kN	C_0 kN
02	15					35	11	**12,7**	10,4				
03	17					40	12	**17,6**	14,6	40	16	**24**	22
04	20					47	14	**27,5**	24,5	47	18	**32,5**	31
05	25	47	12	**13,4**	12	52	15	**29**	27,5	52	18	**34,5**	34,5
06	30	55	13	**16,6**	16	62	16	**39**	37,5	62	20	**49**	50
07	35	62	14	**23,6**	17,5	72	17	**50**	50	72	23	**62**	65,5
08	40	68	15	**29**	32	80	18	**53**	53	80	23	**71**	75
09	45	75	16	**32,5**	35,5	85	19	**61**	63	85	23	**73,5**	81,5
10	50	80	16	**36**	41,5	90	20	**64**	68	90	23	**78**	88
11	55	90	18	**41,5**	50	100	21	**83**	95	100	25	**98**	118
12	60	95	18	**44**	55	110	22	**95**	104	110	28	**129**	153
13	65	100	18	**45**	58,5	120	23	**104**	120	120	31	**150**	183
14	70	110	20	**64**	81,5	125	24	**120**	137	125	31	**156**	196
15	75	115	20	**65,5**	85	130	25	**132**	156	130	31	**163**	208
16	80	125	22	**76,5**	98	140	26	**140**	170	140	33	**186**	245
17	85	130	22	**78**	104	150	28	**163**	193	150	36	**216**	275
18	90	140	24	**93**	125	160	30	**183**	216	160	40	**240**	315
19	95	145	24	**96,5**	129	170	32	**220**	265	170	43	**285**	375
20	100	150	24	**98**	134	180	34	**250**	305	180	46	**335**	440
21	105	160	26	**112**	153	190	36	**260**	320				
22	110	170	28	**140**	190	200	38	**290**	365	200	53	**380**	520
24	120	180	28	**150**	208	215	40	**335**	415	215	58	**450**	610
26	130	200	33	**180**	250	230	40	**360**	450	230	64	**530**	735
28	140	210	33	**183**	265	250	42	**390**	510	250	68	**570**	830
30	150	225	35	**208**	310	270	45	**440**	585	270	73	**655**	980
32	160	240	38	**245**	355	290	48	**500**	670	290	80	**800**	1180
34	170	260	42	**300**	430	310	52	**585**	780	310	86	**950**	1400
36	180	280	46	**360**	520	320	52	**610**	830	320	86	**1000**	1500
38	190	290	46	**365**	550	340	55	**680**	930	340	92	**1100**	1660
40	200	310	51	**400**	600	360	58	**750**	1040	360	98	**1220**	1860

Weitere Zylinderrollenlager siehe Tab. 18.7
[1)] Diese Lager der Reihen 2 und 22 werden in verstärkter Ausführung geliefert und haben das Nachsetzzeichen E, z. B. N218E oder NU2209E.
[2)] NUP nur bis Kennzahl 36.

Tab. 18.7 Daten (nach FAG) für weitere Zylinderrollenlager (nach DIN 5412)

Bohrungs-kennz.	d mm	NU3, NJ3, NUP3, N3[1]				NU23, NJ23, NUP23[1]				NU4, NJ4, NUP4, N4[2]			
		D mm	B mm	C kN	C_0 kN	D mm	B mm	C kN	C_0 kN	D mm	B mm	C kN	C_0 kN
03	17	47	14	**23,5**	21,2								
04	20	52	15	**31,5**	27	52	21	**41,5**	39				
05	25	62	17	**41,5**	37,5	62	24	**57**	56	80	21	**45**	38
06	30	72	19	**51**	48	72	27	**73,5**	75	90	23	**71**	64
07	35	80	21	**64**	63	80	31	**91,5**	98	100	25	**75**	69,5
08	40	90	23	**81,5**	78	90	33	**112**	120	110	27	**93**	86,5
09	45	100	25	**98**	100	100	36	**137**	153	120	29	**106**	100
10	50	110	27	**110**	114	110	40	**163**	186	130	31	**129**	125
11	55	120	29	**134**	140	120	43	**200**	228	140	33	**140**	137
12	60	130	31	**150**	156	130	46	**224**	260	150	35	**166**	170
13	65	140	33	**180**	190	140	48	**245**	285	160	37	**183**	186
14	70	150	35	**204**	220	150	51	**275**	325	180	42	**224**	232
15	75	160	37	**240**	265	160	55	**325**	390	190	45	**260**	270
16	80	170	39	**255**	275	170	58	**355**	425	200	48	**300**	310
17	85	180	41	**270**	300	180	60	**365**	450	210	52	**335**	355
18	90	190	43	**315**	345	190	64	**430**	530	225	54	**365**	390
19	95	200	45	**335**	380	200	67	**455**	585	240	55	**390**	430
20	100	215	47	**380**	425	215	73	**570**	720	250	58	**440**	490
21	105	225	49	**335**	380					260	60	**490**	540
22	110	240	50	**415**	475	240	80	**630**	800	280	65	**540**	610
24	120	260	55	**520**	600	260	86	**780**	1020	310	72	**670**	780
26	130	280	58	**570**	670	280	93	**915**	1220				
28	140	300	62	**670**	800	300	102	**1020**	1400				
30	150	320	65	**800**	1000	320	108	**1160**	1600				
32	160	340	68	**865**	1060	340	114	**1320**	1830				
34	170	360	72	**800**	1020	360	120	**1220**	1760				
36	180	380	75	**900**	1160	380	126	**1370**	2000				
38	190	400	78	**965**	1250	400	132	**1500**	2200				
40	200	420	80	**965**	1250	420	138	**1500**	2200				

Zylinderrollenlager siehe auch Tab. 18.6.
[1] Diese Lager der Reihen 3 und 23 werden bis zur Kennzahl 32 in verstärkter Ausführung geliefert und haben das Nachsetzzeichen E, z. B. NJ2324E.
[2] NUP erst ab Kennzahl 06, N nur von Kennzahl 06 bis 20.

Die zulässige Axialbelastung der Zylinderrollenlager NJ, NUP, NJ + HJ und NU + HJ ist dem Wälzlagerkatalog zu entnehmen.

Tab. 18.8 Daten (nach FAG) für Kegelrollenlager (nach DIN 720) (hierzu Bilder 18.6h und 18.31a)

Bohrungs-kennz.	d mm	Lagerreihe 320...X								Lagerreihe 302[2]							
		D mm	B mm	$a^{1)}$ mm	C kN	e	Y	C_0 kN	Y_0	D mm	B mm	$a^{1)}$ mm	C kN	e	Y	C_0 kN	Y_0
03	17									40	12	10	**20**	0,35	1,7	20	1,0
04	20	42	15	10	**24**	0,37	1,6	29	0,9	47	14	11	**28,5**	0,35	1,7	29	1,0
05	25	47	15	12	**26**	0,43	1,4	33,5	0,8	52	15	13	**32,5**	0,37	1,6	35,5	0,9
06	30	55	17	14	**38**	0,43	1,4	46,5	0,8	62	16	14	**44**	0,37	1,6	49	0,9
07	35	62	18	16	**45,5**	0,44	1,4	58,5	0,8	72	17	15	**54**	0,37	1,6	60	0,9
08	40	68	19	15	**54**	0,38	1,6	71	0,9	80	18	17	**62**	0,37	1,6	68	0,8
09	45	75	20	17	**61**	0,39	1,5	86,5	0,8	85	19	18	**71**	0,40	1,5	83	0,8
10	50	80	20	18	**64**	0,42	1,4	95	0,8	90	20	20	**80**	0,42	1,4	96,5	0,8
11	55	90	23	20	**81,5**	0,41	1,5	118	0,8	100	21	21	**91,5**	0,40	1,5	108	0,8
12	60	95	23	21	**81,5**	0,43	1,4	122	0,8	110	22	22	**104**	0,40	1,5	122	0,8
13	65	100	23	23	**83**	0,46	1,3	127	0,7	120	23	23	**120**	0,40	1,5	143	0,8
14	70	110	25	24	**104**	0,43	1,4	160	0,8	125	24	25	**132**	0,42	1,4	163	0,8
15	75	115	25	25	**106**	0,46	1,3	166	0,7	130	25	27	**137**	0,44	1,4	170	0,8
16	80	125	29	27	**137**	0,42	1,4	212	0,8	140	26	28	**156**	0,42	1,4	193	0,8
17	85	130	29	28	**143**	0,44	1,4	224	0,8	150	28	30	**180**	0,42	1,4	228	0,8
18	90	140	32	30	**166**	0,42	1,4	225	0,8	160	30	32	**204**	0,42	1,4	260	0,8
19	95	145	32	32	**170**	0,44	1,4	275	0,8	170	32	34	**224**	0,42	1,4	285	0,8
20	100	150	32	33	**173**	0,46	1,3	285	0,7	180	34	36	**250**	0,42	1,4	325	0,8
21	105	160	35	35	**204**	0,44	1,4	325	0,8	190	36	38	**280**	0,42	1,4	365	0,8
22	110	170	38	37	**240**	0,43	1,4	390	0,8	200	38	39	**315**	0,42	1,4	415	0,8
24	120	180	38	40	**250**	0,46	1,3	425	0,7	215	43	40	**335**	0,44	1,4	450	0,8
26	130	200	45	44	**325**	0,43	1,4	550	0,8	230	46	40	**355**	0,44	1,4	475	0,8
28	140	210	45	46	**340**	0,46	1,3	600	0,7	250	47	42	**415**	0,44	1,4	560	0,8
30	150	225	48	50	**390**	0,46	1,3	680	0,7	270	52	45	**465**	0,44	1,4	640	0,8
		Lagerreihe 322[2]								Lagerreihe 303[2]							
02	15									42	13	10	**23,2**	0,29	2,1	20,8	1,2
03	17									47	14	10	**29**	0,29	2,1	26,5	1,2
04	20									52	15	11	**34,5**	0,30	2,0	33,5	1,1
05	25	52	18	13	**32,5**	0,33	1,8	36	1,0	62	17	13	**47,5**	0,30	2,0	46,5	1,1
06	30	62	20	16	**54**	0,37	1,6	63	0,9	72	19	15	**60**	0,31	1,9	61	1,1
07	35	72	23	18	**71**	0,37	1,6	85	0,9	80	21	16	**73,5**	0,31	1,9	76,5	1,1
08	40	80	23	19	**80**	0,37	1,6	95	0,9	90	23	20	**91,5**	0,35	1,7	102	1,0
09	45	85	23	20	**83**	0,40	1,5	100	0,8	100	25	21	**112**	0,35	1,7	127	1,0
10	50	90	23	21	**88**	0,42	1,4	110	0,8	110	27	23	**132**	0,35	1,7	150	1,0
11	55	100	25	23	**110**	0,40	1,5	137	0,8	120	29	25	**153**	0,35	1,7	176	1,0
12	60	110	28	24	**134**	0,40	1,5	170	0,8	130	31	26	**176**	0,35	1,7	204	1,0
13	65	120	31	27	**156**	0,40	1,5	200	0,8	140	33	28	**196**	0,35	1,7	228	1,0
14	70	125	31	28	**163**	0,42	1,4	216	0,8	150	35	29	**224**	0,35	1,7	265	1,0
15	75	130	31	29	**170**	0,44	1,4	228	0,8	160	37	32	**250**	0,35	1,7	300	1,0
16	80	140	33	31	**200**	0,42	1,4	265	0,8	170	39	34	**290**	0,35	1,7	345	1,0
17	85	150	36	33	**228**	0,42	1,4	305	0,8	180	41	36	**310**	0,35	1,7	375	1,0
18	90	160	40	36	**260**	0,42	1,4	360	0,8	190	43	37	**335**	0,35	1,7	400	1,0
19	95	170	43	39	**300**	0,42	1,4	415	0,8	200	45	40	**365**	0,35	1,7	440	0,9
20	100	180	46	42	**335**	0,42	1,4	475	0,8	215	47	42	**415**	0,35	1,7	510	1,0
21	105	190	50	44	**380**	0,42	1,4	550	0,8								
22	110	200	53	46	**415**	0,42	1,4	600	0,8	240	50	45	**480**	0,35	1,7	585	1,0
24	120	215	58	51	**480**	0,44	1,4	735	0,8	260	55	48	**560**	0,35	1,7	710	1,0

$$X = 0{,}4 \qquad X_0 = 0{,}5$$
$$\text{Bei } F_a/F_r \leq e \text{ ist } P = F_r$$

Weitere Kegelrollenlager siehe Tab. 18.9.
[1] In DIN 720 nicht angegeben.
[2] Eine große Anzahl dieser Lager wird mit geänderter Innenkonstruktion geliefert und hat das Nachsetzzeichen A, z. B. 30208A (siehe Katalog).

Tab. 18.9 Daten (nach FAG) für Kegelrollenlager (nach DIN 720) (hierzu die Bilder 18.6h und 18.31a)

Bohrgs.-kennz.	d mm	Lagerreihe 313[2]								Lagerreihe 323[2]						
		D mm	B mm	$a^{1)}$ mm	C kN	e	Y	C_0 kN	Y_0	D mm	B mm	$a^{1)}$ mm	C kN	e	Y	C_0 kN	Y_0
03	17									47	19	12	**36,5**	0,29	2,1	36,5	1,2
04	20									52	21	14	**46,5**	0,30	2,0	48	1,1
05	25	62	17	20	**38**	0,83	0,7	39	0,4	62	24	16	**63**	0,30	2,0	65,5	1,1
06	30	72	19	24	**45,5**	0,83	0,7	47,5	0,4	72	27	18	**82,5**	0,31	1,9	90	1,1
07	35	80	21	26	**60**	0,83	0,7	65,5	0,4	80	31	20	**100**	0,31	1,9	114	1,1
08	40	90	23	30	**76,5**	0,83	0,7	83	0,4	90	33	23	**120**	0,35	1,7	146	1,0
09	45	100	25	33	**96,5**	0,83	0,7	110	0,4	100	36	25	**156**	0,35	1,7	193	1,0
10	50	110	27	35	**112**	0,83	0,7	127	0,4	110	40	29	**186**	0,35	1,7	236	1,0
11	55	120	29	39	**125**	0,83	0,7	140	0,4	120	43	30	**212**	0,35	1,7	270	1,0
12	60	130	31	41	**146**	0,83	0,7	170	0,4	130	46	32	**245**	0,35	1,7	310	1,0
13	65	140	33	44	**163**	0,83	0,7	190	0,4	140	48	34	**270**	0,35	1,7	345	1,0
14	70	150	35	47	**186**	0,83	0,7	220	0,4	150	51	37	**310**	0,35	1,7	405	1,0
15	75	160	37	50	**204**	0,83	0,7	240	0,4	160	55	39	**360**	0,35	1,7	475	1,0
16	80	170	39	53	**228**	0,83	0,7	270	0,4	170	58	42	**400**	0,35	1,7	540	1,0
17	85	180	41	55	**255**	0,83	0,7	305	0,4	180	60	44	**430**	0,35	1,7	585	1,0
18	90	190	43	58	**275**	0,83	0,7	325	0,4	190	64	47	**490**	0,35	1,7	655	1,0
19	95	200	45	61	**305**	0,83	0,7	365	0,4	200	67	49	**530**	0,35	1,7	710	1,0
20	100	215	51	68	**380**	0,83	0,7	480	0,4	215	73	53	**610**	0,35	1,7	850	1,0
21	105									225	77	56	**670**	0,35	1,7	930	1,0
22	110									240	80	58	**735**	0,35	1,7	1020	1,0
24	120									260	86	66	**670**	0,39	1,5	965	0,8
		$X = 0{,}4$			$X_0 = 0{,}5$					Bei $F_a/F_r \leq e$ ist $P = F_r$							

Weitere Kegelrollenlager siehe Tab. 18.8 [1] In DIN 720 nicht angegeben. [2] Siehe Tab. 18.8.

Tab. 18.10 Daten (nach FAG) für Axial-Rillenkugellager (nach DIN 711) (hierzu Bild 18.6i)

Bohrgs.-kennz.	d_w mm	Lagerreihe 511				Lagerreihe 512				Lagerreihe 513				Lagerreihe 514			
		D_g mm	H mm	C kN	C_0 kN	D_g mm	H mm	C kN	C_0 kN	D_g mm	H mm	C kN	C_0 kN	D_g mm	H mm	C kN	C_0 kN
00	10	24	9	**10**	14	26	11	**12,7**	17								
01	12	26	9	**10,4**	15,3	28	11	**13,2**	19								
02	15	28	9	**9,3**	14	32	12	**16,6**	25								
03	17	30	9	**9,65**	15,3	35	12	**17,3**	27,5								
04	20	35	10	**12,7**	20,8	40	14	**22,4**	37,5								
05	25	42	11	**15,6**	29	47	15	**28**	50	52	18	**34,5**	55	60	24	**56**	90
06	30	47	11	**16,6**	33,5	52	16	**25,5**	47,5	60	21	**38**	65,5	70	28	**72**	125
07	35	52	12	**17,6**	37,5	62	18	**35,5**	67	68	24	**50**	88	80	32	**86,5**	156
08	40	60	13	**23,2**	50	68	19	**46,5**	98	78	26	**61**	112	90	36	**112**	204
09	45	65	14	**24,5**	57	73	20	**39**	80	85	28	**75**	140	100	39	**129**	245
10	50	70	14	**24,5**	60	78	22	**50**	106	95	31	**88**	173	110	43	**156**	310
11	55	78	16	**31**	78	90	25	**61**	134	105	35	**102**	208	120	48	**180**	360
12	60	85	17	**36,5**	93	95	26	**62**	140	110	35	**102**	208	130	51	**200**	400
13	65	90	18	**37,5**	98	100	27	**64**	150	115	36	**106**	220	140	56	**216**	450
14	70	95	18	**37,5**	104	105	27	**65,5**	160	125	40	**137**	300	150	60	**236**	500
15	75	100	19	**44**	137	110	27	**67**	170	135	44	**163**	360	160	65	**250**	560
16	80	105	19	**45**	140	115	28	**75**	190	140	44	**160**	360	170	68	**270**	620
17	85	110	19	**45,5**	150	125	31	**98**	250	150	49	**190**	425	180	72	**290**	680
18	90	120	22	**60**	190	135	35	**120**	300	155	50	**196**	465	190	77	**305**	750
20	100	135	25	**65**	270	150	38	**122**	320	170	55	**232**	560	210	85	**365**	965
22	110	145	25	**85,5**	290	160	38	**129**	360	190	63	**275**	720	230	95	**415**	1140
24	120	155	25	**90**	310	170	39	**140**	400	210	70	**325**	915	250	102	**425**	1220
26	130	170	30	**112**	390	190	45	**183**	540	225	75	**360**	1060	270	110	**520**	1600
28	140	180	31	**112**	400	200	46	**190**	570	240	80	**400**	1220	280	112	**510**	1600
30	150	190	31	**110**	400	215	50	**236**	735	250	80	**405**	1290	300	120	**560**	2180
32	160	200	31	**112**	430	225	51	**245**	780	270	87	**455**	1500				
34	170	215	34	**132**	500	240	55	**285**	930	280	87	**465**	1630				
36	180	225	34	**134**	530	250	56	**290**	1000	300	95	**520**	1830				
38	190	240	37	**170**	655	270	62	**335**	1160	320	105	**600**	2200				
40	200	250	37	**170**	655	280	62	**340**	1220	340	110	**620**	2400				
44	220	270	37	**176**	735	300	63	**355**	1340								
48	240	300	45	**232**	965	340	78	**465**	1860								
52	260	320	45	**236**	1020	360	79	**475**	2000								
56	280	350	53	**315**	1340	380	80	**490**	2160								
60	300	380	62	**365**	1600	420	95	**610**	2750								
64	320	400	63	**375**	1700	440	95	**620**	2900								

Die Tragzahlen C und C_0 gelten bei gleicher Kennzahl auch für die zweiseitig wirkenden Lager 522 (wie 512), 523 (wie 513) und 524 (wie 514), der Wellendurchmesser d_w, der Gehäusedurchmesser D_g und die Höhe H weichen jedoch von den Tabellenwerten ab (siehe Wälzlagerkatalog).

Tab. 18.11 Temperaturfaktor für Wälzlager

Betriebstemperatur t	150 °C	200 °C	250 °C	300 °C
Temperaturfaktor f_T	1	0,9	0,75	0,6

Tab. 18.12 Übliche nominelle Lebensdauer von Wälzlagerungen

Betriebsfall	Nominelle Lebensdauer in h	Betriebsfall	Nominelle Lebensdauer in h
Elektrische Haushaltsgeräte	1000 ... 2000	Schiffswellenlager	80000
Kleine Ventilatoren	2000 ... 4000	Schiffsgetriebe	20000 ... 30000
Kleine E-Motoren bis 4 kW	8000 ... 10000	Landwirtschaftliche Maschinen	3000 ... 6000
Mittlere E-Motoren	10000 ... 15000		
Stationäre E-Großmotoren	20000 ... 30000	Klein-Hebezeuge	5000 ... 10000
Elektrische Maschinen in		Universal-Getriebe	8000 ... 15000
Versorgungsbetrieben	50000 u. mehr	Werkzeugmaschinen-Getriebe	20000
Leichtmotorräder	600 ... 1200	Produktions-Hilfsmaschinen	7500 ... 15000
Schwere Krafträder, leichte PKW	1000 ... 2000	Kleinere Kaltwalzwerke	5000 ... 6000
Schwere PKW, leichte LKW	1500 ... 2500	Große Mehrwalzengerüste	8000 ... 10000
Schwere LKW, Omnibusse	2000 ... 5000	Sägegatter	10000 ... 15000
Achslager für Förderwagen	5000	Abbaugeräte im Bergbau	4000 ... 10000
Achslager für Straßenbahnwagen	20000 ... 25000	Grubenventilatoren	40000 ... 50000
Achslager für Reisezugwagen	25000	Förderseilscheiben	40000 ... 60000
Achslager für Güterwagen	35000	Papiermaschinen (Trockenpartie)	50000 ... 80000
Achslager für Lokomotiven	20000 ... 40000		und mehr
Bootsgetriebe	3000 ... 5000	Schlägermühlen	20000 ... 30000
Schiffspropellerdrucklager	15000 ... 25000	Brikettpressen	20000 ... 30000

Tab. 18.13 Für die Berechnung von Kegelrollen- und Schrägkugellagern[1)] einzusetzende Axialbelastungskräfte F_{aA} und F_{aB} (nach FAG)

Fall nach Bild 18.30a		Fall nach Bild 18.30b	
$F_{aW} + \dfrac{F_{rB}}{2Y_B} > \dfrac{F_{rA}}{2Y_A}$	$F_{aA} = F_{aW} + \dfrac{F_{rB}}{2Y_B}$; $F_{aB} = 0$	$F_{aW} + \dfrac{F_{rA}}{2Y_A} > \dfrac{F_{rB}}{2Y_B}$	$F_{aA} = 0$; $F_{aB} = F_{aW} + \dfrac{F_{rA}}{2Y_A}$
$F_{aW} + \dfrac{F_{rB}}{2Y_B} < \dfrac{F_{rA}}{2Y_A}$	$F_{aA} = 0$; $F_{aB} = \dfrac{F_{rA}}{2Y_A} - F_{aW}$	$F_{aW} + \dfrac{F_{rA}}{2Y_A} < \dfrac{F_{rB}}{2Y_B}$	$F_{aA} = \dfrac{F_{rB}}{2Y_B} - F_{aW}$; $F_{aB} = 0$
Fall nach Bild 18.30c		Fall nach Bild 18.30d	
$F_{aW} + \dfrac{F_{rA}}{2Y_A} > \dfrac{F_{rB}}{2Y_B}$	$F_{aA} = 0$; $F_{aB} = F_{aW} + \dfrac{F_{rA}}{2Y_A}$	$F_{aW} + \dfrac{F_{rB}}{2Y_B} > \dfrac{F_{rA}}{2Y_A}$	$F_{aA} = F_{aW} + \dfrac{F_{rB}}{2Y_B}$; $F_{aB} = 0$
$F_{aW} + \dfrac{F_{rA}}{2Y_A} < \dfrac{F_{rB}}{2Y_B}$	$F_{aA} = \dfrac{F_{rB}}{2Y_B} - F_{aW}$; $F_{aB} = 0$	$F_{aW} + \dfrac{F_{rB}}{2Y_B} < \dfrac{F_{rA}}{2Y_A}$	$F_{aA} = 0$; $F_{aB} = \dfrac{F_{rA}}{2Y_A} - F_{aW}$

[1)] Bei Schrägkugellagern DIN 628 (Tab. 18.4) der Lagerreihen 72 ... B und 73 ... B ist für Y_A und Y_B der Wert 0,57 einzusetzen, da bei $F_a/F_r \leq e = 1,14$ die Axialkraft unberücksichtigt bleibt.

Tab. 18.14 Anhaltswerte für Drehzahlkonstanten K in Abhängigkeit von der Bauform der Wälzlager

	Lagerbauform		K $\min^{-1}$
Radiallager	Rillenkugellager	einreihig	500000
		einreihig, mit Dichtscheiben	360000
		zweireihig	320000
	Schulterkugellager		500000
	Schrägkugellager	einreihig	500000
		einreihig, paarweise eingebaut	400000
		zweireihig	360000
	Vierpunktlager		400000
	Pendelkugellager		500000
	Pendelkugellager	mit breitem Innenring	250000
	Zylinderrollenlager	einreihig	500000
		zweireihig	500000
	Nadellager	einreihig	300000
		zweireihig	200000
	Kegelrollenlager		320000
	Tonnenlager		220000
	Pendelrollenlager	Reihe 213	220000
		Reihen 222, 223	320000
		sonstige	250000
Axiallager	Axial-Rillenkugellager		140000
	Axial-Schrägkugellager		220000
	Axial-Zylinderrollenlager		90000
	Axial-Pendelrollenlager (nur Ölschmierung)		220000
	Axial-Nadellager		180000

Tab. 18.15 Beiwerte Z_S, K_D und Z_K zur Grenzdrehzahl von Wälzlagern

Lageraußendurchmesser D	<30 mm	≥30 mm
Beiwert Z_S zur Berücksichtigung der Schmierungsart und der Lagergröße		
Fettschmierung	3	1
Ölschmierung	3,75	1,25
Durchmesserbeiwert K_D	$D + 30$	$D - 10$
	Hier D als Zahlenwert ohne die Einheit mm einsetzen	

Beiwert Z_K für kombinierte Belastung in Abhängigkeit vom Belastungsverhältnis F_a/F_r

Tab. 19.1 Abmessungen in mm der Filzringe und Ringnuten (nach DIN 5419)

d_1	17	20	25	26	28	30	32	35	36	38	40	42	45	48	50	52	55	58	60	65	70	72	75	78
d_2	27	30	37	38	40	42	44	47	48	50	52	54	57	64	66	68	71	74	76	81	88	90	93	93
b	4					5								6,5							7,5			
d_4	18	21	26	27	29	31	33	36	37	39	41	43	46	49	51	53	56	59	61,5	66,5	71,5	73,5	76,5	79,5
d_5	28	31	38	39	41	43	45	48	49	51	53	55	58	65	67	69	72	75	77	82	89	91	94	97
f	3					4								5							6			
d_1	80	82	85	88	90	95	100	105	110	115	120	125	130	135	140	145	150	155	160	165	170	175	180	
d_2	98	100	103	108	110	115	124	129	134	139	144	153	158	163	172	177	182	187	192	197	202	207	212	
b	7,5			8,5			10					11			12									
d_4	81,5	83,5	86,5	89,5	92	97	102	107	112	117	122	127	132	137	142	147	152	157	162	167	172	177	182	
d_5	99	101	104	109	111	116	125	130	135	140	145	154	159	164	173	178	183	188	193	198	203	208	213	
f	6			7			8					9			10									

Tab. 19.2 Beispiele für die Beständigkeit der Elastomere von Radial-Wellendichtringen (nach DIN 3760)

		Abzudichtende Medien											
		Medien auf Mineralölbasis						schwerentflammbare Druckflüssigkeiten (VDMA 24317)			sonstige Medien		
Werkstoff-Kennbuchstabe	Tieftemperatur (darf im Regelfall zugelassen werden)	Motorenöle	Getriebeöle	Hypoid-Getriebeöle	ATF-Öle	Druckflüssigkeiten (siehe DIN 51524-1 bis -3)	Heizöle EL und L	Fette	HFB Wasser-Öl-Emulsionen	HFC wässrige Lösungen	HFD wasserfreie Flüssigkeiten	Wasser	Waschlaugen	Bremsflüssigkeiten
	°C	zulässige Dauertemperaturen des Mediums in °C												
NBR	−40	100	80	80	100	90	90	90	70	70	−	90	90	−
FKM	−30	150	150	140	150	130	•	•	•	•	150	•	•	•

Ein • bedeutet, dass dieses Elastomer nicht gegen alle Medien dieser Gruppe beständig ist.

Tab. 19.3 Abmessungen in mm der Radial-Wellendichtringe (nach DIN 3760) (siehe Bild 19.3)

d_1	d_2	b	d_1	d_2	b	d_1	d_2	b	d_1	d_2	b	d_1	d_2	b	d_1	d_2	b
6	16 22	7	20	30 35 40	7	35	47 50 52 55	7	48	62	8	90	110 120	12	140 145 150	170 175 180	15
7	22	7	22	35 40 47	7		47 50 52 55	8	50	65 68 72	8	95	120 125	12	160 170 180	190 200 210	
8	22 23	7	25	35 40 47 52	7	38	55 62	7	55	70 72 80	8	100	120 125 130	12	190 200 210 220	220 230 240 250	
9	22	7	28	40 47 52	7	40	55 62	8	60	75 80 85	8	105	130	12	230 240 250	260 270 280	
10	22 25 26	7	30	40 42 47 52	7		52 55 62	7	65	85 90 100	10	110	130 140	12	260 280 300	300 320 340	20
12	22 25 30	7	32	45 47 52	7		55 62	8	70	90 95	10	115	140	12	320 340 360 380	360 380 400 420	
14	24 30	7		45	8	42	55 62	8	75	95 100	10	120	150	12	400 420 440	440 460 480	
15	26 30 35	7				45	60 62 65	8	80	100 110	10	125	150 160	12	460 480 500	500 520 540	
16	30 35	7							85	110 120	12	130	160 170	12			
18	30 35	7										135	170	12			

Bezeichnungsbeispiel: Radial-Wellendichtring DIN 3760 – AS 25 × 40 × 7 – NBR

Tab. 19.4 Eigenschaften von elastomeren Werkstoffen für Simmerringe® (nach Angaben von *Freudenberg Simrit*)

	NBR	FKM	PTFE	ACM	HNBR
Abriebbeständigkeit	gut	sehr gut	mäßig	mäßig	mäßig
Hochtemperatur-beständigkeit	mäßig max. +100 °C	sehr gut max. +200 °C (max. +150 °C Dauertemperatur)	max. +200 °C (max. +150 °C Dauertemperatur)	gut max. +100 °C	gut max. +200 °C (max. +140 °C Dauertemperatur)
Tieftemperatur-beständigkeit	bis –40 °C	bis –25 °C	bis –80 °C	bis –30 °C	bis –40 °C
Ölbeständigkeit	gut	sehr gut	sehr gut	gut	gut

Tab. 19.5 Übersicht über synthetische Öle (nach Angaben von *Freudenberg Simrit*)

	Viskositäts-temperatur-verhalten	Verschleiß-schutz	Reibungs-verhalten	Anstrich-verträg-lichkeit	Dichtungs-verträg-lichkeit	Mischbarkeit mit Mineralöl	Tief-temperatur-verhalten	Hoch-temperatur-verhalten
Mineralöl	0	0	+	+++	+++		0	0
Polyalphaolefin	+	0	+	+++	+++	+++	+	++
Alkylbenzol	0	0	+	+++	+++	+++	+	0
Diester	++		0	+	−	0	+	+
Polyolester	++	0	++	−	0	0	++	++
Polyglykol	++	+++	+++	+	+	−	+	+++
Phosphor-säureester	−	++	++	−	0	−	0	+
Siliconöl	+++	−	−	++	+++	−	+	+

+ + + ausgezeichnet; ++ sehr gut; + gut; 0 ausreichend; − schlecht

Tab. 20.1 Kennwerte für elastische ROTEX-Kupplungen (KTR) (ψ für alle Größen = 0,8)

ROTEX Größen für alle Bauarten und Werkstoffe	max. Drehzahl (in 1/min) bei $v =$		Verdrehwinkel bei		Drehmoment (in Nm)			Dämpfungsleistung (in W) bei +30 °C P_{KW}	Drehfedersteife C_{dyn} in Nm/rad			
	30 m/s	40 m/s	T_{KN}	$T_{K\,max}$	Nenn T_{KN}	Max $T_{K\,max}$	Wechsel T_{KW}		1,00 T_{KN}	0,75 T_{KN}	0,50 T_{KN}	0,25 T_{KN}
Zahnkranz aus Polyurethan 92 Shore A; Farbe gelb												
14	19000	–	6,4°	10°	7,5	15	2,0	–	$0,38 \cdot 10^3$	$0,31 \cdot 10^3$	$0,24 \cdot 10^3$	$0,14 \cdot 10^3$
19	14000	19000			10	20	2,6	4,8	$1,28 \cdot 10^3$	$1,05 \cdot 10^3$	$0,80 \cdot 10^3$	$0,47 \cdot 10^3$
24	10600	14000			35	70	9,1	6,6	$4,86 \cdot 10^3$	$3,98 \cdot 10^3$	$3,01 \cdot 10^3$	$1,79 \cdot 10^3$
28	8500	11800			95	190	25	8,4	$10,90 \cdot 10^3$	$8,94 \cdot 10^3$	$6,76 \cdot 10^3$	$4,01 \cdot 10^3$
38	7100	9500			190	380	49	10,2	$21,05 \cdot 10^3$	$17,26 \cdot 10^3$	$13,05 \cdot 10^3$	$7,74 \cdot 10^3$
42	6000	8000			265	530	69	12,0	$23,74 \cdot 10^3$	$19,47 \cdot 10^3$	$14,72 \cdot 10^3$	$8,73 \cdot 10^3$
48	5600	7100			310	620	81	13,8	$36,70 \cdot 10^3$	$30,09 \cdot 10^3$	$22,75 \cdot 10^3$	$13,49 \cdot 10^3$
55	4750	6300			410	820	107	15,6	$50,72 \cdot 10^3$	$41,59 \cdot 10^3$	$31,45 \cdot 10^3$	$18,64 \cdot 10^3$
65	4250	5600	3,2°	5°	625	1250	163	18,0	$97,13 \cdot 10^3$	$79,65 \cdot 10^3$	$60,22 \cdot 10^3$	$35,70 \cdot 10^3$
75	3550	4750			1280	2560	333	21,6	$113,32 \cdot 10^3$	$92,92 \cdot 10^3$	$70,26 \cdot 10^3$	$41,65 \cdot 10^3$
90	2800	3750			2400	4800	624	30,0	$190,09 \cdot 10^3$	$155,87 \cdot 10^3$	$117,86 \cdot 10^3$	$69,86 \cdot 10^3$
100	2500	3350			3300	6600	858	36,0	$253,08 \cdot 10^3$	$207,53 \cdot 10^3$	$156,91 \cdot 10^3$	$93,01 \cdot 10^3$
110	2240	3000			4800	9600	1248	42,0	$311,61 \cdot 10^3$	$255,52 \cdot 10^3$	$193,20 \cdot 10^3$	$114,52 \cdot 10^3$
125	2000	2650			6650	13300	1729	48,0	$474,86 \cdot 10^3$	$389,39 \cdot 10^3$	$294,41 \cdot 10^3$	$174,51 \cdot 10^3$
140	1800	2360			8550	17100	2223	54,6	$660,49 \cdot 10^3$	$541,60 \cdot 10^3$	$409,50 \cdot 10^3$	$242,73 \cdot 10^3$
160	1500	2000			12800	25600	3328	75,0	$890,36 \cdot 10^3$	$730,10 \cdot 10^3$	$552,03 \cdot 10^3$	$327,21 \cdot 10^3$
180	1400	1800			18650	37300	4849	78,0	$2568,56 \cdot 10^3$	$2106,22 \cdot 10^3$	$1592,51 \cdot 10^3$	$943,95 \cdot 10^3$
Zahnkranz aus Polyurethan 98 Shore A; ab Größe 65 95 Shore A; Farbe rot												
14	19000	–	6,4°	10°	12,5	25	3,3	–	$0,56 \cdot 10^3$	$0,46 \cdot 10^3$	$0,35 \cdot 10^3$	$0,21 \cdot 10^3$
19	14000	19000			17	34	4,4	4,8	$2,92 \cdot 10^3$	$2,39 \cdot 10^3$	$1,81 \cdot 10^3$	$1,07 \cdot 10^3$
24	10600	14000			60	120	16	6,6	$9,93 \cdot 10^3$	$8,14 \cdot 10^3$	$6,16 \cdot 10^3$	$3,65 \cdot 10^3$
28	8500	11800			160	320	42	8,4	$26,77 \cdot 10^3$	$21,95 \cdot 10^3$	$16,60 \cdot 10^3$	$9,84 \cdot 10^3$
38	7100	9500			325	650	85	10,2	$48,57 \cdot 10^3$	$39,83 \cdot 10^3$	$30,11 \cdot 10^3$	$17,85 \cdot 10^3$
42	6000	8000			450	900	117	12,0	$54,50 \cdot 10^3$	$44,69 \cdot 10^3$	$33,79 \cdot 10^3$	$20,03 \cdot 10^3$
48	5600	7100			525	1050	137	13,8	$65,29 \cdot 10^3$	$53,54 \cdot 10^3$	$40,48 \cdot 10^3$	$24,00 \cdot 10^3$
55	4750	6300			685	1370	178	15,6	$94,97 \cdot 10^3$	$77,88 \cdot 10^3$	$58,88 \cdot 10^3$	$34,90 \cdot 10^3$
65	4250	5600	3,2°	5°	940	1880	244	18,0	$129,51 \cdot 10^3$	$106,20 \cdot 10^3$	$80,30 \cdot 10^3$	$47,60 \cdot 10^3$
75	3550	4750			1920	3840	499	21,6	$197,50 \cdot 10^3$	$161,95 \cdot 10^3$	$122,45 \cdot 10^3$	$72,58 \cdot 10^3$
90	2800	3750			3600	7200	936	30,0	$312,20 \cdot 10^3$	$256,00 \cdot 10^3$	$193,56 \cdot 10^3$	$114,73 \cdot 10^3$
100	2500	3350			4950	9900	1287	36,0	$383,26 \cdot 10^3$	$314,27 \cdot 10^3$	$237,62 \cdot 10^3$	$140,85 \cdot 10^3$
110	2240	3000			7200	14400	1872	42,0	$690,06 \cdot 10^3$	$565,85 \cdot 10^3$	$427,84 \cdot 103$	$253,60 \cdot 10^3$
125	2000	2650			10000	20000	2600	48,0	$1343,64 \cdot 10^3$	$1101,79 \cdot 10^3$	$833,06 \cdot 103$	$493,79 \cdot 10^3$
140	1800	2360			12800	25600	3328	54,6	$1424,58 \cdot 10^3$	$1168,16 \cdot 10^3$	$883,24 \cdot 103$	$523,54 \cdot 10^3$
160	1500	2000			19200	38400	4992	75,0	$2482,23 \cdot 10^3$	$2035,43 \cdot 10^3$	$1538,98 \cdot 103$	$912,22 \cdot 10^3$
180	1400	1800			28000	56000	7280	78,0	$3561,45 \cdot 10^3$	$2920,40 \cdot 10^3$	$2208,10 \cdot 10^3$	$1308,84 \cdot 10^3$

Tab. 20.2 Kennwerte für hochelastische BoWex-ELASTIC-Kupplungen (KTR)

Kupplungsgrößen		W 42 HE	42 HE			48 HE			65 HE			80 HE		
Elastomerhärte	Shore A	40 Sh	40 Sh	50 Sh	65 Sh	40 Sh	50 Sh	65 Sh	40 Sh	50 Sh	65 Sh	40 Sh	50 Sh	65 Sh
Nenndrehmoment	T_{KN} (in Nm)	90	130	150	180	200	230	280	350	400	500	750	950	1200
Maximaldrehmoment	$T_{K\,max}$ (in Nm)	270	390	450	540	600	690	840	1050	1200	1500	2250	2850	3600
Wechseldrehmoment bei 10 Hz	T_{KW} (in Nm)	27	36	45	54	60	69	84	105	120	150	225	285	360
Zulässige Dämpfungsleistung	P_{KW} (in W) bei 60 °C	15	20			27			45			90		
	P_{KW} (in W) bei 80 °C	5	6,5			9			15			30		
Max. zul. Betriebsdrehzahl	n_{max} (in min^{-1})	6200	6200			5600			4500			3600		
Verdrehwinkel bei Nenndrehmoment	φ_{TKN} (in °)	17	16	13	8	16	13	8	16	13	8	14	13	6
Dynamische Drehfedersteife	C_{dyn} (in Nm/rad)	365	550	850	2700	850	1300	3500	1600	2200	6000	4500	6500	18000
Verhältnismäßige Dämpfung	ψ	0,6	0,6	0,8	1,2	0,6	0,8	1,2	0,6	0,8	1,2	0,6	0,8	1,2
Resonanzfaktor $V_R \approx \dfrac{2 \cdot p}{\psi}$	V_R	10,5	10,5	7,9	5,2	10,5	7,9	5,2	10,5	7,9	5,2	10,5	7,9	5,2
Radialfedersteife	C_r (in N/mm)	105	142	219	697	176	269	724	209	288	784	351	507	1404
Zul. rad. Kupplungsversatz bei $n = 1500$ min^{-1}	ΔKr (in mm)	1,0	1,1	1,0	0,5	1,2	1,1	0,5	1,6	1,5	0,7	1,8	1,7	0,8
Max. zul. rad. Kupplungsversatz für kurzzeitigen Anfahrbetrieb	ΔKr_{max} (in mm)	3,2	3,6	3,3	1,5	3,8	3,5	1,7	5,1	4,7	2,2	5,7	5,3	2,4
Zul. winkliger Kupplungsversatz bei $n =$	ΔKw (in °) 1500 min^{-1}	1,0	1,0	0,75	0,5	1,0	0,75	0,5	1,0	0,75	0,5	1,0	0,75	0,5
	ΔKw (in °) 3000 min^{-1}	0,5	0,5	0,4	0,25	0,5	0,4	0,25	0,5	0,4	0,25	0,5	0,4	0,25
Max. zul. winkliger Kupplungsversatz für kurzz. Anfahrbetrieb	ΔKw_{max} (in °)	1,5	1,5			1,5			1,5			1,5		
Zul. axialer Kupplungsversatz	ΔKa (in mm)	± 2	± 2			± 2			± 2			± 2		
	Die Angaben der technischen Daten gelten für eine Umgebungstemperatur $T = 60$ °C.													

Fortsetzung Tab. 20.2

Kupplungsgrößen		G 80 HE			100 HE			125 HE		
Elastomerhärte	Shore A	40 Sh	50 Sh	65 Sh	40 Sh	50 Sh	65 Sh	40 Sh	50 Sh	70 Sh
Nenndrehmoment	T_{KN} (in Nm)	1250	1600	2000	2000	2500	3200	3000	4000	5000
Maximaldrehmoment	$T_{K\,max}$ (in Nm)	3750	4800	6000	6000	7500	9600	9000	12000	15000
Wechseldrehmoment bei 10 Hz	T_{KW} (in Nm)	375	480	600	600	750	960	900	1200	1500
Zulässige Dämpfungsleistung	P_{KW} (in W) bei 60 °C	135			160			180		
	P_{KW} (in W) bei 80 °C	45			53			60		
Max. zul. Betriebsdrehzahl	n_{max} (in min^{-1})	3000			2700			2300		
Verdrehwinkel bei Nenndrehmoment	φ_{TKN} (in °)	12	10	6	12	10	6	12	10	6
Dynamische Drehfedersteife	C_{dyn} (in Nm/rad)	7500	12000	32000	12000	19000	48000	19000	30000	75000
Verhältnismäßige Dämpfung	ψ	0,6	0,8	1,2	0,6	0,8	1,2	0,6	0,8	1,2
Resonanzfaktor $V_R \approx \dfrac{2 \cdot p}{\psi}$	V_R	10,5	7,9	5,2	10,5	7,9	5,2	10,5	7,9	5,2
Radialfedersteife	C_r (in N/mm)	476	762	2031	366	570	1200	617	974	2434
Zul. rad. Kupplungsversatz bei $n = 1500$ min^{-1}	ΔKr (in mm)	2,0	1,9	0,9	2,2	2,0	1,0	2,5	2,3	1,1
Max. zul. rad. Kupplungsversatz für kurzzeitigen Anfahrbetrieb	ΔKr_{max} (in mm)	6,0	5,7	2,7	6,5	6,0	3,0	7,5	6,9	3,3
Zul. winkliger Kupplungsversatz bei $n =$	ΔKw (in °) 1500 min^{-1}	1,0	0,75	0,5	1,0	0,75	0,5	1,0	0,75	0,5
	ΔKw (in °) 3000 min^{-1}	0,5	0,4	0,25	0,5	0,4	0,25	0,5	0,4	0,25
Max. zul. winkliger Kupplungsversatz für kurzz. Anfahrbetrieb	ΔKw_{max} (in °)	1,5			1,5			1,5		
Zul. axialer Kupplungsversatz	ΔKa (in mm)	± 3			± 3			± 3		
Die Angaben der technischen Daten gelten für eine Umgebungstemperatur $T = 60$ °C.										

Tab. 20.3 Einflussfaktoren für nachgiebige (elastische) Wellenkupplungen

Werkstoff des Bindegliedes	Temperaturfaktor S_ϑ bei $t =$			
	$-20\ldots+30\,°C$	$+30\ldots+40\,°C$	$+40\ldots+60\,°C$	$+60\ldots+80\,°C$
Naturgummi NR	1,0	1,1	1,4	1,8
Polyurethan-Elastomere PUR	1,0	1,2	1,4	1,8
Acrylnitril-Butadien-Kautschuk NBR (Perbunan N)	1,0	1,0	1,0	1,2

Stoßfaktor S_S / Arbeitsmaschine	E-Motor Transmissionen Dampfturbinen Öl-Motor	Kraftmaschine			
		Dampf- u. Gasmaschine Wasserturbine Diesel 4 Zylinder u. mehr	Diesel- und Otto-Motor		
			3 Zylinder	2 Zylinder	1 Zylinder
Generatoren mit gleichmäßiger Kraftabnahme (Licht); Gurtförderer; Holzbearbeitungsmaschinen; leichte Transportanlagen; leichte Transmissionen; kleine Ventilatoren; drehende Werkzeugmaschinen; kleine Zentrifugalpumpen; gleichmäßige Müllereimaschinen; leichte Textilmaschinen.	1,5…1,7	1,7…1,9	2,0…2,2	2,3…2,5	2,7…2,9
Leichte Aufzüge; Elevatoren; Generatoren mit leicht ungleichmäßiger Kraftabnahme; Haspel; Kettenförderer; Sandstrahlgebläse; Textilmaschinen; Transportanlagen; Turbogebläse; große Ventilatoren; große drehende Werkzeugmaschinen; Winden; Zentrifugalpumpen; Rotations-Pumpen und Kompressoren; gleichmäßige Rührwerke.	1,6…1,8	1,9…2,1	2,2…2,4	2,5…2,7	2,9…3,1
Schwere Aufzüge; Drehöfen; Gerbfässer; Gummiwalzen-Transmissionen; Holländer; Krane; Kolbengebläse; Kühltrommeln; Ringspinnmaschinen; Rührwerke; Scheren; Schleifmaschinen; Waschmaschinen; Walzenstühle; Webstühle; Ziegelstrangpressen; Druckereimaschinen; Mahl- und Schrotgänge; Schiffshilfsmaschinen; Werkzeugmaschinen mit Bewegungs-Umkehr; Zuckerfabriks-Anlagen.	1,8…2,0	2,1…2,3	2,4…2,6	2,7…2,9	3,1…3,3
Baggerantriebe; Brikettpressen; Gummiwalzwerke; Grubenventilatoren; Holzschleifer; Kohlemühlen; Kolbenpumpen mit Schwungrad; Kolbenkompressoren mit leichtem Schwungrad; Kollergänge für Sand und Papier; Plungerpumpen; Putztrommeln; Rüttelmaschinen; Verbundmühlen; Zementmühlen; Ziehbänke; Schiffspropeller; Schmiedemaschinen.	2,1…2,4	2,4…2,7	2,7…3,0	3,1…3,4	3,5…3,8
Gautschen; Horizontal- und Vollgatter; Nasspressen; Papierkalander; Rollapparate für Papier; Trockenzylinder; kleine Walzwerke für Metalle; Rollgänge für Walzwerke; schwere Zentrifugen; Hartzerkleinerungsmaschinen; Kolbenpressen und Stanzen.	2,6…3,0	2,9…3,3	3,2…3,6	3,6…4,0	4,0…4,4
Kalt- und Warmwalzwerke mit und ohne Schwungrad; Straßenbaumaschinen; Schweiß- und Frequenz-Umformer-Generatoren für Anlagen mit stark stoßweisem Betrieb und sonstige Spezialmaschinen auf Anfrage.		Innerhalb der Maschinengruppen gelten die kleineren Werte für leichtere und die größeren Werte für schwerere Antriebe. Für Brennkraftmaschinen empfiehlt sich die Durchführung einer Schwingungsrechnung.			

Anfahrhäufigkeit Z	in h^{-1}	100	200	400	800
Anlauffaktor S_Z		1,0	1,2	1,4	1,6

Frequenz $n \cdot i$	in s^{-1}	…10		> 10	
Frequenzfaktor S_f		1		$\sqrt{n \cdot i/10\,s^{-1}}$	

Tab. 20.4 Temperaturgrenzen für Zahnkranzmaterialien (KTR)

Standard-Zahnkränze					
Zahnkranz Bezeichnung Härte(Shore)	Werkstoff	Zul. Temperaturbereich (°C)		Lieferbar für Kupplungsgrößen	Typische Einsatzbereiche
		Dauertemperatur	max. Temp. kurzzeitig		
92 Sh A	Polyurethan	−40 … +90	−50 … +120	Gr. 14 … 180	alle Antriebsfälle im Bereich des Maschinenbaus und der Hydraulik Standardeinsätze mittlerer Elastizität
95/98 Sh A	Polyurethan	−30 … +90	−40 … +120	Gr. 14 … 180	hohe Drehmomentübertragung bei guter Dämpfung
64 Sh D–F	Polyurethan	−30 … +110	−30 … +130	Gr. 14 … 180	Verbrennungsmotoren hohe Luftfeuchtigkeit, hydrolysefest Verlagerung kritischer Drehzahlen

Tab. 20.5 Spezielle Einsatzbereiche für elastische Kupplungen (KTR)

Zahnkränze für spezielle Einsatzbereiche:				
Typische Einsatzbereiche	Zahnkranz Bezeichnung Härte (Shore)	Werkstoff	Zul. Temperaturbereich (in °C)	
			Dauertemperatur	max. Temperatur kurzzeitig
Verbrennungsmotoren, hohe dynamische Beanspruchung, hohe Luftfeuchtigkeit/hydrolysefest	94 Sh A–T	Polyurethan	−50 … +110	−60 … +130
Antrieb mit erhöhter Beanspruchung, kleine Verdrehwinkel, drehsteif, hohe Umgebungstemperaturen	64 Sh D–H	Hytrel	−50 … +110	−60 … +150
Kleine Verdrehwinkel und hohe Drehfedersteife, hohe Umgebungstemperatur, gute Chemikalienbeständigkeit	Polyamide	PA	−20 … +130	−30 … +150
Kleine Verdrehwinkel und hohe Drehfedersteife, sehr hohe Umgebungstemperatur, gute Chemikalienbeständigkeit, hydroloysefest	PEEK	PEEK	bis +180 (ATEX) Freigabe bis max. +160	bis +250

Tab. 20.6 Reibwerte und Kennwerte für verschiedene Reibpaarungen (nach VDI 2241)

Reibpaarungen	Nasslauf				Trockenlauf		
	Sinterbronze/ Stahl	Sintereisen/ Stahl	Papier/ Stahl	Stahl, gehärtet/ Stahl, gehärtet	Sinterbronze/ Stahl	Organische Beläge/ Grauguss	Stahl, nitriert/ Stahl, nitriert
Gleitreibungszahl μ	0,05 … 0,1	0,07 … 0,1	0,1 … 0,12	0,05 … 0,08	0,15 … 0,3	0,3 … 0,4	0,3 … 0,4
Haftreibungszahl μ_0	0,12 … 0,14	0,1 … 0,14	0,08 … 0,1	0,08 … 0,12	0,2 … 0,4	0,3 … 0,5	0,4 … 0,6
Verhältnis μ/μ_0	1,4 … 2,0	1,2 … 1,5	0,8 … 1,0	1,4 … 1,6	1,25 … 1,6	1,0 … 1,3	1,2 … 1,5
Max. Gleitgeschwindigkeit v_{gl} in m/s	40	20	30	20	25	40	25
Max. Reibflächenpressung p_R in N/mm^2	4	4	2	0,5	2	1	0,5
Zul. flächenbezogener Wärmeeintrag bei einmaliger Schaltung q_{AE} in J/mm^2	1,0 … 2,0	0,5 … 1,0	0,8 … 1,5	0,3 … 0,5	1,0 … 1,5	2,0 … 4,0	0,5 … 1,0
Zul. flächenbezogene Wärmeleistung $\dot{q}_{A0}$ in W/mm^2	1,5 … 2,5	0,7 … 1,2	1,0 … 2,0	0,4 … 0,8	1,5 … 2,0	3,0 … 6,0	1,0 … 2,0

Tab. 20.7 Brems- und Kupplungsbeläge für verschiedene Anwendungsgebiete (Bremskerl)

	Bremskerl Nr.	Materialbeschreibung	Empfohlene Einsatzgebiete	Technische Daten						Besonderheiten
				Mittlerer dyn. Reibwert (trocken) μ ca.	Empfohlener Beanspruchungsbereich			Max. zulässige Temperatur (in °C)		
					a) p_{max} (in N/cm)	b) v_{max} (in m/s)		a) für Dauerbetrieb	b) kurzzeitig	
Industrieanwendungen	4157	Buna-kunstharzgebunden, ohne metallische Bestandteile, schwarzgrau, flexibel, asbestfrei	Bremsen und Kupplungen im allgemeinen Maschinenbau	0,37	200	36		250	400	für Öllauf nicht erprobt, gelegentliche Ölspritzer schaden dem Werkstoff nicht
	4200	Elastomer-kunstharzgebunden, ohne Metall, schwarz-grau, nur wenig flexibel, asbestfrei	Bremsen und Kupplungen im allgemeinen Maschinenbau, insbesondere Elektromagnetbremsen und Kupplungen	0,39	120	20		300	350	für Lauf unter bestimmten Gleitölen geeignet
	4400	Gewebe mit Messingseele, hochverdichtet, zähhart, nicht flexibel, Bremsseite geschliffen, asbestfrei	Reibrollen, Brems- und Kupplungsbeläge in mechanisch hochbelast. Aggregaten	0,28	500	24		250	450	Belagmaterial ist für Trocken- und Öllauf geeignet
	4500	Gewebtes Bremsband, imprägniert, flexibel, hellbraun, asbestfrei	Krananlagen, Ankerwinden, Bandbremsen allgemein, Bohranlagen	0,39	200	24		250	400	für Öllauf nicht erprobt, gelegentliche Ölspritzer schaden dem Werkstoff nicht
	4773	Elastomer-kunstharzgebunden, ohne Metall, schwarz-grau, zähhart, nur wenig flexibel, asbestfrei	Bremsen und Kupplungen im allgemeinen Maschinenbau	0,33	160	60		250	400	für Öllauf nicht erprobt, gelegentliche Ölspritzer schaden dem Werkstoff nicht
	4818	Buna-gebunden, massegepresst, mit Stahlwolle, grau, flexibel, asbestfrei	Bremsen und Kupplungen in Kränen und Aufzügen, Winden und Bohranlagen, allgemeiner Maschinenbau, Scheibenbremsen	0,40	160	40		250	450	für Lauf unter Öl ungeeignet, gelegentliche Ölspritzer schaden dem Werkstoff nicht
	5010	Bremsseite und Kontaktflächen geschliffen, hochverdichtet, zähhart, formgepresst, grau-schwarz, asbestfrei	Hochbelastete Kupplungen und Bremsen, Industrie-Scheibenbremsen	0,45	250	50		350	600	Belagmaterial ist für Trocken- und Öllauf geeignet
	5300	Buna-kunstharzgebunden, mit Stahlwolle, mittelgrau, flexibel, asbestfrei	Bremsen und Kupplungen in Kränen, Winden, Gabelstaplern, allgemeiner Maschinenbau	0,35	200	36		250	400	für Öllauf nicht erprobt, gelegentliche Ölspritzer schaden dem Werkstoff nicht
	5387	Metallfaserbelag (Stahlwolle), mittelgrau, flexibel, asbestfrei	Bremsbelag für Krananlagen und hochbelastete Industrieanlagen	0,40	160	25		250	450	für Öllauf nicht erprobt, gelegentliche Ölspritzer schaden dem Werkstoff nicht
	5396	Buna-kunstharzgebunden, mit Stahlwolle, mittelgrau, flexibel, asbestfrei	Krannormbelag, Bremsen und Kupplungen im allgemeinen Maschinenbau, Scheibenbremsen auch für Schienenfahrzeuge	0,35	200	30		250	450	für Öllauf nicht erprobt, gelegentliche Ölspritzer schaden dem Werkstoff nicht

Fortsetzung Tab. 20.7

Bremskerl Nr.	Materialbeschreibung	Empfohlene Einsatzgebiete	Technische Daten					Besonderheiten
			Mittlerer dyn. Reibwert (trocken) μ ca.	Empfohlener Beanspruchungsbereich		Max. zulässige Temperatur (in °C)		
				a) p_{max} (in N/cm)	b) v_{max} (in m/s)	a) für Dauerbetrieb	b) kurzzeitig	
5504	Buna-kunstharzgebunden, ohne Metall, schwarz-grau, flexibel, asbestfrei	Bremsen und Kupplungen in Kränen, Winden, Gabelstaplern, allgemeiner Maschinenbau	0,35	200	36	250	400	für Ölllauf nicht erprobt, gelegentliche Ölspritzer schaden dem Werkstoff nicht
5906	Elastomer-kunstharzgebunden, massegepresst, metallische Bestandteile, schwarz-grau, zähhart, nur wenig flexibel, asbestfrei	Bremsen und Kupplungen im allgemeinen Maschinenbau, insbesondere Elektromagnetbremsen und Kupplungen	0,39	120	20	300	350	für Lauf unter bestimmten Gleitölen geeignet
6230	Buna-kunstharzgebunden, ohne Metall, schwarz-grau, flexibel, asbestfrei	Bremsen und Kupplungen im allgemeinen Maschinenbau	0,42	200	30	250	400	für Ölllauf nicht erprobt, gelegentliche Ölspritzer schaden dem Werkstoff nicht
6481	Kunstharz-bunagebunden, mit sehr geringem Metallgehalt, hellbraun, zähhart, asbestfrei	Bremsen und Kupplungen im allgemeinen Maschinenbau. Scheibenbremsbelag für Schienenfahrzeuge und in Industriescheibenbremsen	0,38	250	20	250	450	für Ölllauf nicht erprobt, gelegentliche Ölspritzer schaden dem Werkstoff nicht
6782	Elastomer-kunstharzgebunden, ohne metallische Bestandteile, schwarz-grau, massegepresst, zähhart, asbestfrei	Krananlagen, Kupplungen und Bremsen im allgemeinen Maschinenbau, Scheibenbremsen auch für Schienenfahrzeuge	0,28	250	60	250	400	für Ölllauf nicht erprobt, gelegentliche Ölspritzer schaden dem Werkstoff nicht
8006	Kunstharzgebunden, mit Stahlwolle und geringem Buntmetallgehalt, massegepresst, asbestfrei, schwarz-grau	Scheibenbremsbelag für schwere Nutzfahrzeuge Bremsen und Kupplungen im allgemeinen Maschinenbau, besonders geeignet für hohe mechanische Belastungen	0,42	500	24	450	700	
6386	Massegepresst, nicht flexibel, zähhart, hochverdichtet, asbestfrei, grau	Trommelbremsbelag für schwere Nutzfahrzeuge, hochbelastete Kupplungen	0,40	500	50	400	650	
7099	Massegepresst, nicht flexibel, zähhart, hochverdichtet, asbestfrei, grau	Trommelbremsbelag für schwere Nutzfahrzeuge	0,40	500	50	400	600	
2000	Massegepresster kautschukgebundener Reibbelag, asbest- und schwermetallfrei, enthält Metallfasern, grau	UIC-freigegebener Scheibenbremsbelag für Schienenfahrzeuge bis 200 km/h, besonders nassfest	0,36	200	60	300	450	
3000	Massegepresster organisch gebundener Reibbelag, asbest- und schwermetallfrei, enthält Metall, grau-schwarz	Scheibenbremsbelag für Schienenfahrzeuge in Hochgeschwindigkeitsanwendungen speziell ICE, besonders geruchsarm	0,36	220	90	360	600	

Industrieanwendungen: 5504, 5906, 6230, 6481, 6782
Lastwagen: 8006, 6386, 7099
Schienenfahrzeug: 2000, 3000

Tab. 22.1 Moduln m in mm (nach DIN 780)

Reihe 1	0,05	0,06	0,08	0,10	0,12	0,16	0,20	0,25	0,3	0,4	0,5	0,6	0,7	0,8	0,9	1	1,25
	1,5	2	2,5	3	4	5	6	8	10	12	16	20	25	32	40	50	60
Reihe 2	0,055	0,07	0,09	0,11	0,14	0,18	0,22	0,28	0,35	0,45	0,55	0,65	0,75	0,85	0,95	1.125	1,375
	1,75	2,25	2,75	3,5	4,5	5,5	7	9	11	14	18	22	28	36	45	55	70

Tab. 22.2 Evolventenfunktion inv $\alpha = \tan\alpha - \widehat{\alpha}$

$\alpha°$	,0	,1	,2	,3	,4	,5	,6	,7	,8	,9
10	0,00179	0,00185	0,00190	0,00196	0,00202	0,00208	0,00214	0,00220	0,00226	0,00233
11	0,00239	0,00246	0,00253	0,00260	0,00267	0,00274	0,00281	0,00289	0,00296	0,00304
12	0,00312	0,00320	0,00328	0,00336	0,00344	0,00353	0,00361	0,00370	0,00379	0,00388
13	0,00398	0,00407	0,00416	0,00426	0,00436	0,00446	0,00456	0,00466	0,004677	0,00487
14	0,00498	0,00509	0,00520	0,00531	0,00543	0,00554	0,00566	0,00478	0,00590	0,00603
15	0,00615	0,00628	0,00640	0,00653	0,00667	0,00680	0,00693	0,00707	0,00721	0,00735
16	0,00749	0,00764	0,00778	0,00793	0,00808	0,00823	0,00839	0,00854	0,00870	0,00886
17	0,00902	0,00919	0,00935	0,00952	0,00969	0,00987	0,01004	0,01022	0,01040	0,01058
18	0,01076	0,01095	0,01113	0,01132	0,01152	0,01171	0,01191	0,01210	0,01231	0,01251
19	0,01271	0,01292	0,01313	0,01335	0,01356	0,01378	0,01400	0,01422	0,01445	0,01467
20	0,01490	0,01514	0,01537	0,01561	0,01585	0,01609	0,01634	0,01659	0,01684	0,01709
21	0,01735	0,01760	0,01787	0,01813	0,01840	0,01866	0,01894	0,01921	0,01949	0,01977
22	0,02005	0,02034	0,02063	0,02092	0,02122	0,02151	0,02182	0,02212	0,02243	0,02274
23	0,02305	0,02337	0,02368	0,02401	0,02433	0,02466	0,02499	0,02533	0,02566	0,02601
24	0,02635	0,02700	0,02705	0,02740	0,02776	0,02812	0,02849	0,02885	0,02922	0,02960
25	0,02998	0,03036	0,03074	0,03113	0,03152	0,03192	0,03232	0,03272	0,03312	0,03353
26	0,03395	0,03436	0,03479	0,03521	0,03564	0,03607	0,03651	0,03695	0,03739	0,03784
27	0,03829	0,03874	0,03920	0,03966	0,04013	0,04060	0,04108	0,04156	0,04204	0,04253
28	0,04302	0,04351	0,04401	0,04452	0,04502	0,04554	0,04605	0,04657	0,04710	0,04763
29	0,04816	0,04870	0,04925	0,04979	0,05034	0,05090	0,05146	0,05203	0,05260	0,05317
30	0,05375	0,05434	0,05492	0,05552	0,05612	0,05672	0,05733	0,05794	0,05856	0,05919
31	0,05981	0,06044	0,06108	0,06172	0,06237	0,06302	0,06368	0,06434	0,06501	0,06569
32	0,06636	0,06705	0,06774	0,06843	0,06913	0,06984	0,07055	0,07127	0,07199	0,07272
33	0,07345	0,07419	0,07493	0,07568	0,07644	0,07720	0,07797	0,07874	0,07952	0,08031
34	0,08110	0,08189	0,08270	0,08351	0,08432	0,08514	0,08597	0,08604	0,08764	0,08849
35	0,08934	0,09020	0,09107	0,09194	0,09282	0,09370	0,09459	0,09549	0,09640	0,09731

Tab. 22.3 Schrägungswinkelfunktion $\sin\beta$ für Stirnradverzahnungen der Reihe 1 nach DIN 3978 (Auszug)

m_n in mm				$\sin\beta$					
1	2	4	8	0,1 0,25 0,4	0,125 0,275 0,425	0,15 0,3 0,45	0,175 0,325	0,2 0,35	0,225 0,375
1,125	2,25	4,5	9	0,1125 0,28125 0,45	0,140625 0,309375 0,478125	0,16875 0,3375 0,506250	0,196875 0,365625	0,225 0,39375	0,253125 0,421875
1,25	2,5	5	10	0,09375 0,28125 0,46875	0,125 0,3125 0,5	0,15625 0,34375 0,53125	0,1875 0,375 0,5625	0,21875 0,40625	0,25 0,4375
1,375	2,75	5,5	11	0,103125 0,30975 0,515625	0,1375 0,34375 0,55	0,171875 0,378125 0,584375	0,20625 0,4125 0,61825	0,240625 0,446875	0,275 0,48125
1,5	3	6	12	0,1125 0,3374 0,5625	0,15 0,375 0,6	0,1875 0,4125 0,6375	0,225 0,45 0,675	0,2625 0,4875	0,3 0,525
1,75	3,5	7	14	0,13125 0,39375 0,56625	0,175 0,4375 0,7	0,21875 0,48125	0,2625 0,525	0,30625 0,56875	0,35 0,6125

Diagr. 22.1 Geometrische Grenzen der Evolventenverzahnung mit $\alpha_n = 20°$ und $h_a = m_n$ (nach DIN 3960 und DIN 3993)

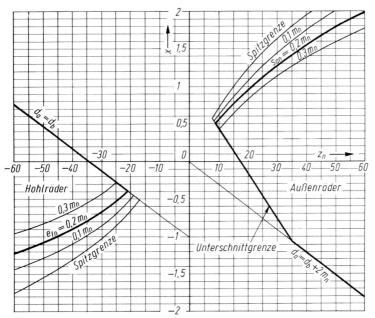

Tab. 23.1 Anhaltswerte für den Anwendungsfaktor K_A (nach DIN 3990)

Arbeitsmaschine (getriebene Maschine) Arbeitsweise und Beispiele	Kraftmaschine (Antriebsmaschine) Arbeitsweise und Beispiele			
	gleichmäßig: Elektromotor	leichte Stöße: Dampf-, Gasturbine	mäßige Stöße: Mehrzylinder-Motor	starke Stöße: Einzylinder-Motor
gleichmäßig (uniform): Stromerzeuger, Vorschubgetriebe, leichte Aufzüge und Hubwinden, Turbogebläse und -verdichter, Rührer und Mischer für Stoffe gleichmäßiger Dichte, Gurt- und Schneckenförderer	1,00	1,10	1,25	1,50
mäßige Stöße (moderat): Hauptantriebe von Werkzeugmaschinen, schwere Aufzüge, Krandrehwerke, Grubenlüfter, Rührer und Mischer für Stoffe ungleichmäßiger Dichte, Mehrzylinder-Kolbenpumpen, Zuteilpumpen	1,25	1,35	1,50	1,75
mittlere Stöße: Holzbearbeitungsmaschinen, Hubwerke, Einzylinder-Kolbenpumpen, Mischmaschinen mit unterbrochenem Betrieb, Mahlwerke	1,50	1,60	1,75	2,00
starke Stöße (heavy): Stanzen, Scheren, Walzwerks- und Hüttenmaschinen, Löffelbagger, schwere Zentrifugen, schwere Zuteilpumpen, Pressen	1,75	1,85	2,00	2,25 oder höher

Tab. 23.2 Richtwerte für Zahnbreiten b und Mindestzähnezahlen z von Stirnrädern

Zähne geschnitten	Zahnräder auf steifen Wellen, die in Wälzlagern oder vorzüglichen Gleitlagern laufen, starrer Unterbau	$b \leq 30\ldots 40m$
	Zahnräder in normalen Getriebekästen, Wälz- oder Gleitlagerung	$b \leq 25m$
	Zahnräder auf Stahlkonstruktionen, Trägern u. dgl.	$b \leq 15m$
	Zahnräder mit bester Lagerung in Hochleistungsgetrieben	$b \leq 2d_1$
Zähne roh gegossen	fliegend gelagerte Zahnräder	$b \leq 10m$
Zahnräder mit großen Umfangsgeschwindigkeiten ($v > 4$ m/s) und erheblicher Kraftleistung, wenn $\varepsilon_\alpha > 1{,}5$		$z_1 \geq 16$
Zahnräder mit mittleren Umfangsgeschwindigkeiten ($v = 0{,}8\ldots 4$ m/s)		$z_1 \geq 12$
Zahnräder mit kleinen Umfangsgeschwindigkeiten ($v < 0{,}8$ m/s) oder bei geringer Kraftleistung für untergeordnete Zwecke		$z_1 \geq 10$
Außenradpaare grundsätzlich		$z_1 + z_2 \geq 24$
Innenradpaare grundsätzlich		$z_2 \geq z_1 + 10$

Tab. 23.3 Anhaltswerte für die Wahl von Verzahnungsqualität, Toleranzklasse und Rauheitswert von Verzahnungen aus Metallen und Kunststoffen (nach [23.1] und VDI 2545)

Verzahnungen aus Metall					
v bis m/s	Bearbeitung der Zahnflanken	Qualität (Genauigkeitsklasse)	Toleranzfeld DIN 3967	Flankenrauheit R_a	R_z
0,8	gegossen, roh	12	2×30	–	–
0,8	geschruppt	11 oder 10	29 oder 28	6,3 µm	40 µm
2	schlichtgefräst	9	27	1,6 µm	14 µm
4	schlichtgefräst	8	26	0,8 µm	6,3 µm
8	feingeschlichtet	7	25	0,4 µm	3 µm
12	geschabt oder geschliffen	6	24	0,3 µm	2 µm
20	feingeschliffen	5	23	0,1 µm	1 µm
40	feinstbearbeitet	4 oder 3	22	0,05 µm	0,5 µm
60	feinstbearbeitet	3	22 oder 21	0,025 µm	0,3 µm
Verzahnungen aus spritzgegossenen Kunststoffen					
Anwendung		d mm	Genauigkeitsklasse (Qualität)	Toleranzfeld DIN 3967	
Getriebe mit hohen Anforderungen		bis 10	9	27	
Getriebe mit hohen Anforderungen		10...50	10	28	
Getriebe mit normalen Anforderungen		10...50	11	29	
Getriebe mit geringen Anforderungen		bis 280	12	2×30	
Spanend hergestellte Verzahnungen aus Kunststoffen					
Getriebe mit hohen Anforderungen		bis 10	8	25...27	
Getriebe mit hohen Anforderungen		10...50	9	26...28	
Getriebe mit normalen Anforderungen		bis 50	10	27, 28	
Getriebe mit normalen Anforderungen		50...125	11	27, 28	
Getriebe mit geringen Anforderungen		bis 280	12	28	

Tab. 23.4 Achsabstandsabmaße $\pm A_a$ in µm von Gehäusen für Stirnradgetriebe (nach DIN 3964)
(Zahlenwerte sind mit + obere Abmaße, mit − untere Abmaße)

Achsabstand a mm		Achslage-Genauigkeitsklasse 1 bis 3						
			Achslage-Genauigkeitsklasse 4 bis 6					
				Achslage-Genauigkeitsklasse 7 bis 9				
					Achslage-Genauigkeitsklasse 10 bis 12			
über	bis	ISO-Toleranzfeld js						
		5	6	7	8	9	10	11
10	18	4	5,5	9	13,5	21,5	35	55
18	30	4,5	6,5	10,5	16,5	26	42	65
30	50	5,5	8	12,5	19,5	31	50	80
50	80	6,5	9,5	15	23	37	60	95
80	120	7,5	11	17,5	27	43,5	70	110
120	180	9	12,5	20	31,5	50	80	125
180	250	10	14,5	23	36	57,5	92,5	145
250	315	11,5	16	26	40,5	65	105	160
315	400	12,5	18	28,5	44,5	70	115	180
400	500	13,5	20	31,5	48,5	77,5	125	200
500	630	14	22	35	55	87	140	220
630	800	16	25	40	62	100	160	250
800	1000	18	28	45	70	115	180	280
1000	1250	21	33	52	82	130	210	330
1250	1600	25	39	62	97	155	250	390
1600	2000	30	46	75	115	185	300	460
2000	2500	35	55	87	140	220	350	550
2500	3150	43	67	105	165	270	430	675

Tab. 23.5 Toleranzen für Achsschränkung $f_{\Sigma\beta}$ und Achsneigung $f_{\Sigma\delta}$ (Achslagetoleranzen) in µm (nach DIN 3964)

Lagermittenabstand L_g in mm		Achslage-Genauigkeitsklasse										
über	bis	1	2	3	4	5	6	7	8	9	10	11	12
	50	5	6	8	10	12	16	20	25	32	40	50	63
50	125	6	8	10	12	16	20	25	32	40	50	63	80
125	280	8	10	12	16	20	25	32	40	50	63	80	100
280	560	10	12	16	20	25	32	40	50	63	80	100	125
560	1000	12	16	20	25	32	40	50	63	80	100	125	160
1000	1600	16	20	25	32	40	50	63	80	100	125	160	200
1600	2500	20	25	32	40	50	63	80	100	125	160	200	250
2500	3150	25	32	40	50	63	80	100	125	160	200	250	320

Tab. 23.6 Zulässige Teilungs- und Eingriffsteilungs-Abweichungen für Verzahnungen auszugsweise (nach DIN 3962)

d in mm		m_n in mm		f_p und f_{pe} in μm bei Verzahnungsqualität								
über	bis	über	bis	4	5	6	7	8	9	10	11	12
	10	von 1	2	3	4,5	6	9	12	18	28	45	71
10	50	von 1	2	3,4	5	7	9	14	18	28	50	80
		2	3,55	3,5	5	7	10	14	20	32	50	80
		3,55	6	4	6	8	11	16	22	36	56	90
		6	10	5	7	10	12	18	25	40	63	110
50	125	von 1	2	4	5	7	10	14	20	32	50	80
		2	3,55	3,5	5	7	10	14	20	32	50	80
		3,55	6	4	6	9	12	16	25	40	63	100
		6	10	5	7	10	14	20	28	45	71	110
		10	16	6	9	12	18	25	32	56	90	140
125	280	von 1	2	4	5,5	8	11	16	22	36	56	90
		2	3,55	4	6	8	11	16	22	36	56	90
		3,55	6	4,5	7	9	12	18	25	40	63	100
		6	10	5,5	8	11	14	20	28	45	71	125
		10	16	6	9	12	18	25	36	56	90	140
		16	25	8	11	16	22	32	45	71	110	180
		25	40	11	15	22	28	40	56	90	140	250
280	560	von 1	2	4,5	6	8	12	16	22	36	56	100
		2	3,55	4	6	8	12	16	22	36	56	90
		3,55	6	5	7	10	14	20	28	45	71	110
		6	10	6	8	11	16	22	32	50	80	125
		10	16	7	10	14	20	28	36	56	90	160
		16	25	8	12	16	22	32	45	71	110	180
		25	40	11	16	22	32	45	63	100	160	250
560	1000	2	3,55	4,5	6	9	12	18	25	40	63	100
		3,55	6	5,5	8	11	16	20	28	45	75	125
		6	10	6	9	11	16	25	32	56	90	140
		10	16	7	10	14	20	28	40	63	100	160
		16	25	9	12	18	25	36	50	80	125	200
		25	40	12	16	22	32	45	63	100	160	250
Zur Berechnung der Stirnfaktoren $K_{F\alpha}$ und $K_{H\alpha}$ für Getriebe sind gemäß DIN 3990-1 zu setzen												
Verzahnungsqualität				3	4	5	6	7	8	9	10	11	12
f_{pe} in μm				3	5	9	15	25	40	60	100	145	220
y_p in μm				0,2	0,7	1,5	2,5	4	8	15	30	45	60

Tab. 23.7 Zahndickenabmaße und Zahndickentoleranzen in μm (nach DIN 3967)

d in mm		Abmaßreihe der oberen Zahndickenabmaße									
über	bis	a	ab	b	bc	c	cd	d	e	f	g	h
	10	− 100	− 85	− 70	− 58	− 48	− 40	− 33	− 22	− 10	− 5	0
10	50	− 135	− 110	− 95	− 75	− 65	− 54	− 44	− 30	− 14	− 7	0
50	125	− 180	− 150	− 125	− 105	− 85	− 70	− 60	− 40	− 19	− 9	0
125	280	− 250	− 200	− 170	− 140	−115	− 95	− 80	− 56	− 26	− 12	0
280	560	− 330	− 280	− 230	− 190	−155	−130	−110	− 75	− 35	− 17	0
560	1000	− 450	− 370	− 310	− 260	−210	−175	−145	−100	− 48	− 22	0
1000	1600	− 600	− 500	− 420	− 340	−290	−240	−200	−135	− 64	− 30	0
1600	2500	− 820	− 680	− 560	− 460	−390	−320	−270	−180	− 85	− 41	0
2500	4000	−1100	− 920	− 760	− 620	−520	−430	−360	−250	−115	− 56	0
4000	6300	−1500	−1250	−1020	− 840	−700	−580	−480	−330	−155	− 75	0
6300	10000	−2000	−1650	−1350	−1150	−940	−780	−640	−450	−210	−100	0

d in mm		Toleranzreihe der Zahndickentoleranzen									
über	bis	21	22	23	24	25	26	27	28	29	30
	10	3	5	8	12	20	30	50	80	130	200
10	50	5	8	12	20	30	50	80	130	200	300
0	125	6	10	16	25	40	60	100	160	250	400
125	280	8	12	20	30	50	80	130	200	300	500
280	560	10	16	25	40	60	100	160	250	400	600
560	1000	12	20	30	50	80	130	200	300	500	800
1000	1600	16	25	40	60	100	160	250	400	600	1000
1600	2500	20	30	50	80	130	200	300	500	800	1300
2500	4000	25	40	60	100	160	250	400	600	1000	1600
4000	6300	30	50	80	130	200	300	500	800	1300	2000
6300	10000	40	60	100	160	250	400	600	1000	1600	2400

Tab. 23.8 Viskosität bei 40 °C für Schmieröle von Zahnradgetrieben in Abhängigkeit vom Schmierkennwert k_S/v (nach DIN 51509)

k_S/v	MPa · s/m	0,01	0,02	0,03	0,04	0,05	0,06	0,07	0,08	0,09	0,10
v	mm²/s	47	52	56	60	63	66	69	71	74	77
η	mPa · s	42	47	50	54	57	59	62	64	67	69
k_S/v	MPa · s/m	0,1	0,2	0,3	0,4	0,5	0,6	0,7	0,8	0,9	1,0
v	mm²/s	77	95	120	140	150	160	168	175	185	195
η	mPa · s	69	86	108	126	135	144	151	158	167	176
k_S/v	MPa · s/m	2	3	4	5	6	7	8	9	10	20
v	mm²/s	270	330	380	420	470	495	520	550	570	740
η	mPa · s	243	297	342	378	423	446	468	513	513	660

Tab. 23.9 Lastkorrekturfaktoren f_F und Verzahnungsfaktoren K zur Berechnung des Dynamikfaktors K_v (nach DIN 3990 und [23.1])

	Genauigkeitsklasse (Qualität)									
	3	4	5	6	7	8	9	10	11	12
Linienbelastung w in N/mm	Geradverzahnung Lastkorrekturfaktor f_F									
≤100	1,61	1,81	2,15	2,45	2,73	2,95	3,09	3,22	3,30	3,37
200	1,18	1,24	1,34	1,43	1,52	1,59	1,63	1,67	1,69	1,71
350	1,0	1,0	1,0	1,0	1,0	1,0	1,0	1,0	1,0	1,0
500	0,93	0,90	0,86	0,83	0,79	0,77	0,75	0,73	0,72	0,72
800	0,86	0,82	0,74	0,67	0,61	0,56	0,53	0,50	0,48	0,47
1200	0,83	0,77	0,67	0,59	0,51	0,45	0,41	0,37	0,35	0,33
1500	0,81	0,75	0,65	0,55	0,47	0,40	0,36	0,32	0,30	0,27
2000	0,80	0,73	0,62	0,51	0,43	0,35	0,31	0,27	0,24	0,22
Verzahnungsfaktor K in s/m	25	29	36	47	62	90	114	174	233	400
Linienbelastung w in N/mm	Schrägverzahnung mit $\varepsilon_\beta \geq 1$ Lastkorrekturfaktor f_F									
≤100	1,96	2,21	2,56	2,82	3,03	3,19	3,27	3,35	3,39	3,43
200	1,29	1,36	1,47	1,55	1,61	1,65	1,68	1,70	1,72	1,73
350	1,0	1,0	1,0	1,0	1,0	1,0	1,0	1,0	1,0	1,0
500	0,88	0,85	0,81	0,78	0,76	0,74	0,73	0,72	0,71	0,71
800	0,78	0,73	0,65	0,59	0,54	0,51	0,49	0,47	0,46	0,45
1200	0,73	0,66	0,56	0,48	0,42	0,38	0,36	0,33	0,32	0,31
1500	0,70	0,62	0,52	0,44	0,37	0,33	0,30	0,28	0,27	0,25
2000	0,68	0,60	0,48	0,39	0,28	0,28	0,25	0,22	0,21	0,20
Verzahnungsfaktor K in s/m	14	16	23	32	46	68	95	145	200	300

Tab. 23.10 Breitengrundfaktor K_β (nach DIN 3990) für Stahlräder mit einer Linienbelastung $w_t = 350$ N/mm

Zahnbreite mm		Verzahnungsqualität									
über	bis	3	4	5	6	7	8	9	10	11	12
	20	1,06	1,06	1,07	1,08	1,10	1,13	1,17	1,23	1,32	1,48
20	40	1,07	1,08	1,08	1,09	1,11	1,14	1,19	1,25	1,36	1,53
40	100	1,08	1,08	1,09	1,09	1,13	1,16	1,20	1,28	1,40	1,59
100	160	1,10	1,10	1,12	1,13	1,16	1,19	1,23	1,33	1,46	1,66
160	315	1,12	1,13	1,14	1,15	1,18	1,21	1,26	1,34	1,48	1,69
315	560	1,15	1,17	1,18	1,19	1,21	1,24	1,28	1,37	1,51	1,70
560		1,21	1,21	1,22	1,24	1,27	1,29	1,32	1,40	1,54	1,74

Tab. 23.11 Korrekturfaktor f_w für die Linienbelastung w_t (nach DIN 3990)

w_t in N/mm	≥ 350	≈ 300	≈ 250	≈ 200	≈ 100
f_w	$= 1$	$\approx 1{,}15$	$\approx 1{,}3$	$\approx 1{,}45$	$\approx 1{,}6$

Hinweis: Interpolieren nicht erforderlich, nächst liegenden Wert wählen.

Tab. 23.12 Werkstoffpaarungsfaktor f_p (nach DIN 3990)

Werkstoffpaarung	Stahl (St/St)	Beide Räder aus	
		Gusseisen mit Kugelgraphit (GGG/GGG)	Gusseisen mit Lamellengraphit (GG/GG)
f_p	$= 1$	$\approx 0{,}7$	$\approx 0{,}5$

Bei anderen Paarungen ist ein Mittelwert zu bilden, z. B. bei Stahl/Gusseisen mit Lamellengraphit (St/GG): $f_p \approx 0{,}75$.

Tab. 23.13 Eingriffssteifigkeit c_γ (nach DIN 3990)

Zahnwerkstoff	Stahl (St)	Gusseisen mit Kugelgraphit (GGG)	Gusseisen mit Lamellengraphit (GG)
c_γ in N(mm · μm)	≈ 20	≈ 18	≈ 14

Bei einer Paarung verschiedener Werkstoffe ist ein Mittelwert anzunehmen, z. B. Stahl/Gusseisen mit Lamellengraphit (St/GG): $c_\gamma \approx 17\,\text{N}/(\text{mm} \cdot \text{μm})$.

Tab. 23.14 Kopffaktor Y_{FS} für Verzahnungen mit dem Bezugsprofil nach DIN 867 mit einer Kopfrundung des Verzahnwerkzeugs $\varrho_{fP} = 0{,}25 m_n$ und einem Kopfspiel $c_p = 0{,}25 m_n$ (nach DIN 3990)

z_n	\multicolumn{15}{c}{$x =$}														
	−0,5	−0,4	−0,3	−0,2	−0,1	0	+0,1	+0,2	+0,3	+0,4	+0,5	+0,6	+0,7	+0,8	+0,9	+1
10											4,45	4,30	4,17			
11										4,56	4,41	4,28	4,18			
12									4,66	4,51	4,38	4,27	4,18	4,10		
13									4,60	4,47	4,36	4,27	4,19	4,12		
14							4,70	4,55	4,43	4,34	4,26	4,20	4,13	4,07		
15							4,65	4,51	4,41	4,33	4,26	4,21	4,15	4,08		
16						4,88	4,74	4,59	4,47	4,38	4,32	4,26	4,21	4,16	4,11	4,03
17						4,83	4,67	4,55	4,45	4,37	4,31	4,26	4,22	4,18	4,13	4,05
18						4,77	4,63	4,51	4,42	4,36	4,30	4,27	4,23	4,19	4,15	4,08
19					4,88	4,71	4,58	4,48	4,40	4,34	4,30	4,27	4,24	4,20	4,16	4,10
20					4,80	4,66	4,55	4,55	4,38	4,33	4,30	4,27	4,25	4,22	4,18	4,12
22				5,0	4,85	4,70	4,58	4,49	4,41	4,36	4,32	4,30	4,28	4,27	4,24	4,20	4,15
24		5,07	4,89	4,74	4,62	4,52	4,44	4,38	4,34	4,31	4,30	4,29	4,28	4,26	4,23	4,18
26	5,15	4,95	4,78	4,65	4,55	4,47	4,40	4,36	4,33	4,31	4,30	4,30	4,29	4,28	4,25	4,20
28	5,0	4,83	4,70	4,58	4,50	4,43	4,37	4,34	4,32	4,31	4,30	4,30	4,30	4,30	4,27	4,23
30	4,88	4,74	4,62	4,53	4,45	4,40	4,35	4,32	4,31	4,31	4,30	4,30	4,30	4,30	4,28	4,25
35	4,67	4,57	4,50	4,42	4,37	4,34	4,32	4,30	4,30	4,30	4,32	4,32	4,33	4,33	4,34	4,29
40	4,53	4,45	4,40	4,35	4,33	4,30	4,29	4,29	4,29	4,32	4,33	4,35	4,36	4,36	4,36	4,33
45	4,43	4,38	4,34	4,31	4,29	4,28	4,28	4,29	4,31	4,33	4,35	4,37	4,38	4,38	4,38	4,35
50	4,37	4,33	4,30	4,28	4,27	4,27	4,28	4,29	4,32	4,34	4,36	4,38	4,40	4,40	4,40	4,38
60	4,28	4,25	4,20	4,25	4,25	4,26	4,28	4,30	4,33	4,35	4,38	4,41	4,43	4,43	4,43	4,41
70	4,23	4,22	4,22	4,23	4,24	4,26	4,29	4,31	4,34	4,37	4,40	4,43	4,45	4,45	4,45	4,45
80	4,20	4,20	4,21	4,23	4,24	4,27	4,30	4,33	4,36	4,37	4,42	4,44	4,46	4,46	4,46	4,46
100	4,18	4,19	4,21	4,24	4,26	4,29	4,32	4,35	4,38	4,42	4,45	4,47	4,49	4,49	4,49	4,49
150	4,19	4,22	4,25	4,28	4,31	4,35	4,38	4,41	4,44	4,47	4,50	4,51	4,53	4,53	4,53	4,53
200	4,24	4,33	4,28	4,32	4,35	4,38	4,40	4,45	4,48	4,50	4,55	4,55	4,55	4,55	4,55	4,55
400	4,35	4,38	4,42	4,45	4,55	4,56	4,57	4,58	4,58	4,58	4,59	4,60	4,60	4,60	4,60	4,60
∞	4,63	4,63	4,63	4,63	4,63	4,63	4,63	4,63	4,63	4,63	4,63	4,63	4,63	4,63	4,63	4,63

Tab. 23.15 Anhaltswerte für Zahnradwerkstoffe aus Eisenmetallen (nach [23.1])

Werkstoff	Kurzzeichen	Behandlung	Flankenhärte	σ_{FE} N/mm²	$\sigma_{H\lim}$ N/mm²
Gusseisen m. Lamellengr. DIN EN 1561 (DIN 1691)	EN-GJL-200 (GG-20) EN-GJL-250 (GG-25)	– –	180 HB 220 HB	80 110	300 360
Temperguss DIN EN 1562 (DIN 1692)	EN-GJMB-350 (GTS-35) EN-GJMB-650 (GTS-65)	– –	150 HB 220 HB	330 410	320 460
Gusseisen m. Kugelgraphit DIN EN 1563 (DIN 1693)	EN-GJS-400 (GGG-40) EN-GJS-600 (GGG-60) EN-GJS-800 (GGG-80)	– – –	180 HB 250 HB 320 HB	370 450 500	370 490 600
Stahlguss DIN 1681	GS-52 GS-60	– –	160 HB 180 HB	280 320	320 380
Baustahl DIN EN 10025 (DIN 17100)	E295 (St 50) E335 (St 60) E360 (St 70)	– – –	160 HB 190 HB 210 HB	320 350 410	370 430 460
Vergütungsstahl DIN EN 10083 (DIN 17200)	C 45	normalisiert	190 HV 10	410	530
	34CrMo4 42CrMo4 34CrNiMo6	vergütet	270 HV 10 300 HV 10 310 HV 10	520 570 610	530 600 630
Einsatzstahl DIN EN 10084 (DIN 17210)	16MnCr5 15CrNi6 17CrNiMo6	einsatzgehärtet	720 HV 10 730 HV 10 740 HV 10	860 920 1000	1470 1490 1510
Vergütungs- und Einsatzstahl	42CrMo4 16MnCr5 31CrMoV9	gasnitriert	550 HV 10 550 HV 10 700 HV 10	770 810 840	1070 1100 1230
Vergütungs- und Einsatzstahl	C 45 16MnCr5 42CrMo4	nitrocarburiert	420 HV 10 560 HV 10 610 HV 10	620 650 680	710 770 830
	34Cr4	carbonitriert	650 HV 10	900	1350

Tab. 23.16 Größenfaktoren Y_X für die Zahnfußfestigkeit und Z_X für die Flankenfestigkeit (nach DIN 3990)

Werkstoff und Behandlung	Faktor	m_n in mm					
		≤ 5	10	15	20	25	≥ 30
Baustahl, Vergütungsstahl vergütet, Temperguss GJMB (GTS)	Y_X Z_X	1 1	0,97 1	0,94 1	0,91 1	0,88 1	0,85 1
Einsatzstahl einsatzgehärtet, Stahl und GJS (GGG) induktiv oder flammgehärtet	Y_X Z_X	1 1	0,95 1	0,9 0,98	0,85 0,95	0,8 0,93	0,8 0,9
Nitrierstahl und Vergütungsstahl nitriert, Vergütungs- oder Einsatzstahl nitrocarburiert	Y_X Z_X	1 1	0,95 0,98	0,9 0,91	0,85 0,86	0,8 0,8	0,8 0,75
GJL (GG) und GJS (GGG)	Y_X Z_X	1 1	0,93 1	0,85 1	0,78 1	0,7 1	0,7 1

Tab. 23.17 Lebensdauerfaktoren Y_{NT} und Z_{NT} (nach DIN 3990)

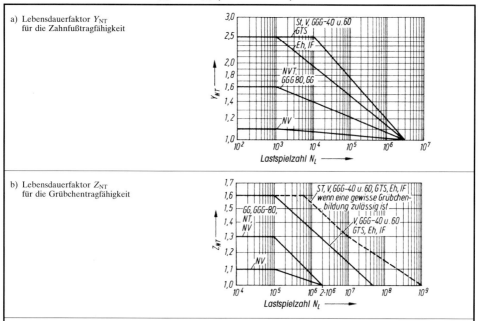

a) Lebensdauerfaktor Y_{NT} für die Zahnfußtragfähigkeit

b) Lebensdauerfaktor Z_{NT} für die Grübchentragfähigkeit

Bedeutung der Werkstoffkurzzeichen in den Diagrammen gemäß DIN 3990:
St = Baustahl und Stahlguss, V = Vergütungsstahl vergütet, GG = Gusseisen mit Lamellengraphit (Grauguss), GGG = Gusseisen mit Kugelgraphit, GTS = schwarzer Temperguss, Eh = Einsatzstahl einsatzgehärtet, IF = Stahl oder Gusseisen mit Kugelgraphit induktiv- oder flammgehärtet, NTV = Nitrier- oder Vergütungsstahl nitriert, NV = Vergütungs- oder Einsatzstahl nitrocarburiert.
Die neuen EN-Kurzzeichen für Baustahl, Gusseisen und Temperguss (s. Tab. 23.15) sind in DIN 3990 noch nicht berücksichtigt.

Tab. 23.18 Elastizitätsfaktoren Z_E für einige Werkstoffpaarungen (nach DIN 3990)

| Rad | | | Gegenrad | | Z_E |
Werkstoff	Elastizitätsmodul N/mm²		Werkstoff	Elastizitätsmodul N/mm²	$\sqrt{N/mm^2}$
Stahl	206000		Stahl	206000	189,8
			Stahlguss	202000	188,9
			Gusseisen mit Kugelgraphit	173000	181,4
			Guss-Zinnbronze	103000	155,0
			Zinnbronze	113000	159,8
			Gusseisen mit Lamellengraphit	126000 … 118000	165,4 … 162,0
Stahlguss	202000		Stahlguss	202000	188,0
			Gusseisen mit Kugelgraphit	173000	180,5
			Gusseisen mit Lamellengraphit	118000	161,4
Gusseisen mit Kugelgraphit	173000		Gusseisen mit Kugelgraphit	173000	173,9
			Gusseisen mit Lamellengraphit	118000	156,6
Gusseisen mit Lamellengraphit	126000 … 118000		Gusseisen mit Lamellengraphit	118000	146,0 … 143,7

Tab. 23.19 Berechnungsfaktoren Z_L, Z_v, Z_R und Z_w für den Sicherheitsfaktor S_H (nach DIN 3990)

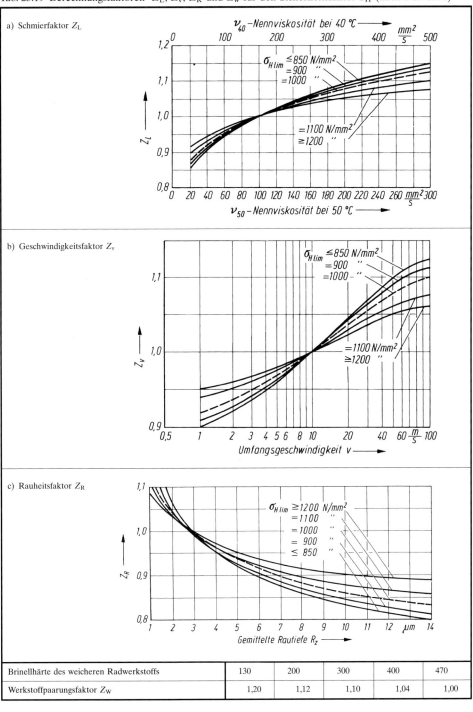

Tab. 23.20 Stirn-Breitenfaktor $K_{\alpha\beta}$ für die Zahnfußspannung von Kegelrädern (Anhaltswerte, nach DIN 3991)

Lagerung der Kegelräder	$K_{\alpha\beta}$
Beidseitige Lagerung beider Räder	2,0
Fliegend gelagertes Ritzel und beidseitig gelagertes Tellerrad (Rad 2)	2,2
Fliegende (einseitige) Lagerung beider Räder	2,5

Tab. 23.21 Anhalt für zulässige Belastungskennwerte c_{zul} von thermoplastischen Kunststoffzahnrädern (nach VDI 2545)

Kunststoff	Kurzzeichen	Schmierung	v m/s	c_{zul} in N/mm² bei $N =$			
				10^5	10^6	10^7	10^8
Polyamid	PA 12 PA 12 PA 12 PA 66	Öl Fett trocken Öl	10 5 5	4,5 6 3,9 7	4 4,8 2,9 5,4	3,4 3,7 1,9 4,4	2,8 2,4 1 3,7
Polyamid, glasfaserverstärkt	GF-PA 12 GF-PA 12 GF-PA 12	Öl Fett trocken	10 5 5	6,6 9 5	6,4 7,6 3	6 6,5 0,9	5,6 5,6
Polyoxymethylen	POM POM POM mod.	Öl trocken	12 12	10,4 5 5,6	9,1 3 4,4	6,5 1,7 3,5	4,6 0,6 2,6
Polyethylen höchstmolekular	PE-hm Pe-hm	Öl-Wasser trocken		1,7 1,1	1,1 0,7	1 0,6	0,9 0,5
Polyethylenterephthalat	PET P		5	5	3,5	2,7	2

Tab. 23.22 Beiwerte zur Berechnung der Zahntemperatur und der Flankentemperatur von thermoplastischen Kunststoffzahnrädern (nach VDI 2545)

Paarung	Schmierung	μ	Paarung	K_{F1}	K_{H1}
mit PA	trocken	0,2	PA/PA	2,4	15
mit PA	einmalig Fett	0,09	PA/St	1	10
mit PA	Ölnebel	0,07	POM/POM	1	2,5
mit PA	Ölumlauf	0,04	POM/POM mod.	1	7
POM/POM	trocken	0,28			
POM/St	trocken	0,2			
Getriebe				K_{F2}	K_{H2}
offen mit freiem Luftzutritt				0	0
teilweise offenes Gehäuse				0,1	0,1
geschlossenes Gehäuse				0,17	0,17
ölumlaufgeschmiert				0	0
$\kappa = 0{,}75$ für PA und POM mod., $\kappa = 0{,}4$ für POM					

Tab. 23.23 Zeitschwellfestigkeit σ_{FN} der Zähne von Rädern aus thermoplastischen Kunststoffen (nach VDI 2545)

Kunststoff	t_F °C	σ_{FN} in N/mm² bei $N =$				
		10^5	10^6	10^7	10^8	10^9
POM	20	66	50	42	35	
	40	62	46	38	31	
	60	58	43	34	28	
	80	49	35	25	19	
	100	41	28	19	14	
PA 66	20	70	50	37	30	30
	40	62	40	30	25	24
	60	49	32	23	20	19
	80	37	26	19	16	14
	100	29	20	13	10	9
	120	21	13	8	5	4
PETP mit Ölschmierung	60	58	44	34	30	
PE hochmolekular, Schmierung mit Wasser-Öl-Emulsion	50	25	15	10	8	
Bei $v = 5$ m/s:						
GF-PA 12 mit Fettschmierung		110	102	90	75	
PA 12 mit Fettschmierung		85	65	50	30	
PA 12 Trockenlauf		50	40	25	10	
GF-PA 12 Trockenlauf		70	40	27	10	
Bei $v = 10$ m/s:						
GF-PA 12	60	92	86	80	75	
GF-PA 12	90	90	76	67	55	
PA 12	60	61	52	46	28	

Tab. 23.24 Elastizitätsfaktoren Z_E von Rädern aus thermoplastischen Kunststoffen (nach VDI 2545) Bei Paarung gleicher Kunststoffe 0,7fache Werte!

Paarung aus Stahl mit Kunststoff	Z_E in $\sqrt{N/mm^2}$ bei Flankentemperatur t_H in °C					
	0	20	40	70	100	140
GF-PA 66					52	45	32
GF-POM			50	41	34	24
GF-PA 6		48	46	34	22	17
GF-PA 12	44	42	38	25	14	11
POM	42	39	35	28	21	11
PA 66	38	37	36	30	18	10
PA 6	38	37	35	25	12	7
PETP	40	39	38	36	21	8
PE	27	24	19	13	6	
PA 12	24	23	22	13	5	

Tab. 23.25 Zeitwälzfestigkeit σ_{HN} für Zahnräder aus thermoplastischen Kunststoffen (aus VDI 2545)

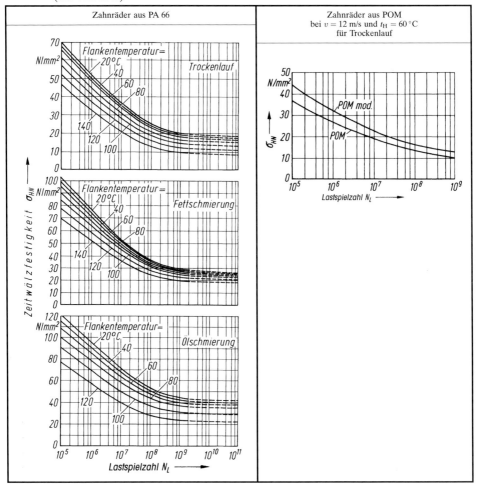

Tab. 23.26 Beiwerte φ und ψ zur Berechnung der Zahnverformung (aus VDI 2545)

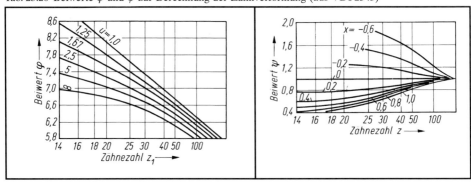

Tab. 23.27 Zahnformfaktoren Y_{Fa} in Abhängigkeit von den Profilverschiebungsfaktoren x und den Ersatzzähnezahlen z_n bzw. z_{vn} (nach DIN 3990)

z_n z_{vn}	\multicolumn{21}{c}{Zahnformfaktor Y_{Fa} bei Profilverschiebungsfaktor $x =$}
	−0,6	−0,5	−0,4	−0,3	−0,2	−0,1	**0**	+0,1	+0,2	+0,3	+4	**+0,5**	+0,6	+0,7	+0,8	+0,9	+1,0	+1,1	+1,2	+1,3	+1,4
7												2,84									
8											2,98	2,69	2,47								
9											2,84	2,60	2,40	2,22							
10										2,99	2,73	2,52	2,34	2,18							
11									3,15	2,87	2,65	2,46	2,30	2,16	2,05						
12									3,03	2,79	2,58	2,41	2,27	2,14	2,04						
13									2,93	2,72	2,53	2,38	2,24	2,12	2,03	1,96					
14								3,36	3,10	2,86	2,66	2,48	2,34	2,22	2,11	2,03	1,95				
15								3,25	3,01	2,79	2,60	2,44	2,31	2,20	2,10	2,02	1,95	1,89			
16							3,45	3,16	2,95	2,74	2,56	2,42	2,29	2,18	2,09	2,02	1,95	1,89			
17							3,35	3,09	2,88	2,69	2,53	2,39	2,27	2,17	2,08	2,01	1,95	1,89	1,85		
18						3,53	3,26	3,02	2,82	2,65	2,50	2,37	2,26	2,16	2,08	2,01	1,95	1,90	1,86		
19					3,72	3,44	3,20	2,96	2,78	2,61	2,47	2,35	2,24	2,15	2,07	2,01	1,95	1,90	1,87	1,83	
20					3,62	3,35	3,12	2,91	2,74	2,58	2,45	2,33	2,23	2,14	2,07	2,01	1,95	1,90	1,87	1,84	
21					3,53	3,28	3,07	2,87	2,70	2,55	2,43	2,32	2,22	2,14	2,06	2,01	1,95	1,91	1,87	1,84	1,82
22					3,45	3,20	3,01	2,83	2,67	2,52	2,41	2,30	2,21	2,13	2,06	2,00	1,95	1,91	1,88	1,85	1,83
23				3,64	3,38	3,15	2,96	2,80	2,64	2,50	2,39	2,29	2,20	2,12	2,06	2,00	1,95	1,91	1,88	1,85	1,83
24				3,55	3,30	3,10	2,92	2,75	2,61	2,48	2,37	2,28	2,19	2,12	2,06	2,00	1,95	1,91	1,88	1,86	1,82
25			3,73	3,45	3,25	3,05	2,88	2,72	2,58	2,46	2,36	2,27	2,19	2,12	2,05	2,00	1,95	1,92	1,88	1,86	1,83
30	3,61	3,35	3,18	3,01	2,85	2,72	2,60	2,48	2,38	2,30	2,22	2,16	2,10	2,04	2,00	1,96	1,93	1,90	1,88	1,86	1,85
40	3,15	3,00	2,86	2,75	2,63	2,54	2,45	2,37	2,30	2,24	2,18	2,13	2,08	2,04	2,01	1,97	1,95	1,93	1,91	1,90	1,89
50	2,90	2,78	2,68	2,59	2,50	2,43	2,36	2,31	2,25	2,20	2,15	2,11	2,07	2,03	2,02	1,98	1,97	1,94	1,93	1,92	1,91
60	2,75	2,65	2,57	2,50	2,42	2,37	2,32	2,25	2,22	2,17	2,13	2,10	2,08	2,04	2,02	1,99	1,98	1,96	1,94	1,94	1,93
100	2,46	2,40	2,35	2,32	2,26	2,24	2,21	2,17	2,15	2,12	2,10	2,08	2,06	2,04	2,03	2,01	2,00	1,99	1,98	1,98	1,97
200	2,27	2,24	2,21	2,19	2,17	2,15	2,14	2,12	2,10	2,10	2,08	2,07	2,05	2,04	2,04	2,02	2,02	2,01	1,98	2,00	2,00
400	2,17	2,15	2,14	2,13	2,12	2,11	2,10	2,09	2,08	2,08	2,08	2,07	2,06	2,06	2,05	2,04	2,04	2,04	2,03	2,03	2,03
∞	2,07	2,07	2,07	2,07	2,07	2,07	2,07	2,07	2,07	2,07	2,07	2,07	2,07	2,07	2,07	2,07	2,07	2,07	2,07	2,07	2,07

Tab. 23.28 Übliche erforderliche Sicherheitsfaktoren für Zahnräder

Werkstoff	Beanspruchung	Sicherheitsfaktor	Bemerkungen zur Berechnung
Stahl, Stahlguss, Temperguss, Gusseisen	Zahnfußspannung	$S_{F\,erf} = 1,1\ldots1,3$	Mit K_A, K_v, $K_{F\beta}$ und $K_{F\alpha}$
		$= 1,6\ldots 2$	Nur mit K_A (ohne K_v, $K_{F\beta}$ und $K_{F\alpha}$)
		$= 2\ldots 3$	Nur mit K_A bei hohem Schadensrisiko
	Flankenpressung	$S_{H\,erf} = 1\ldots 1,3$	Mit allen Faktoren
		$\approx 1,6$	Bei hohem Schadensrisiko
Thermoplastischer Kunststoff	Zahnfußspannung	$S_{F\,erf} \geq 1,5$	Für Zeitgetriebe mit N Lastspielen
		≥ 2	Für Dauergetriebe (σ_{FN} für $N = 10^8$)
	Hertzsche Pressung	$S_{H\,erf} = 1,1\ldots 1,5$	Für Zeitgetriebe mit N Lastspielen
		$\geq 1,5$	Für Dauergetriebe (σ_{HN} für $N = 10^8$)

Tab. 24.1 Zulässige Belastungskennwerte für Schraub-Stirnradpaare (Erfahrungswerte nach *Thomas/Charchut*)

Werkstoffpaarung	q mm^2/W	C_{zul} in N/mm² bei v_g in m/s							
		1	2	3	4	5	6	7	8
Stahl gehärtet/Stahl gehärtet	2,7	5	4,5	4	3,3	2,8	2,5	2,2	2
Stahl/Kupfer-Zinn-Leg. (Zinnbronze)	5,4	2	1,8	1,6	1,4	1,2	1,1	0,95	0,8
Stahl/Gusseisen[1], Gusseisen[1]/Gusseisen[1]	9,5	1,8	1,4	1,1					

[1] Gusseisen mit Lamellengraphit (Grauguss)

Tab. 24.2 Vorzugsreihe für Schneckenradsätze mit Zylinderschnecken, Erzeugungswinkel $\alpha_0 = 20°$ (nach DIN 3976)

a mm	i	m mm	z_1	q	a mm	i	m mm	z_1	q	a mm	i	m mm	z_1	q
50	9,5	2	4	11,2	125	10	5	4	10	315	10,25	12,5	4	8,96
	19	2	2	11,2		20	5	2	10		20,5	12,5	2	8,96
	38	2	1	11,2		40	5	1	10		41	12,5	1	8,96
	83	1	1	17		83	2,5	1	17		82	6,3	1	17,778
63	9,75	2,5	4	10,6	160	10	6,3	4	10	400	10,25	16	4	8,75
	19,5	2,5	2	10,6		20	6,3	2	10		20,5	16	2	8,75
	39	2,5	1	26,5		40	6,3	1	10		41	16	1	8,75
	82	1,25	1	17,92		84	3,15	1	16,825		82	8	1	17,5
80	10	3,15	4	10,635	200	10	8	4	10	500	10,25	20	4	8,5
	20	3,15	2	10,635		20	8	2	10		20,5	20	2	8,5
	40	3,15	1	10,635		40	8	1	10		41	20	1	8,5
	82	1,6	1	17,5		83	4	1	16,75		83	10	1	17
100	10	4	4	10	250	10	10	4	9,5					
	20	4	2	10		20	10	2	9,5					
	40	4	1	10		40	10	1	9,5					
	82	2	1	17,75		83	5	1	17					

Tab. 24.3 Erfahrungswerte für den wirksamen Reibwinkel ϱ von Schneckenradsätzen

v_g	m/s	$\leq 0,5$	1	2	3	4	5	6	7	≥ 8
Ausf. A Schnecke gefräst oder gedreht, vergütet	ϱ in °	6	5,5	4,4	4	3,7	3,5	3,3	3,2	3,1
Ausf. B Schnecke gehärtet, Flanken geschliffen		3	2,5	1,9	1,7	1,5	1,4	1,3	1,3	1,3

Tab. 24.4 Erforderliche Ölviskosität ν in mm²/s bei 40 °C für Schneckengetriebe (nach DIN 51509)

K_S	10^3 Pa·s	0,6	3	6	30	48	60	90	120	180	300	420	600	1200	3000
ν	mm²/s	210	250	280	370	400	420	470	530	600	720	810	910	1000	1070

Tab. 24.5 Kontaktfaktoren Z_ϱ (nach [24.2])

d_{m1}/a	0,2	0,25	0,30	0,35	0,40	0,45	0,50	0,55	0,60
ZA-, ZN-, ZK-, ZI-Schnecke	3,7	3,3	3,1	2,9	2,75	2,7	2,65	2,6	2,6
ZH-Schnecke[1]	3,4	3,2	2,75	2,55	2,45	2,4	2,35	2,3	2,3

[1] Hohlflankenschnecke

Tab. 24.6 Werkstoffkennwerte für Schneckengetriebe (nach [24.2])

DIN EN (DIN)	Schneckenrad-Werkstoff	$R_{p0,2}$ N/mm^2	R_m N/mm^2	HB —	E-Modul N/mm^2	Z_E[2] $\sqrt{N/mm^2}$	$\sigma_{H\,lim}$[1] N/mm^2
1982 (1705)	GS-CuSn12-C (G-CuSn12)	140	260	80	88300	147	265
	GZ-CuSn12-C (GZ-CuSn12)	150	280	95	88300	147	425
	GS-CuSn12Ni2-C (G-CuSn12Ni)	160	280	90	98100	152,2	310
	GZ-CuSn12Ni2-C (GZ-CuSn12Ni)	180	300	100	98100	152,2	520
1982 (1709)	GZ-CuZn15As-C (GZ-CuZn15)	200	300	115	92700	150	370
	GS-CuZn25Al5Mn4Fe3-C (G-CuZn25Al5)	450	750	180	107900	157,4	500
	GZ-CuZn25Al5Mn4Fe3-C (GZ-CuZn25Al5)	480	750	190	107900	157,4	550
1982 (1714)	GS-CuAl11Fe6Ni6-C[3,4] (G-CuAl11Ni)	320	680	170	122600	163,9	250
	GZ-CuAl11Fe6Ni6-C[3,4] (GZ-CuAl11Ni)	400	750	185	122600	163,9	265
	GZ-CuAl10Fe5Ni5-C (GZ-CuAl10Ni)	300	700	160	122600	164	660
1561 (1691)	EN-GJL-250[4,5] (GG-25)	120	300	250	98100	152,3	350
1563 (1693)	EN-GJS-700-2[4,5] (GGG-70)	500	790	260	175000	182	490

[1]) Gilt bei Paarung mit einsatzgehärteter Schnecke (geschliffen) HRC 60 ± 2.
    Bei Paarung mit vergüteter Schnecke (ungeschliffen): Werte für $\sigma_{H\,lim}$ mal 0,75.
    Bei Paarung mit Graugussschnecke (ungeschliffen): Werte für $\sigma_{H\,lim}$ mal 0,5.
    Bei Paarung mit Schnecke aus Baustahl E360 (St 70): Werte für $\sigma_{H\,lim}$ mal 0,6.
[2]) Gilt bei Paarung mit Stahlschnecke; bei Paarung mit Grauguss-Schnecke Z_E nach Gl. (23.46).
[3]) Nur mit Mineralöl betreiben (begünstigt Einlaufen).
[4]) Für kleine Gleitgeschwindigkeiten (Handbetrieb).
[5]) Perlitisch.

Tab. 25.1 Abmessungen und technische Daten von Buchsenketten (nach DIN 8154)

Ketten-Nr.	p	b_1 min.	b_2 max.	b_3 min.	d_1 max.	d_2 max.	d_3 min.	g_1 max.	g_2 max.	h min.	k[1] max.
04 C	6,35	3,10	4,8	4,85	3,3	2,31	2,34	6	5,2	6,3	2,5
06 C	9,525	4,68	7,47	7,52	5,08	3,58	3,63	9	7,8	9,3	3,3

	Einfach-Buchsenkette (1)			
Ketten-Nr.	l_1 max.	P_B N min.	A cm^2	q kg/m $\approx$
04 C-1	9,1	3500	0,11	0,13
06 C-1	13,2	7900	0,27	0,35

	Zweifach-Buchsenkette (2)			
Ketten-Nr.	e[2]	l_2[3] max.	P_B N min.	A cm^2	q kg/m $\approx$
04 C-2	6,4	15,5	7000	0,22	0,26
06 C-2	10,13	23,4	15800	0,53	0,7

	Dreifach-Buchsenkette (3)			
Ketten-Nr.	e[2]	l_2[3] max.	P_B N min.	A cm^2	q kg/m $\approx$
04 C-3	6,4	21,8	10500	0,33	0,39
06 C-3	10,13	33,5	23700	0,80	1,05

Bezeichnungsbeispiel:
Buchsenkette DIN 8154-04 C-2 × 100
(100 = 100 Kettenglieder)

[1]) Bolzenüberstand für Verbindungsglied [2]) Abstand von Kette zu Kette [3]) Gesamtlänge des Bolzens bei Mehrfachketten.

Tab. 25.2 Abmessungen und technische Daten von Rollenketten (hierzu Bild 25.4e)

Ketten-Nr.	p mm	b_1 mm	d_R mm	e mm	g mm	l_1 mm	Einfach-Kette F_B kN	A cm²	q kg/m	l_2 mm	Zweifach-Kette F_B kN	A cm²	q kg/m	l_3 mm	Dreifach-Kette F_B kN	A cm²	q kg/m
\multicolumn{18}{l}{Rollenketten Europäische Bauart DIN 8187[1)]}
03	5	2,5	3,2	–	4,1	7,4	2,2	0,06	0,08	–	–	–	–	–	–	–	–
04	6	2,8	4	–	5	7,4	3,0	0,08	0,12	–	–	–	–	–	–	–	–
05 B	8	3	5	5,64	7,1	8,6	5,0	0,11	0,18	14,3	7,8	0,22	0,36	19,9	11,1	0,33	0,54
06 B	9,525	5,72	6,35	10,24	8,2	13,5	9,0	0,28	0,41	23,8	16,9	0,56	0,78	34	24,9	0,84	1,18
081	12,7	3,3	7,75	–	9,9	10,2	8,2	0,21	0,28	–	–	–	–	–	–	–	–
082	12,7	2,38	7,75	–	9,9	8,2	10,0	0,17	0,26	–	–	–	–	–	–	–	–
083	12,7	4,88	7,75	–	10,3	12,9	12,0	0,32	0,42	–	–	–	–	–	–	–	–
084	12,7	4,88	7,75	–	11,1	14,8	16,0	0,36	0,59	–	–	–	–	–	–	–	–
085	12,7	6,38	7,77	–	9,9	14	6,8	0,32	0,38	–	–	–	–	–	–	–	–
08 B	12,7	7,75	8,51	13,92	11,8	17	18,0	0,50	0,70	31	32	1,01	1,35	44,9	47,5	1,51	2,0
10 B	15,875	9,65	10,16	16,59	14,7	19,6	22,4	0,67	0,95	36,2	44,5	1,34	1,85	52,8	66,7	2,02	2,8
12 B	19,05	11,68	12,07	19,46	16,1	22,7	29,0	0,89	1,25	42,2	53	1,79	2,5	61,7	86,7	2,68	3,8
16 B	25,4	17,02	15,88	31,88	21,0	36,1	60,0	2,10	2,7	68	106	4,21	5,4	99,9	160	6,31	8
20 B	31,75	19,56	19,05	36,45	26,4	43,2	95,0	2,96	3,6	79,7	170	5,91	7,2	116,1	250	8,87	11
24 B	38,1	25,4	25,4	48,36	33,4	53,4	160	5,54	6,7	101	280	11,09	13,5	150,2	425	16,43	21
28 B	44,45	30,99	27,94	59,56	37,0	65,1	200	7,39	8,3	124	360	14,79	16,6	184,3	530	22,18	25
32 B	50,8	30,99	29,21	58,55	42,2	67,4	250	8,10	10,5	126	450	16,21	21	184,5	670	24,31	32
40 B	63,5	38,1	39,37	72,29	52,9	82,6	355	12,75	16	154	630	25,50	32	227,2	950	38,25	48
48 B	76,2	45,72	48,26	91,21	63,8	99,1	560	20,61	25	190	1000	31,23	50	281,6	1500	61,84	75
56 B	88,9	53,34	53,98	106,6	77,8	114	850	27,90	35	221	1600	55,80	70	330	2240	83,71	105
64 B	101,6	60,96	63,5	119,89	90,1	130	1120	36,25	60	250	2000	72,5	120	370,7	3000	108,74	180
72 B	114,1	68,58	72,39	136,27	103,6	147	1400	46,19	80	283	2500	92,4	160	420	3750	138,57	240
\multicolumn{18}{l}{Rollenketten Amerikanische Bauart DIN 8188[2)]}
08 A	12,7	7,85	7,95	14,38	12	17,8	14,1	0,44	0,6	32,3	28,2	0,88	1,2	46,7	42,3	1,32	1,8
10 A	15,875	9,4	10,16	18,11	15	21,8	22,2	0,70	1	39,9	44,4	1,40	1,9	57,9	66,6	2,10	2,9
12 A	19,05	12,57	11,91	22,78	18	26,9	31,8	1,05	1,5	49,8	63,6	2,1	2,9	72,6	95,4	3,15	4,3
16 A	25,4	15,75	15,88	29,29	24,1	33,5	56,7	1,78	2,6	62,7	113,4	3,56	5	91,7	170,1	5,35	7,5
20 A	31,75	18,9	19,05	35,76	30,1	41,1	88,5	2,61	3,7	77	177	5,22	7,3	113	265,5	7,83	11
24 A	38,1	25,22	22,23	45,44	36,2	50,8	127	3,92	5,5	96,3	254	7,84	10,9	141	381	11,76	16,5
28 A	44,45	25,22	25,4	48,87	42,2	54,9	172,4	4,7	7,5	103	344,8	9,4	14,4	152	517,2	14,1	21,7
32 A	50,8	31,55	28,58	58,55	48,2	65,5	226,8	6,42	9,7	124	453,6	12,84	19	182	680,4	19,26	28,3
40 A	63,5	37,85	39,68	71,55	60,3	80,3	353,8	10,85	15,8	151	707,6	21,7	32	223	1061,4	32,56	48
48 A	76,2	47,35	47,63	87,83	72,3	95,5	510,3	16,07	22,6	183	1020,6	32,13	44	271	1530,9	48,2	66

[1)] Bezeichnungsbeispiel für eine Rollenkette Nr. 10 B mit 100 Gliedern als Zweifach-Rollenkette: *Rollenkette DIN 8187 – 10 B – 2 × 100*.
[2)] Bezeichnungsbeispiel für eine Rollenkette Nr. 12 A mit 80 Gliedern als Dreifach-Rollenkette: *Rollenkette DIN 8188 – 12 A – 3 × 80*.

Tab. 25.3 Detailabmessungen von Kettenrädern nach DIN 8196 für Rollenketten (nach DIN 8187 und 8188)

Zahnhöhe über Teilungspolygon $k_{max} = 0{,}625p - 0{,}5d_R + 0{,}8p/z$, $k_{min} = 0{,}5(p - d_R)$	
Zahnbreite B_1	
bei Kettenteilung $p \leq 12{,}7$ mm	bei Kettenteilung $p > 12{,}7$ mm
Einfach-Kettenräder 0,93b_1	0,95b_1
Zweifach- und Dreifach-Kettenräder 0,91b_1	0,93b_1
Vierfach-Kettenräder und darüber 0,88b_1	0,93b_1

Zahnbreiten B_2, B_3 usw. $= (Y - 1)e + B_1$ mit Y der nebeneinander angeordneten Ketten bei Mehrfachkettenrädern.

p in mm		r_4 in mm		p in mm		r_4 in mm	
über	bis	min.	max.	über	bis	min.	max.
9,525	9,525	0,2	1	19,05	38,1	0,4	2,6
	19,05	0,3	1,6	38,1		0,5	6

Tab. 25.4 Anwendungsfaktor f_1 für Kettentriebe (nach DIN ISO 10823)

Charakteristik der angetriebenen Maschine (siehe Tab. 25.6)	Charakteristik der treibenden Maschine (siehe Tab. 25.5)		
	gleichförmig stoßfreier Lauf	Lauf unter leichten Stößen	Lauf unter mäßigen Stößen
Gleichförmig stoßfreier Lauf	1,0	1,1	1,3
Lauf unter mäßigen Stößen	1,4	1,5	1,7
Lauf unter starken Stößen	1,8	1,9	2,1

Tab. 25.5 Betriebsbedingungen für treibende Maschinen

Charakteristik der treibenden Maschine	Beispiele
Gleichförmig stoßfreier Lauf	Elektromotoren, Dampf- und Gasturbinen und Verbrennungsmotoren mit hydraulischer Kupplung
Lauf unter leichten Stößen	Verbrennungsmotoren mit sechs oder mehr Zylindern, mit mechanischer Kupplung, Elektromotoren, die häufig gestartet werden (mehr als zweimal täglich)
Lauf unter mäßigen Stößen	Verbrennungsmotoren mit weniger als sechs Zylindern, mit mechanischer Kupplung

Tab. 25.6 Betriebsbedingungen für angetriebene Maschinen

Charakteristik der angetriebenen Maschine	Beispiele
Gleichförmig stoßfreier Lauf	Kreiselpumpen und -verdichter, Druckereimaschinen, Förderer mit gleichmäßiger Beschickung, Papierkalander, Fahrtreppen, Mischer und Rührwerke für Flüssigkeiten, Trockentrommeln, Lüfter
Lauf unter mäßigen Stößen	Kolbenpumpen und -verdichter mit drei oder mehr Zylindern, Betonmischmaschinen, Förderer mit ungleichmäßiger Beschickung, Mischer und Rührwerke für feste Stoffe
Lauf unter starken Stößen	Bagger, Rollen- und Kugelmühlen, Gummiverarbeitungsmaschinen, Hobelmaschinen, Pressen, Scheren, Kolbenpumpen und -verdichter mit einem oder zwei Zylindern, Ölbohranlagen

Tab. 25.7 Zähnezahlfaktor f_2 für Kettentriebe (nach DIN ISO 10823)

z_1	11	12	13	14	15	16	17	18	19	20	25	30	35	40	45
f_2	1,8	1,64	1,5	1,39	1,29	1,2	1,13	1,06	1	0,95	0,74	0,61	0,52	0,45	0,39

Tab. 25.8 Achsabstandsfaktor f_4 für Kettentriebe (nach DIN ISO 10823)

$\left|\dfrac{X-z_s}{z_2-z_1}\right|$	f_4	$\left|\dfrac{X-z_s}{z_2-z_1}\right|$	f_4	$\left|\dfrac{X-z_s}{z_2-z_1}\right|$	f_4	$\left|\dfrac{X-z_s}{z_2-z_1}\right|$	f_4
13	0,249 91	2,7	0,247 35	1,54	0,237 58	1,26	0,225 20
12	0,249 90	2,6	0,247 08	1,52	0,237 05	1,25	0,224 43
11	0,249 88	2,5	0,246 78	1,50	0,236 48	1,24	0,223 61
10	0,249 86	2,4	0,246 43	1,48	0,235 88	1,23	0,222 75
9	0,249 83	2,3	0,246 02	1,46	0,235 24	1,22	0,221 85
8	0,249 78	2,2	0,245 52	1,44	0,234 55	1,21	0,220 90
7	0,249 70	2,1	0,244 93	1,42	0,233 81	1,20	0,219 90
6	0,249 58	2,0	0,244 21	1,40	0,233 01	1,19	0,218 84
5	0,249 37	1,95	0,243 80	1,39	0,232 59	1,18	0,217 71
4,8	0,249 31	1,90	0,243 33	1,38	0,232 15	1,17	0,216 52
4,6	0,249 25	1,85	0,242 81	1,37	0,231 70	1,16	0,215 26
4,4	0,249 17	1,80	0,242 22	1,36	0,231 23	1,15	0,213 90
4,2	0,249 07	1,75	0,241 56	1,35	0,230 73	1,14	0,212 45
4,0	0,248 96	1,70	0,240 81	1,34	0,230 22	1,13	0,210 90
3,8	0,248 83	1,68	0,240 48	1,33	0,229 68	1,12	0,209 23
3,6	0,248 68	1,66	0,240 13	1,32	0,229 12	1,11	0,207 44
3,4	0,248 49	1,64	0,239 77	1,31	0,228 54	1,10	0,205 49
3,2	0,248 25	1,62	0,239 38	1,30	0,227 93	1,09	0,203 36
3,0	0,247 95	1,60	0,238 97	1,29	0,227 29	1,08	0,201 04
2,9	0,247 78	1,58	0,238 54	1,28	0,226 62	1,07	0,198 48
2,8	0,247 58	1,56	0,238 07	1,27	0,225 93	1,06	0,195 64

Tab. 25.9 Zulässige Gelenkpressungen von Rollenketten (nach [iwis])
Werte unter der Stufenlinie möglichst vermeiden

	zulässige Gelenkpressung $p_{zul} = c \cdot \lambda \cdot p_0$													
v m/s	p_0 in N/cm² bei $z_1 =$													
	11	12	13	14	15	16	17	18	19	20	21	22	23	24	≥ 25
0,1	3080	3120	3170	3220	3270	3300	3320	3350	3400	3430	3450	3480	3500	3530	3550
0,2	2810	2650	2880	2930	2980	3000	3030	3060	3100	3120	3140	3170	3190	3220	3240
0,4	2700	2740	2780	2830	2870	2890	2910	2950	2980	3000	3020	3050	3070	3100	3120
0,6	2580	2620	2650	2700	2740	2760	2780	2820	2850	2870	2890	2910	2930	2960	2980
0,8	2490	2530	2560	2610	2650	2670	2680	2720	2750	2770	2790	2810	2830	2860	2880
1,0	2380	2420	2450	2490	2520	2540	2560	2590	2620	2640	2660	2680	2700	2720	2740
1,5	2290	2330	2360	2400	2430	2450	2470	2500	2530	2550	2570	2590	2610	2630	2650
2,0	2210	2240	2270	2310	2350	2370	2380	2410	2440	2460	2470	2490	2510	2530	2550
2,5	2130	2160	2190	2230	2260	2280	2290	2320	2350	2370	2380	2400	2440	2470	2500
3	2050	2080	2110	2140	2170	2190	2210	2240	2260	2290	2320	2350	2380	2420	2460
4	1740	1830	1920	2000	2070	2100	2130	3160	2180	2220	2260	2300	2340	2380	2420
5	1400	1550	1690	1770	1840	1910	1970	2010	2050	2100	2150	2180	2210	2240	2280
6	1050	1230	1410	1540	1640	1730	1810	1880	1950	1990	2040	2070	2110	2140	2180
7	850	1000	1150	1280	1400	1510	1620	1740	1850	1870	1900	1940	1980	2020	2060
8	–	800	1020	1110	1200	1310	1420	1560	1700	1740	1780	1820	1870	1910	1960
10	–	–	810	900	1020	1110	1200	1320	1430	1460	1500	1570	1640	1700	1770
12	–	–	–	–	820	910	1070	1170	1260	1300	1350	1410	1480	1540	1600
15	–	–	–	–	–	–	890	970	1050	1100	1150	1210	1270	1330	1400
18	–	–	–	–	–	–	–	880	960	1050	1110	1180	1240	1300

Ketten DIN	i $1/i$	λ bei $X =$					Ketten DIN	i $1/i$	λ bei $X =$				
		50	100	150	200	400			50	100	150	200	400
8187 8188	1	0,7	0,82	0,90	0,94	1,19	8181	1	0,56	0,66	0,72	0,75	0,95
	2	0,79	0,93	1,02	1,06	1,35		2	0,63	0,74	0,82	0,85	1,08
	3	0,85	1,00	1,10	1,15	1,45		3	0,68	0,80	0,88	0,92	1,16
	5	0,92	1,09	1,20	1,25	1,58		5	0,74	0,87	0,96	1,00	1,26
	7	0,99	1,16	128	1,34	1,68		7	0,79	0,93	1,03	1,07	1,35

	Einfach-Ketten $c = 1$	Zweifach-Ketten $c = 0,9$	Dreifach-Ketten $c = 0,85$		
p_{zul}/p_g	0,8	0,9	0,95	1,0	1,2
L_h in h	≈ 2000	≈ 5000	$\approx 10\,000$	$\approx 15\,000$	$\approx 50\,000$

Diagr. 25.1 Typisches Leistungsschaubild für eine Auswahl von Einfachketten Typ B nach ISO 606 (entspricht DIN 8187) basierend auf einem Kettenrad mit 19 Zähnen (nach DIN ISO 10823)

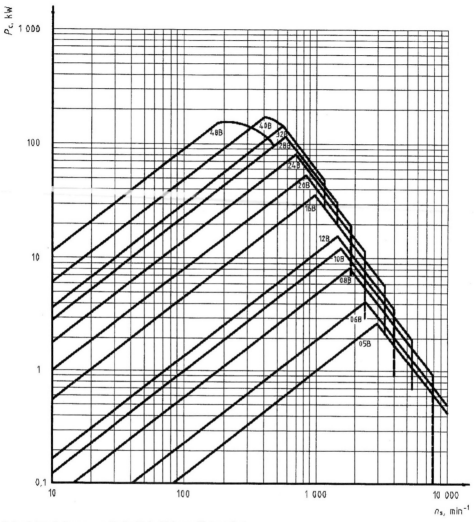

P_c korrigierte Leistung, n_s Drehzahl des kleineren Kettenrades

Anmerkung: Die Nennwerte für die Leistung von Zweifachketten können errechnet werden, indem der P_c-Wert für Einfachketten mit dem Faktor 1,7 multipliziert wird, für die Leistung von Dreifachketten, indem der P_c-Wert für Einfachketten mit dem Faktor 2,5 multipliziert wird.

Diagr. 25.2 Typisches Leistungsschaubild für eine Auswahl von Einfachketten Typ A nach ISO 606 (entspricht DIN 8188), basierend auf einem Kettenrad mit 19 Zähnen (nach DIN ISO 10823)

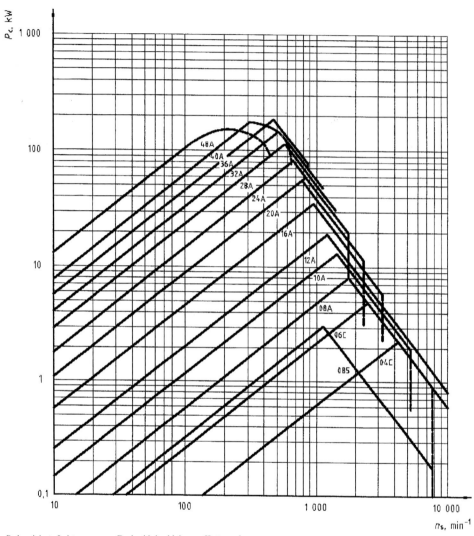

P_c korrigierte Leistung, n_s Drehzahl des kleineren Kettenrades

Anmerkung: Die Nennwerte für die Leistung von Zweifachketten können errechnet werden, indem der P_c-Wert für Einfachketten mit dem Faktor 1,7 multipliziert wird, für die Leistung von Dreifachketten, indem der P_c-Wert für Einfachketten mit dem Faktor 2,5 multipliziert wird.

Diagr. 25.3 Wahl der Schmierungsart für Rollenketten (nach DIN ISO 10823)

X Kettenbaureihen Typ A, Typ B und Typ A verstärkt (heavy series)
Y Kettengeschwindigkeit v in m/s

Die Schmierbereiche sind wie folgt definiert:

Bereich 1: manuell in regelmäßigen Abständen erfolgende Ölzufuhr durch Sprühdose, Ölkanne oder Pinsel

Bereich 2: Tropfschmierung

Bereich 3: Ölbad oder Schleuderscheibe

Bereich 4: Druckumlaufschmierung mit Filter und gegebenenfalls Ölkühler

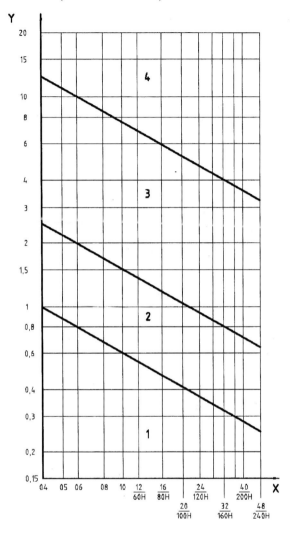

Tab. 26.1 Hauptabmessungen in mm der Riemenscheiben (nach DIN 111)

Kranzbreite B														
25	32	40	50	63	80	100	125	140	160	180	200	224	250	280	315	355	400

Größte Riemenbreite b														
20	25	32	40	50	71	90	112	125	140	160	180	200	224	250	280	315	355

Durchmesser d														
40	50	63	71	80	90	100	112	125	140	160	180	200	224	250	280	315	355
400	450	500	560	630	710	800	900	1000	1120	1250	1400	1600	1800	2000	2240	2800	3150

Wölbhöhen h	
0,3 bei $d = 40\ldots112$ und $B = 25\ldots200$	0,4 bei $d = 125\ldots140$ und $B = 63\ldots200$
0,5 bei $d = 160\ldots180$ und $B = 63\ldots200$	0,6 bei $d = 200\ldots224$ und $B = 63\ldots315$
0,8 bei $d = 250\ldots280$ und $B = 63\ldots315$	1 bei $d = 315\ldots355$ und $B = 63\ldots315$
1 bei $d = 400\ldots1000$ und $B = 63\ldots125$	1,2 bei $d = 400\ldots450$ und $B = 140\ldots355$
1,2 bei $d = 1120\ldots1250$ und $B = 125$	1,5 bei $d = 500\ldots560$ und $B = 140\ldots400$
1,5 bei $d = 630\ldots1250$ und $B = 140\ldots160$	1,5 bei $d = 1250\ldots1600$ und $B = 125$
2 bei $d = 630\ldots710$ und $B = 180\ldots400$	2 bei $d = 800\ldots1250$ und $B = 180\ldots200$
2,5 bei $d = 800\ldots900$ und $B = 224\ldots400$	2,5 bei $d = 1400\ldots1600$ und $B = 180\ldots200$
3 bei $d = 1800\ldots2000$ und $B = 180\ldots200$	3,5 bei $d = 1800\ldots2000$ und $B = 224\ldots250$
4 bei $d = 1800\ldots2000$ und $B = 280\ldots315$	5 bei $d = 1800\ldots2000$ und $B = 355\ldots400$
5 bei $d = 1800$ und $B = 355$	6 bei $d \geq 2000$ und $B \geq 400$

Tab. 26.2 Zu empfehlende Innenlängen L_i in mm endlos hergestellter Flachriemen

250	355	500	710	1000	1400	2000	2800	4000	5600	8000
265	375	530	750	1060	1500	2120	3000	4250	6000	8500
280	400	560	800	1120	1600	2240	3150	4500	6300	9000
300	425	600	850	1180	1700	2360	3350	4750	6700	9500
315	450	630	900	1250	1800	2500	3550	5000	7100	10000
335	475	670	950	1320	1900	2650	3750	5300	7500	

Tab. 26.3 Technische Daten (Mittelwerte) für Flachriemen (außer Mehrschichtriemen)

	Riemensorte		s mm	zulässige Werte				E_z N/cm²	E_b N/cm²	ϱ kg/m³	μ (trocken)
				v m/s	σ N/cm²	f_B 1/s	s/d_k	t °C			
Lederriemen	Standard	S	$3\ldots20$	30	400	5	0,033	35	25000	7000	1000	$0{,}22 + 0{,}012\dfrac{s}{m}v$
	Geschmeidig	G	$3\ldots20$	40	450	10	0,04	35	35000	6000	950	
	Hochgeschmeidig	HGL	$3\ldots20$	50	500	25	0,05	45	45000	5000	900	
		HGC	$3\ldots20$	50	550	25	0,05	70	45000	5000	900	
Gummi-Geweberiemen	Polyamid- oder Polyesterfasern, einlagig		$0{,}5\ldots1{,}5$	80	440	40	0,035	100	35000…120000	5000	1200	0,5
	Polyamid, Polyester- oder Baumwollfasern, zweilagig		$3\ldots7$	50	440	20	0,035	100	90000…150000	5000	1200	0,5
Textil-Geweberiemen	Kunstseide imprägniert		$2\ldots18$	50	420	40	0,04	70		4000	1000	0,35
	Zellwolle igelitiert		$2\ldots10$	50	400	40	0,04	70		4000	1100	0,8
	Baumwolle		$4\ldots12$	50	370	40	0,05	70	95000	4000	1360	0,3
	Kamelhaar		$3\ldots6$	50	400	30	0,05	70	45000	4000	1000	0,3
	Leinen-, Ramie-, Reyon- und Naturseide (endlos gewebt)		$0{,}4\ldots12$	60	900	80	0,06	70		4000	950	0,3
	Polyamid (Nylon, Perlon)		$0{,}4\ldots5$	65	1900	80	0,04	75	25000		1100	0,15

Tab. 26.4 Betriebsfaktoren C_B für Riementriebe (nach DIN 2218)

Arbeitsmaschinen	Antriebsmaschinen					
	A für tägl. Betriebsdauer in h			**B** für tägl. Betriebsdauer in h		
	bis 10	über 10 bis 16	über 16	bis 10	über 10 bis 16	über 16
Leichte Antriebe Kreiselpumpen und -kompressoren, Bandförderer (leichtes Gut), Ventilatoren und Pumpen bis 7,4 kW	1	1,1	1,2	1,1	1,2	1,3
Mittelschwere Antriebe Blechscheren, Pressen, Ketten- und Bandförderer (schweres Gut), Schwingsiebe, Generatoren und Erregermaschinen, Knetmaschinen, Werkzeugmaschinen (Dreh- und Schleifmaschinen), Waschmaschinen, Druckereimaschinen, Ventilatoren und Pumpen über 7,4 kW	1,1	1,2	1,3	1,2	1,3	1,4
Schwere Antriebe Mahlwerke, Kolbenkompressoren, Hochlast-, Wurf- und Stoßförderer (Schneckenförderer, Plattenbänder, Becherwerke, Schaufelwerke), Aufzüge, Brikettpressen, Textilmaschinen, Papiermaschinen, Kolbenpumpen, Baggerpumpen, Sägegatter, Hammermühlen	1,2	1,3	1,4	1,4	1,5	1,6
Sehr schwere Antriebe Hochbelastete Mahlwerke, Steinbrecher, Kalander, Mischer, Winden, Krane, Bagger	1,3	1,4	1,5	1,5	1,6	1,8

Gruppe A: Wechsel- und Drehstrommotoren mit normalem Anlaufmoment (bis 2fachem Nennmoment), z. B. Synchron- und Einphasenmotoren mit Anlaßhilfsphase, Drehstrommotoren mit Direkteinschaltung, Stern-Dreieck-Schalter oder Schleifring-Anlasser; Gleichstromnebenschlußmotoren; Verbrennungsmotoren und Turbinen mit $n > 600$ min^{-1}.

Gruppe B: Wechsel- und Drehstrommotoren mit hohem Anlaufmoment (über 2fachem Nennmoment), z. B. Einphasenmotoren mit hohem Anlaufmoment, Gleichstromhauptschlußmotoren in Serienschaltung und Kompound; Verbrennungsmotoren und Turbinen mit $n \leq 600$ min^{-1}.

Tab. 26.5 Reibungsfaktoren C_μ für Flachriementriebe

Umweltbedingungen	C_μ
Trockene Luft, normale Schwankungen von Feuchtigkeit und Temperatur	1
Starke, schnelle Schwankungen von Feuchtigkeit und Temperatur	1,1
Vollständig gekapselt. Ölige Atmosphäre, so dass sich auf die Dauer ein Niederschlag bildet. Gelegentliche Ölspritzer. Staubige Luft. Aufladungsgefahr	1,25
Sehr starke, langsame Schwankungen von Feuchtigkeit und Temperatur. Stets nasser Raum	1,4

Tab. 26.6 Anhaltswerte für die Auflagedehnung ε_0 und die Achskraft F_W von Flachriemen (nach [26.1])

Riemenart	Band		Gummi-Gewebe		
Zugschicht	Leder	Polyamid	Polyamid	Polyester	Bamwolle
ε_0	0,013	0,03	0,04	0,03	0,06
Betriebsart	Dehnungsbetrieb		Spannwellenbetrieb	Spannrollenbetrieb	
F_W	$\approx 4F$		$\approx 3F$	$\approx 2F$	

Tab. 26.7 Größenauswahl und Standardbreiten der Extremultus-Mehrschichtriemen (nach Siegling)

					C_1 bei v in m/s						
5	6	7	8	9	10	15	20	25	30	40	50	60
1,3	1,25	1,18	1,13	1,10	1,06	0,95	0,88	0,83	0,79	0,74	0,69	0,64

$d_k \cdot C_1$				60	100	140	200	280	400	540	800
Bauart 80 nach Bild 26.6			Größe	6	10	14	20	28	40	54	80
L	Riemendicke s		mm	1,7	2,3	2,7	3,0	3,8	4,6		
LT			mm	2,0	2,5	2,9	3,5	4,0	4,8	5,9	7,7
LL			mm	2,8	3,4	4,2	4,8	5,7	6,7		

Standardbreiten b in mm											
20	25	30	35	40	45	50	55	60	65	70	75	80
90	100	120	140	160	180	200	220	250	280	300	320	350
380	400	450	500	550	600	650	700	750	800	900	1000	1200

Tab. 26.8 Zulässige Biegefrequenzen $f_{B\,zul}$ in s^{-1} für Extremultus-Mehrschichtriemen (nach Siegling)

d_k mm	40	45	50	56	63	71	80	90	
Größe 6	7	10	15	20	30	40	55	55	
d_k mm	50	56	63	71	80	90	100	112	125
Größe 10	5	7	10	15	20	30	40	55	55
d_k mm	80	90	100	112	125	140	160	180	200
Größe 14	5	7	10	15	20	30	40	55	55
d_k mm	125	140	160	180	200	224	250	280	315	355
Größe 20	3	5	7	10	15	20	30	40	55	55
d_k mm	200	224	250	280	315	355	400	450	500
Größe 28	3	5	7	10	15	20	30	40	40
d_k mm	280	315	355	400	450	500	560	630	710
Größe 40	3	5	7	10	15	20	30	40	40
d_k mm	400	450	500	560	630	710	800	900	1000
Größe 54	3	5	7	10	15	20	30	40	40
d_k mm	560	630	710	800	900	1000			
Größe 80	3	5	7	10	15	20			

Tab. 26.9 Spezifische Nennleistung P_N bei $\beta = 180°$ von Extremultus-Mehrschichtriemen (nach Siegling)

Spezifische Nennleistung $P_N = F_N \cdot v$ in W/cm $\quad v \leq 60$ m/s								
Riemengröße	6	10	14	20	28	40	54	80
Nennzugkraft F_N in N/cm	60	100	140	200	280	400	540	800

Tab. 26.10 Betriebsfaktoren C_B zur Auslegung von Mehrschichtriemen (nach Siegling)

Art des Antriebes	Beispiele von Arbeitsmaschinen	C_B
gleichmäßig, geringe zu beschleunigende Massen	Lichtgeneratoren, leichte Textilmaschinen, Transport- und Förderbänder für Schüttgut, Zentrifugalpumpen, Drehautomaten	1,0
fast gleichmäßig, mittlere zu beschleunigende Massen	Leichte Ventilatoren, Werkzeugmaschinen, Drehkolbengebläse, leichte bis mittlere Holzbearbeitungsmaschinen, Generatoren, Förderbänder (Stückgut), Fördertrommeln, Walzenstühle (Getreide), Gruppenvorgelege	1,1
ungleichmäßig, mittlere zu beschleunigende Massen, Stöße	Kolbenpumpen und Kompressoren mit einem Ungleichförmigkeitsgrad < 0,0125, Zentrifugen, Großventilatoren, Presspumpen, Knetmaschinen, Holländer, Kugel- und Rohrmühlen, Mahlgänge, Karden und Krempel, Webstühle, Schiffswellen, Sägegatter	1,3
ungleichmäßig, große zu beschleunigende Massen, starke Stöße	Kolbenpumpen und Kompressoren mit einem Ungleichförmigkeitsgrad > 0,0125, Rüttelmaschinen, Baggerantriebe, Kollergänge, Kalander und Rollapparate, Ziegelpressen, Schmiedepressen, Scheren, Stanzen, Walzwerke für Nichteisenmetalle	1,5
ungleichmäßig, sehr große zu beschleunigende Massen, besonders starke Stöße	Kolbenpumpen und Kompressoren ohne Schwungrad, Steinbrecher, Rohrstrangpressen, Kaltpilgerwalzwerke	1,7

Tab. 26.11 Umschlingungsfaktoren C_β (Winkelfaktoren) für Flachriementriebe

β	240°	230°	220°	210°	200°	190°	180°	170°	160°	150°	140°	130°	120°	110°	100°	90°	80°	70°
C_β	0,88	0,89	0,9	0,93	0,95	0,97	1	1,02	1,05	1,09	1,12	1,16	1,22	1,28	1,37	1,47	1,59	1,72

Tab. 26.12 Faktoren C_2 bis C_4 für Extremultus-Mehrschichtriemen (nach Siegling)

C_B	1,0	1,1	1,3	1,5	1,7
C_2	1,5	1,7	1,9	2,1	2,3
C_3	0	0	0,2	0,3	0,4
v m/s			C_4 bei Riemengröße		
	6	10	14	20	28	40	54	80
20	0,2	0,2	0,2	0,1	0,1	0,1	0,1	0,1
30	0,5	0,5	0,4	0,3	0,2	0,2	0,2	0,2
40	0,9	0,8	0,7	0,6	0,5	0,5	0,5	0,3
50	1,7	1,2	1,0	0,9	0,8	0,7	0,7	0,6
60	2,5	1,9	1,6	1,2	1,1	0,9	0,9	0,8

Tab. 26.13 Technische Daten der Habasit-Mehrschichtriemen (nach Habasit)

Techn. Größe		Riemenausführung und -größe												
		F-0	F-1	F-2	F-3	S-1	S-2	S-3	S-4	S-5	C-2	C-3	A-2	A-3	A-4	A-5
Dicke s	mm	0,7	1,3	2,0	2,8	1,5	2,2	3,0	4,0	5,0	2,9	3,6	2,8	3,4	4,7	6,0
Gewicht	kg/m²	0,6	1,2	2,5	3,0	1,4	2,2	3,4	4,0	5,8	3,6	4,5	2,9	3,8	5,5	6,9
Zerreißkraft F_B	N/cm	800	1700	2800	4800	1700	2800	2900	4800	4900	2800	4800	2800	4800	7600	9500
Beständig bei t	°C	−20 ... +100, kurzzeitig −30 ... +150														
Reibzahl μ		0,5	0,5 ... 0,6			0,6 ... 0,7					0,7		0,75 ... 0,9			

Tab. 26.14 Vorwahl von Scheibendurchmesser d_k, Riemenausführung und -größe für Habasit-Mehrschichtriemen (nach Habasit)

P/n_k	kW · min	0,00017	0,00033	0,0005	0,0008	0,0012	0,0017	0,0025	0,0037	0,0053	0,0077	0,011	0,015	0,02	0,03
d_k	mm	50	56	63	71	80	90	100	112	125	140	160	180	200	224
P/n_k	kW · min	0,04	0,055	0,075	0,1	0,14	0,18	0,25	0,35	0,48	0,72	0,95	1,25	1,75	
d_k	mm	250	280	315	355	400	450	500	560	630	710	800	900	1000	
d_k	mm	... 50		56 ... 90		100 ... 160		180 ... 355		400 ... 560		630 ... 1000			
Riemenausführung und -größe		F-0		F-1 S-1		F-2 S-4, S-3 A-2 C-2		F-3 S-4, S-5 A-3 C-3		A-4		A-5			

Tab. 26.15 Betriebsfaktoren C_B für Habasit-Mehrschichtriemen (nach Habasit)

Betrieb	Faktoren C_B	Riemenausführung		
		F, C	S	A
Gleichförmig: Pumpen, Gebläse, Ventilatoren, Generatoren, Drehautomaten, Vorgelege, Transportanlagen		1,1	1	1
Ungleichförmig ohne Stöße: Metall-, Holzbearbeitungs, Textil-, Druckereimaschinen, Zentrifugen, Rührwerke, Elevatoren		1,2	1,1	1,1
Ungleichförmig mit Stößen: Stoß- Hobelmaschinen, Pressen, Webstühle, Karden, kleine Walzwerke, Stanzen		1,4	1,2	1,2
Starke Stöße, große Massenkräfte: Schlagmühlen, Steinbrecher, Sägegatter, Walzwerke, Kollergänge, Kalander, Kolbenkompressoren. Auch starker Öl- und Staubbetrieb		1,6	kein Einsatz	1,4

Tab. 26.16 Faktoren C_1 und C_2 für Habasit-Mehrschichtriemen (nach Habasit)

d_k	mm	25	30	40	60	80	100	150	200	≥ 300
F-0	C_1	1,66	1,72	1,88	2,08	2,2	2,3	2,4	2,4	2,4
F-1, S-1	C_1	1,4	1,5	1,66	1,9	2,05	2,18	2,35	2,4	2,4
d_k	mm	60	80	100	150	200	250	300	400	≥ 500
F-2, A-2, S-3, C-2	C_1	1,7	1,88	2,0	2,2	2,32	2,38	2,4	2,4	2,4
d_k	mm	100	150	200	250	300	350	400	500	≥ 600
F-3, A-3, S-4, S-5, C-3	C_1	1,68	1,9	2,08	2,2	2,27	2,33	2,35	2,4	2,4
d_k	mm	250	300	400	500	600	800	1000	1500	≥ 1800
A-4	C_1	1,7	1,8	2,0	2,14	2,25	2,36	2,4	2,4	2,4
A-5	C_1	1,7	1,8	2,0	2,14	2,25	2,4	2,5	2,6	2,6
v	m/s	20		30		40		50		
S-3, S-4, S-5	C_2	0		0,1		0,2		0,3		

Tab. 26.17 Dehnkraft F_e und Korrekturfaktor C_3 für Habasit-Mehrschichtriemen (nach Habasit)

Riemenausführung und -größe	F_e N/cm	Korrekturfaktor C_3 bei v in m/s			
		20	30	40	50
F-0	32	0,9	0,8	0,7	0,5
F-1, S-1	73	1,0	0,9	0,8	0,7
F-2, A-2, S-2, S-3, C-2	128	1,0	0,9	0,8	0,7
F-3, A-3, S-4, S-5, C-3	212	1,0	0,9	0,85	0,7
A-4	360	1,0	0,95	0,85	0,8
A-5	580	1,0	0,95	0,85	0,8

Tab. 26.18 Mindestachsabstand e_{min} für Habasit-Mehrschichtriemen (nach Habasit)

i oder $1/i$	1,25	1,5	2,0	2,5	3,0	4,0	7,0	10
e_{min}	1,33 d_g	1,2 d_g	1,0 d_g	0,95 d_g	0,93 d_g	0,9 d_g	0,83 d_g	0,75 d_g

Diagr. 26.1 Spezifische Nennleistungen P_N von Habasit-Mehrschichtriemen bei $\beta = 180°$ (es ist $d = d_k$) (nach Habasit)

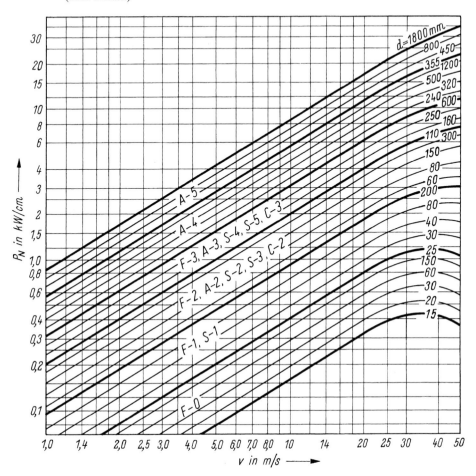

Tab. 27.1 Abmessungen in mm der Normal- und Schmalkeilriemen

Normalkeilriemen Endlose Keilriemen DIN 2215 und endliche Keilriemen DIN 2216								
Profil	ISO-Kurzzeichen	Y	Z	A	B	C	D	E
	DIN-Kurzzeichen	6	10	13	17	22	32	40
Obere Riemenbreite [1]	$b_o \approx$	6	10	13	17	22	32	40
Wirkbreite[1]	b_w	5,3	8,5	11	14	19	27	32
Riemenhöhe	$h \approx$	4	6	8	11	14	20	25
Abstand[1]	$h_w \approx$	1,6	2,5	3,3	4,2	5,7	8,1	12
DIN 2215[1]	$d_{w\,min}$	28	50	71	112	180	355	500
DIN 2216	$d_{w\,min}$	50	80	100	140	224	355	–
DIN 2216	k	2	2,5	3	3	3,5	5	–
DIN 2216	h_2	6,5	9,5	13	15	20	27	–
Schmalkeilriemen DIN 7753								
Kurzzeichen	für den Maschinenbau	SPZ	XPZ	SPA	XPA	SPB	XPB	SPC	XPC
	für den Kraftfahrzeugbau	9,5	AVX10	12,5	AVX13				
Obere Riemenbreite	$b_o \approx$	9,7		12,7		16,3		22	
Riemenwirkbreite[2]	b_w	8,5		11		14		19	
Riemenhöhe	$h \approx$	8		10 | 9		13		18	
Abstand	$h_w \approx$	2		2,8		3,5		4,8	
Kleinster Wirkdurchmesser[2]	$d_{w\,min}$	63 | 50		90 | 63		140 | 100		224 | 160	

[1] In der Ausgabe Aug. 1998 von DIN 2215 wurden geändert: b_o in w = obere Richtbreite, b_w in w_d = Richtbreite (Nennmaß), d_w in d_d = Richtdurchmesser, h_w ist nicht mehr angegeben.

[2] DIN 7753 enthält b_r = Richtbreite anstelle b_w = Wirkbreite und d_r = Richtdurchmesser anstelle d_w = Wirkdurchmesser.

Tab. 27.2 Abmessungen in mm der Keilriemenscheiben für Schmalkeilriemen (nach DIN 7753) (Auszug aus DIN 2211)

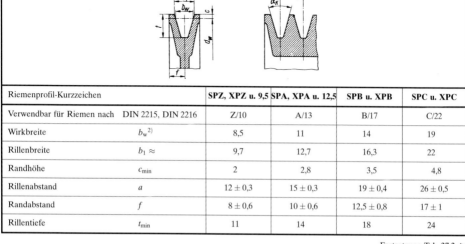

Riemenprofil-Kurzzeichen		SPZ, XPZ u. 9,5	SPA, XPA u. 12,5	SPB u. XPB	SPC u. XPC
Verwendbar für Riemen nach DIN 2215, DIN 2216		Z/10	A/13	B/17	C/22
Wirkbreite	b_w[2]	8,5	11	14	19
Rillenbreite	$b_1 \approx$	9,7	12,7	16,3	22
Randhöhe	c_{min}	2	2,8	3,5	4,8
Rillenabstand	a	12 ± 0,3	15 ± 0,3	19 ± 0,4	26 ± 0,5
Randabstand	f	8 ± 0,6	10 ± 0,6	12,5 ± 0,8	17 ± 1
Rillentiefe	t_{min}	11	14	18	24

Fortsetzung Tab. 27.2 ▷

Fortsetzung 27.2/27.3

Fortsetzung Tab. 27.2

α_K 34° 38°	für Wirkdurchmesser [1] d_{wk}			63 bis 80 > 80	90 bis 118 > 118	140 bis 190 > 190	224 bis 315 > 315
Zulässige Abweichung für $\alpha_K = 34°$ u. 38°				±1°	±1°	±1°	±30'
Wirkdurchmesser d_w							
50	56	63	71	80	90	100	112	118
125	132	140	150	160	170	180	190	200
212	224	236	250	280	300	315	355	400
450	500	560	630	710	800	900	1000	1120
1250	1400	1600	1800	200				

[1] im Kraftfahrzeugbau darf d_{wk} in Sonderfällen um 10% unterschritten werden, mit Ausnahme bei $i \leq 1{,}2$.
[2] siehe Tab. 27.1.

Tab. 27.3 Abmessungen in mm und Kenndaten der Keilrippenriemen und -scheiben (nach DIN 7867 und Herstellerangaben Conti Tech)

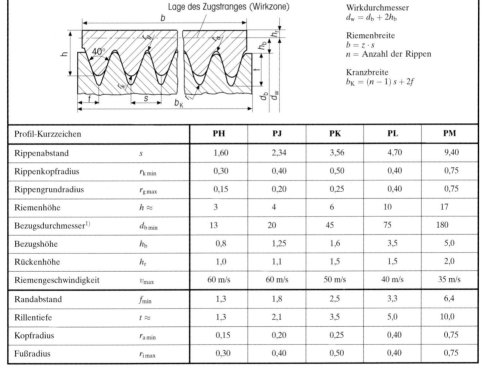

Wirkdurchmesser
$d_w = d_b + 2h_b$

Riemenbreite
$b = z \cdot s$
n = Anzahl der Rippen

Kranzbreite
$b_K = (n-1)s + 2f$

Profil-Kurzzeichen		**PH**	**PJ**	**PK**	**PL**	**PM**
Rippenabstand	s	1,60	2,34	3,56	4,70	9,40
Rippenkopfradius	$r_{k\,min}$	0,30	0,40	0,50	0,40	0,75
Rippengrundradius	$r_{g\,max}$	0,15	0,20	0,25	0,40	0,75
Riemenhöhe	$h \approx$	3	4	6	10	17
Bezugsdurchmesser[1]	$d_{b\,min}$	13	20	45	75	180
Bezugshöhe	h_b	0,8	1,25	1,6	3,5	5,0
Rückenhöhe	h_r	1,0	1,1	1,5	1,5	2,0
Riemengeschwindigkeit	v_{max}	60 m/s	60 m/s	50 m/s	40 m/s	35 m/s
Randabstand	f_{min}	1,3	1,8	2,5	3,3	6,4
Rillentiefe	$t \approx$	1,3	2,1	3,5	5,0	10,0
Kopfradius	$r_{a\,min}$	0,15	0,20	0,25	0,40	0,75
Fußradius	$r_{i\,max}$	0,30	0,40	0,50	0,40	0,75

[1] Genormte Bezugsdurchmesser d_b nach Normzahlreihe R20 DIN 323 (Tab. 2.1) bzw. wie d_w für Keilriemen (Tab. 27.2).

Tab. 27.4 Querschnittsabmessungen in mm der endlosen Breitkeilriemen (nach DIN 7719)

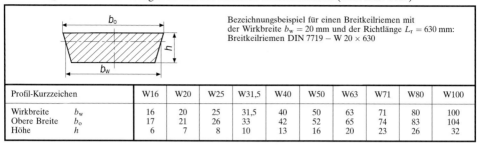

Bezeichnungsbeispiel für einen Breitkeilriemen mit der Wirkbreite $b_w = 20$ mm und der Richtlänge $L_r = 630$ mm:
Breitkeilriemen DIN 7719 – W 20 × 630

Profil-Kurzzeichen		W16	W20	W25	W31,5	W40	W50	W63	W71	W80	W100
Wirkbreite	b_w	16	20	25	31,5	40	50	63	71	80	100
Obere Breite	b_o	17	21	26	33	42	52	65	74	83	104
Höhe	h	6	7	8	10	13	16	20	23	26	32

Tab. 27.5 Nennleistungen P_N von endlosen Normalkeilriemen (nach DIN 2218)

| Profil | d_{wk} mm | \multicolumn{11}{c}{P_N in kW bei n_k in min⁻¹ — Endlose Normalkeilriemen DIN 2215} | i 1/i |

Profil	d_{wk} mm	200	400	700	950	1450	1600	2000	2800	3600	4000	5000	6000	i $1/i$
Y (6)	28	0,015 0,016 0,017	0,027 0,029 0,030	0,042 0,047 0,048	0,054 0,060 0,062	0,08 0,08 0,09	0,08 0,09 0,09	0,10 0,11 0,11	0,13 0,14 0,15	0,16 0,17 0,18	0,17 0,19 0,19	0,20 0,22 0,23	0,23 0,25 0,26	1 1,5 ≥ 3
	40	0,025 0,028 0,029	0,046 0,050 0,052	0,07 0,08 0,08	0,10 0,11 0,11	0,14 0,15 0,16	0,15 0,17 0,17	0,18 0,20 0,21	0,24 0,26 0,27	0,29 0,32 0,33	0,32 0,35 0,36	0,38 0,42 0,43	0,43 0,47 0,49	1 1,5 ≥ 3
	63	0,044 0,048 0,049	0,08 0,09 0,09	0,13 0,15 0,15	0,17 0,19 0,20	0,25 0,28 0,28	0,27 0,30 0,31	0,33 0,36 0,38	0,44 0,48 0,50	0,53 0,59 0,61	0,58 0,64 0,66	0,67 0,74 0,77	0,71 0,83 0,96	1 1,5 ≥ 3
Z (10)	50	0,062 0,068 0,070	0,11 0,12 0,12	0,16 0,18 0,19	0,21 0,23 0,24	0,28 0,31 0,32	0,39 0,33 0,34	0,35 0,39 0,40	0,44 0,48 0,50	0,50 0,55 0,57	0,53 0,58 0,60	0,57 0,63 0,65	0,57 0,63 0,65	1 1,5 ≥ 3
	80	0,14 0,15 0,15	0,25 0,27 0,28	0,40 0,44 0,45	0,51 0,56 0,58	0,72 0,80 0,82	0,78 0,86 0,89	0,93 1,03 1,06	1,20 1,32 1,36	1,41 1,56 1,60	1,49 1,65 1,70	1,63 1,80 1,86	1,65 1,82 1,88	1 1,5 ≥ 3
	112	0,21 0,23 0,24	0,39 0,43 0,44	0,63 0,70 0,72	0,82 0,91 0,94	1,17 1,29 1,33	1,26 1,40 1,44	1,51 1,66 1,72	1,91 2,11 2,17	2,19 2,42 2,49	2,27 2,51 2,59	2,30 2,54 2,63	2,03 2,25 2,32	1 1,5 ≥ 3
A (13)	71	0,1 0,11 0,12	0,17 0,18 0,19	0,24 0,27 0,27	0,29 0,32 0,33	0,37 0,41 0,42	0,38 0,42 0,44	0,42 0,47 0,48	0,46 0,50 0,52	0,44 0,48 0,50	0,41 0,45 0,47	0,27 0,30 0,31	0,032 0,036 0,037	1 1,5 ≤ 3
	112	0,31 0,35 0,36	0,56 0,62 0,64	0,90 0,99 1,02	1,15 1,27 1,31	1,61 1,78 1,84	1,74 1,92 1,98	2,04 2,25 2,33	2,51 2,78 2,87	2,78 3,08 3,17	2,83 3,13 3,22	2,64 2,92 3,01	1,96 2,17 2,24	1 1,5 ≥ 3
	180	0,59 0,66 0,68	1,09 1,20 1,24	1,76 1,94 2,00	2,27 2,51 2,59	3,16 3,50 3,61	3,40 3,75 3,87	3,93 4,34 4,48	4,54 5,02 5,18	4,40 4,87 5,02	4,00 4,42 4,56	1,81 2,00 2,06		1 1,5 ≥ 3
B (17)	112	0,39 0,43 0,44	0,66 0,73 0,75	1,00 1,11 1,14	1,25 1,38 1,42	1,64 1,81 1,87	1,75 1,92 1,98	1,94 2,14 2,21	2,12 2,34 2,41	1,94 2,14 2,21	1,70 1,88 1,94	0,58 0,64 0,66		1 1,5 ≥ 3
	180	0,88 0,98 1,01	1,59 1,76 1,81	2,53 2,79 2,88	3,22 3,56 3,67	4,39 4,85 5,01	4,68 5,17 5,34	5,30 5,86 6,05	5,76 6,36 6,56	4,92 5,44 5,61	3,92 4,33 4,47			1 1,5 ≥ 3
	250	1,58 1,75 1,80	2,89 3,19 3,29	4,61 5,10 5,26	5,85 6,47 6,67	7,76 8,57 8,84	8,13 8,97 9,26	8,60 9,50 9,80	6,80 7,56 7,80					1 1,5 ≥ 3

Fortsetzung Tab. 27.5 ▷

Fortsetzung Tab. 27.5

Profil	d_{wk} mm	P_N in kW bei n_k in min^{-1}											i $1/i$
		100	200	400	700	950	1200	1450	1600	1800	2400	2800	3200	
C (22)	180	0,56 0,62 0,64	1,12 1,24 1,28	1,92 2,12 2,19	2,89 3,20 3,30	3,55 3,92 4,65	4,07 4,50 4,64	4,46 4,93 5,08	4,62 5,11 5,27	4,76 5,25 5,42	4,50 4,97 5,13	3,70 4,09 4,22	2,33 2,57 2,65	1 1,5 ≥ 3
C (22)	280	1,21 1,34 1,38	2,42 2,67 2,76	4,32 3,78 4,93	6,76 7,52 7,76	8,49 9,37 9,67	9,81 10,83 11,17	10,72 11,84 12,22	11,06 12,21 12,60	11,22 12,39 12,79	9,50 10,49 10,82	6,13 6,77 6,99		1 1,5 ≥ 3
C (22)	450	2,26 2,50 2,58	4,51 4,99 5,15	8,20 9,05 9,34	12,63 13,95 14,39	15,23 16,82 17,35	16,59 18,33 18,91	16,47 18,19 18,77	15,57 17,20 17,75	13,29 14,68 15,14				1 1,5 ≥ 3
D (32)	355	3,01 3,32 3,43	5,31 5,87 6,06	9,24 10,20 10,52	13,70 15,13 15,61	16,15 17,84 18,40	17,25 19,06 19,66	16,77 18,53 19,11	15,63 17,26 17,81	12,97 14,33 14,78				1 1,5 ≥ 3
D (32)	560	5,91 6,53 6,74	10,76 11,89 12,26	18,95 20,93 21,59	27,73 30,64 31,61	31,04 34,30 35,38	29,67 32,78 33,82	22,58 24,94 25,73	15,13 16,71 17,24					1 1,5 ≥ 3
D (32)	800	9,22 10,19 10,51	16,76 18,51 19,10	29,08 32,13 33,15	39,14 43,25 44,61	36,76 40,61 41,90	21,32 23,55 24,30							1 1,5 ≥ 3
E (40)	500	6,12 6,76 6,97	10,86 11,99 12,37	18,55 20,49 21,14	26,21 28,96 29,87	28,32 31,28 32,27	25,53 28,21 29,10	16,82 18,58 19,17	8,28 9,16 9,45					1 1,5 ≥ 3
E (40)	800	12,05 13,31 13,74	21,70 23,97 24,73	37,05 40,94 42,23	47,96 52,99 54,67	41,59 45,96 47,41	16,46 18,19 18,76							1 1,5 ≥ 3
E (40)	1120	18,07 19,97 20,61	32,47 35,88 37,01	52,98 58,54 60,39	53,62 59,25 61,13									1 1,5 ≥ 3

Tab. 27.6 Nennleistungen P_N von endlosen Schmalkeilriemen (nach DIN 7753)

Endlose Schmalkeilriemen DIN 7753													
Profil	d_{wk} mm	P_N in kW bei n_k in min^{-1}											i $1/i$
		200	400	700	950	1450	1600	2000	2800	3200	4000	4500	5000	6000	
SPZ 9,5	63	0,20 0,23 0,24	0,35 0,41 0,43	0,54 0,65 0,68	0,68 0,83 0,88	0,93 1,16 1,23	1,00 1,25 1,33	1,17 1,48 1,58	1,45 1,88 2,03	1,56 2,06 2,22	1,74 2,35 2,56	1,81 2,50 2,74	1,85 2,63 2,88	1,85 2,77 3,08	1 1,5 ≥ 3
SPZ 9,5	100	0,43 0,46 0,47	0,79 0,85 0,87	1,28 1,39 1,43	1,66 1,81 1,86	2,36 2,58 2,66	2,55 2,80 2,88	3,05 3,35 3,46	3,90 4,33 4,48	4,26 4,76 4,92	4,85 5,46 5,67	5,10 5,80 6,03	5,27 6,05 6,30	5,32 6,25 6,56	1 1,5 ≥ 3
SPZ 9,5	180	0,92 0,95 0,96	1,71 1,78 1,80	2,81 2,92 2,95	3,65 3,80 3,85	5,19 5,41 5,49	5,61 5,86 5,94	6,63 6,94 7,04	8,20 8,63 8,78	8,71 9,21 9,37	9,08 9,70 9,90	8,81 9,51 9,74	8,11 8,88 9,14	5,22 6,15 6,45	1 1,5 ≥ 3
SPA 12,5	90	0,43 0,50 0,52	0,75 0,89 0,94	1,17 1,42 1,50	1,48 1,81 1,92	2,02 2,52 2,69	2,16 2,71 2,90	2,49 3,19 3,42	3,00 3,96 4,29	3,16 4,27 4,63	3,29 4,68 5,14	3,24 4,80 5,32	3,07 4,80 5,37	2,34 4,41 5,10	1 1,5 ≥ 3
SPA 12,5	160	1,11 1,18 1,20	2,04 2,18 2,22	3,30 3,55 3,63	4,27 4,60 4,71	6,01 6,51 6,68	6,47 7,03 7,21	7,60 8,29 8,52	9,24 10,21 10,53	9,72 10,83 11,20	9,87 11,25 11,72	9,34 10,90 11,42	8,28 10,01 10,58	4,31 6,39 7,08	1 1,5 ≥ 3
SPA 12,5	250	1,95 2,02 2,04	3,62 3,75 3,80	5,88 6,13 6,21	7,60 7,93 8,04	10,53 11,03 11,19	11,26 11,81 12,00	12,85 13,54 13,77	14,13 15,10 15,42	13,62 14,73 15,10	9,83 11,21 11,67	5,29 6,85 7,36			1 1,5 ≥ 3

Fortsetzung Tab. 27.6 ▷

Fortsetzung Tab. 27.6

Profil	d_{wk} mm	P_N in kW bei n_k in min^{-1}												i $1/i$
		200	400	700	950	1450	1600	2000	2800	3200	4000	4500	5000	6000	
SPB	140	1,08 1,22 1,27	1,92 2,21 2,31	3,02 3,53 3,70	3,83 4,52 4,76	5,19 6,25 6,61	5,54 6,71 7,10	6,31 7,78 8,26	7,15 9,20 9,89	7,17 9,51 10,29	6,28 9,20 10,18	5,00 8,30 9,39			1 1,5 ≥ 3
	250	2,64 2,79 2,83	4,86 5,15 5,25	7,84 8,35 8,52	10,04 10,74 10,97	13,66 14,72 15,07	14,51 15,68 16,07	16,19 17,66 18,15	16,44 18,49 19,17	14,69 17,03 17,81	6,63 9,56 10,53				1 1,5 ≥ 3
	400	4,68 4,83 4,87	8,64 8,94 9,03	13,82 14,33 14,50	17,39 18,09 18,32	22,02 23,08 23,43	22,62 23,79 24,18	22,07 23,53 24,02	9,37 11,42 12,10						1 1,5 ≥ 3
SPC	224	2,90 3,26 3,38	5,19 5,91 6,15	8,13 9,39 9,81	10,19 11,90 12,47	13,22 15,82 16,69	13,81 16,69 17,65	14,58 18,17 19,37	11,89 16,92 18,60	8,01 13,77 15,68					1 1,5 ≥ 3
	400	6,86 7,22 7,34	12,56 13,28 13,52	19,79 21,05 21,47	24,52 26,23 26,80	29,46 32,07 32,94	29,53 32,41 33,37	25,81 29,41 30,60	13,27 16,96 18,20						1 1,5 ≥ 3
	630	11,80 12,16 12,28	21,42 22,14 22,38	32,37 33,63 34,04	37,37 39,07 39,64	31,74 34,35 35,22	24,96 27,84 28,79								1 1,5 ≥ 3

Tab. 27.7 Nennleistungen P_N von Keilrippenriemen je Rippe (Auswahl nach Conti Tech)

Keilrippenriemen DIN 7867														
Profil	d_{bk} mm	P_N in kW bei n_k in min^{-1}												i $1/i$
		200	400	700	950	1450	2000	2400	2850	3200	3500	4000	5000	6000	
PJ	20	0,01 0,01 0,01	0,02 0,03 0,03	0,04 0,04 0,04	0,05 0,05 0,05	0,06 0,07 0,07	0,08 0,09 0,10	0,09 0,10 0,11	0,10 0,12 0,13	0,11 0,13 0,14	0,12 0,14 0,15	0,13 0,16 0,17	0,16 0,19 0,20	0,18 0,22 0,23	1 1,5 ≥ 3
	40	0,03 0,04 0,04	0,06 0,07 0,07	0,10 0,11 0,11	0,13 0,14 0,14	0,19 0,20 0,20	0,25 0,26 0,27	0,29 0,31 0,31	0,34 0,36 0,36	0,37 0,39 0,39	0,40 0,42 0,43	0,44 0,47 0,48	0,54 0,57 0,58	0,62 0,66 0,67	1 1,5 ≥ 3
	80	0,07 0,07 0,08	0,14 0,14 0,14	0,22 0,23 0,23	0,29 0,30 0,30	0,43 0,44 0,44	0,57 0,58 0,58	0,67 0,68 0,68	0,77 0,79 0,79	0,84 0,86 0,86	0,91 0,93 0,94	1,01 1,03 1,04	1,21 1,24 1,25	1,37 1,41 1,42	1 1,5 ≥ 3
PL	75	0,15 0,17 0,18	0,26 0,30 0,31	0,40 0,47 0,48	0,50 0,59 0,62	0,68 0,82 0,85	0,85 1,04 1,08	0,95 1,18 1,23	1,04 1,31 1,38	1,11 1,41 1,48	1,15 1,48 1,56	1,20 1,58 1,67	1,23 1,70 1,81	1,13 1,70 1,84	1 1,5 ≥ 3
	125	0,36 0,38 0,38	0,66 0,69 0,70	1,06 1,12 1,14	1,38 1,46 1,48	1,95 2,08 2,11	2,51 2,68 2,72	2,87 3,08 3,13	3,23 3,47 3,53	3,46 3,73 3,80	3,43 3,93 4,00	3,85 4,19 4,27	4,00 4,43 4,53	3,72 4,23 4,35	1 1,5 ≥ 3
	200	0,70 0,71 0,71	1,29 1,31 1,32	2,12 2,16 2,17	2,76 2,81 2,83	3,93 4,01 4,03	5,03 5,14 5,17	5,68 5,82 5,85	6,25 6,41 6,45	6,56 6,74 6,78	6,72 6,91 6,96	6,74 6,96 7,02			1 1,5 ≥ 3
		50	100	200	400	700	950	1200	1450	2000	2400	2850	3200	3600	
PM	180	0,35 0,37 0,38	0,63 0,68 0,69	1,12 1,22 1,24	1,98 2,17 2,22	3,10 3,43 3,52	3,92 4,37 4,48	4,65 5,22 5,36	5,28 5,97 6,14	6,34 7,29 7,53	6,78 7,92 8,20	6,89 8,25 8,58	6,67 8,19 8,56	6,04 7,75 8,17	1 1,5 ≥ 3
	315	0,91 0,94 0,95	1,68 1,74 1,75	3,07 3,19 3,22	5,59 5,82 5,88	8,91 9,33 9,43	11,31 11,87 12,01	13,24 14,05 14,23	14,96 15,82 16,03	16,79 17,98 18,27					1 1,5 ≥ 3
	500	1,53 1,56 1,57	2,84 2,90 2,92	5,25 5,37 5,40	9,57 9,81 9,87	15,04 15,45 15,55	18,53 19,10 19,23	20,84 21,56 21,73							1 1,5 ≥ 3

Nennleistungen für die Profile **PH** und **PK** sind Herstellerunterlagen zu entnehmen.

Tab. 27.8 Längenfaktoren c_L von endlosen Normalkeilriemen (klassische Keilriemen) DIN 2215 (nach DIN 2218)

Wirklänge L_w in mm = Richtlänge L_d, Innenlänge L_i in mm

Profil	Y (6)	Z (10)	A (13)	B (17)	C (22)	D (32)	E (40)	Y (6)	Z (10)	A (13)	B (17)	C (22)	D (32)	E (40)
L_w	280	422	660	943	1452	3225	4832	515	700	1730	2693	3802	8075	8082
L_i	265	400	630	900	1400	3150	4750	500	678	1700	2650	3750	8000	8000
c_L	0,97	0,87	0,81	0,81	0,81	0,86	0,91	1,11	0,97	1,00	1,03	1,00	1,06	1,02
L_w	295	447	740	1043	1652	3625	5082	545	732	1830	2843	4052	8575	8582
L_i	280	425	710	1000	1600	3550	5000	530	710	1800	2800	4000	8500	8500
c_L	0,98	0,88	0,82	0,84	0,84	0,89	0,92	1,13	0,99	1,01	1,05	1,02	1,07	1,03
L_w	315	472	830	1163	1852	4075	5382	865	822	2030	3193	4552	9075	9082
L_i	300	450	800	1120	1800	4000	5300	850	800	2000	3150	4500	9000	9000
c_L	1,00	0,89	0,85	0,86	0,85	0,91	0,94	1,25	1,00	1,03	1,07	1,04	1,08	1,05
L_w	350	497	930	1293	2052	4575	5682		922	2270	3593	5052	9575	9582
L_i	335	475	900	1250	2000	4500	5600		900	2240	3550	5000	9500	9500
c_L	1,02	0,90	0,87	0,88	0,88	0,93	0,95		1,03	1,06	1,10	1,07	1,10	1,06
L_w	355	522	1030	1443	2292	5075	6082		1022	2530	4043	5652	10075	10082
L_i	340	500	1000	1400	2240	5000	6000		1000	2500	4000	5600	10000	10000
c_L	1,03	0,91	0,89	0,90	0,91	0,96	0,96		1,06	1,09	1,13	1,09	1,11	1,07
L_w	370	552	1150	1643	2552	5675	6382		1142	2830	4543	6352	11275	11282
L_i	355	530	1120	1600	2500	5600	6300		1120	2800	4500	6300	11200	11200
c_L	1,04	0,93	0,91	0,93	0,93	0,98	0,97		1,08	1,11	1,15	1,12	1,14	1,10
L_w	415	582	1280	1843	2852	6375	6782		1272	3180	5043	7152	12575	12582
L_i	400	560	1250	1800	2800	6300	6700		1250	3150	5000	7100	12500	12500
c_L	1,06	0,94	0,93	0,95	0,95	1,00	0,99		1,11	1,13	1,18	1,15	1,17	1,12
L_w	440	622	1430	2043	3202	7175	7182		1422	4030	5643	8052	14075	14082
L_i	425	600	1400	2000	3150	7100	7100		1400	4000	5600	8000	14000	14000
c_L	1,07	0,95	0,96	0,98	0,97	1,03	1,00		1,14	1,20	1,20	1,18	1,20	1,15
L_w	465	652	1630	2283	3602	7575	7582		1622	5030	6343	10052	16075	16082
L_i	450	630	1600	2240	3550	7500	7500		1600	5000	6300	10000	16000	16000
c_L	1,08	0,96	0,99	1,00	0,98	1,05	1,01		1,17	1,25	1,23	1,23	1,22	1,18

Tab. 27.9 Längenfaktoren c_L von endlosen Schmalkeilriemen (DIN 7753) (fettgedruckte Längen sind Nennlängen)

Wirklänge L_w in mm = Richtlänge L_r, Außenlänge L_a in mm

Profil	SPZ	SPA	SPB	SPC	9,5	12,5	SPZ	SPA	SPB	SPC	9,5	12,5
L_w	**630**	**800**	**1250**	**2240**	617	782	**1600**	**2000**	**3150**	**5600**	1587	1982
L_a	643	818	1272	2270	**630**	**800**	1613	2018	3172	5630	**1600**	**2000**
c_L	0,82	0,81	0,82	0,83	0,82	0,81	1,00	0,96	0,98	1,00	1,00	0,96
L_w	**710**	**900**	**1400**	**2500**	697	882	**1800**	**2240**	**3550**	**6300**	1787	2222
L_a	723	918	1422	2530	**710**	**900**	1813	2258	3572	6330	**1800**	**2240**
c_L	0,84	0,83	0,84	0,86	0,84	0,83	1,01	0,98	1,00	1,02	1,01	0,98
L_w	**800**	**1000**	**1600**	**2800**	787	982	**2000**	**2500**	**4000**	**7100**	1987	2482
L_a	813	1018	1622	2830	**800**	**1000**	2013	2518	4012	7130	**2000**	**2500**
c_L	0,86	0,85	0,86	0,88	0,86	0,85	1,02	1,00	1,02	1,04	1,02	1,00
L_w	**900**	**1120**	**1800**	**3150**	887	1102	**2240**	**2800**	**4500**	**8000**	2227	2782
L_a	913	1138	1822	3180	**900**	**1120**	2253	2818	4512	8030	**2240**	**2800**
c_L	0,88	0,87	0,88	0,90	0,88	0,87	1,05	1,02	1,04	1,06	1,05	1,02
L_w	**1000**	**1250**	**2000**	**3550**	987	1232	**2500**	**3150**	**5000**	**9000**	2487	3132
L_a	1013	1268	2022	3580	**1000**	**1250**	2513	3168	5012	9030	**2500**	**3150**
c_L	0,90	0,89	0,90	0,92	0,90	0,89	1,07	1,04	1,06	1,08	1,07	1,04
L_w	**1120**	**1400**	**2240**	**4000**	1107	1382	**2800**	**3550**	**5600**	**10000**		
L_a	1133	1418	2262	4030	**1120**	**1400**	2813	3568	5612	10030		
c_L	0,93	0,91	0,92	0,94	0,93	0,91	1,09	1,06	1,08	1,10		
L_w	**1250**	**1600**	**2500**	**4500**	1237	1582	**3150**	**4000**	**6300**	**11200**		
L_a	1263	1618	2522	4530	**1250**	**1600**	3163	4018	6312	11230		
c_L	0,94	0,93	0,94	0,96	0,94	0,93	1,11	1,08	1,10	1,12		
L_w	**1400**	**1800**	**2800**	**5000**	1387	1782	**3550**	**4500**	**7100**	**12500**		
L_a	1413	1818	2822	5030	**1400**	**1800**	3563	4518	7112	12530		
c_L	0,96	0,95	0,96	0,98	0,96	0,95	1,13	1,09	1,12	1,14		

Tab. 27.10 Längenfaktor c_L von Keilrippenriemen DIN 7867 (Auszug nach Conti Tech)

Profil	Bezugslänge L_b in mm														
PJ	L_b	356	406	483	610	723	864	1016	1105	1200	1280	1321	1397	1549	1752	1895	2210
	c_L	0,78	0,81	0,85	0,89	0,93	0,97	1,00	1,02	1,04	1,05	1,06	1,07	1,09	1,12	1,14	1,17
PL	L_b	1041	1270	1397	1562	1715	1841	1981	2095	2195	2325	2515	2745	2920	3125	3490	4050
	c_L	0,86	0,89	0,91	0,94	0,96	0,97	0,99	1,00	1,01	1,02	1,04	1,06	1,07	1,09	1,11	1,15
PM	L_b	2285	2515	2830	2695	3010	3325	3530	4090	4470	4650	5030	6120	6885	7645	9170	10695
	c_L	0,88	0,90	0,91	0,92	0,93	0,96	0,97	1,00	1,02	1,03	1,05	1,09	1,12	1,14	1,18	1,25

Tab. 27.11 Winkelfaktoren c_β für Keilriemen und Keilrippenriemen

β	200°	190°	180°	170°	160°	150°	140°	130°	125°	120°	115°	110°	105°	100°	95°	90°	85°	80°
c_β	1,04	1,02	1,0	0,97	0,95	0,92	0,89	0,86	0,84	0,82	0,80	0,78	0,76	0,74	0,72	0,68	0,66	0,64

Tab. 27.12 Zulässige Biegefrequenzen $f_{B\,zul}$ in s^{-1} für Keilriemen und Keilrippenriemen

Riemenart	Endlicher Normalkeilriemen	Endloser Normalkeilriemen	Endloser Schmalkeilriemen	Keilrippenriemen
$f_{B\,zul}$	15	60	100	120

Diagr. 27.1 Richtlinien für die Profilwahl von Normalkeilriemen (nach DIN 2218)

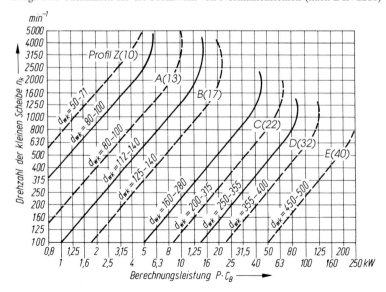

Diagr. 27.2 Richtlinien für die Profilwahl von Schmalkeilriemen (nach DIN 7753)

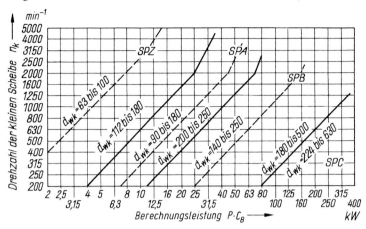

Diagr. 27.3 Richtlinien für die Profilwahl von Keilrippenriemen DIN 7867 (nach Conti Tech)

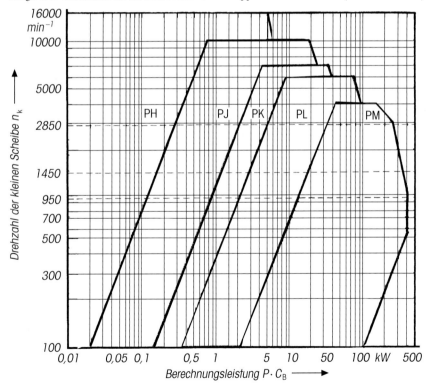

Tab. 28.1 Abmessungen und Daten für Synchron- oder Zahnriementriebe (nach WHM)

Synchroflex-Zahnriemen nach Bild 28.3 entspr. Synchronriemen DIN 7721-1[1]											
Type, Zahnteilungs-kurzzeichen	p mm	m mm	k mm	H mm	h mm	α	γ mm	z_{min}[2]	$d_{R\,min}$ in mm von innen	von außen	F_N N/cm	P_{max} kW
T 2,5	2,5	0,796	1,0	1,3	0,7	0,6	40°	0,27	12	18	15	100	0,5
T 5	5	1,592	1,8	2,2	1,2	1,0		0,42	10	30	30	360	2
T 10	10	3,183	3,5	4,5	2,5	2,0		0,92	12	60	60	720	20
T 20	20	6,366	6,5	8,0	5,0	3,0		1,42	15	150	120	1600	> 20

Standardbreiten: b Riemenbreite, B Zahnscheibenbreite (ohne Bordscheiben nach DIN 7721-2) Maße in mm									
T 2,5	b B	4 8	6 10	10 14		T 10	b B	16 21	25 30	32 37	50 55
T 5	b B	6 10	10 14	16 20	25 29	T 20	b B	32 38	50 56	75 81	100 106

Standard-Riemenlängen (Wirklängen) $L = X \cdot p$ (Auszug aus DIN 7721-1)												
T 2,5	$X =$	48	64	80	98	106	114	132	152	168	192	200	240	312
T 5	$X =$	20	40	61	80	96	112	124	150	163	180	188	220	263
T 10	$X =$	63	66	84	98	121	124	125	132	135	142	161	188	310
T 20	$X =$	63	73	89	94	118	130	155	181					

[1] Bezeichnung eines endlosen Synchronriemens nach DIN 7721-1 mit Einfachverzahnung der Breite 6 mm, dem Zahnteilungs-Kurzzeichen T 2,5 und der Wirklänge 480 mm: Riemen DIN 7721 – 6T2,5 × 480. Bei Doppelverzahnung wird der Buchstabe D angehängt, bei endlichen Riemen der Buchstabe E.
[2] Die Mindestzähnezahlen gelten bei gleichsinniger Biegung des Riemens, bei gegensinniger Biegung 1,5fache Werte.

Tab. 28.2 Abmessungen von HTD-Zahnriementrieben (nach WF)

Power Grip HTD-Zahnriemen nach Bild 28.5								
Type	p mm	m mm	H mm	h mm	a mm	u mm	z_{min}	P/n_a kW · min
8 M	8	2,5465	5,6	3,7	1,9	0,7	18	< 0,02
14 M	14	4,4563	10	6,4	3,6	1,4	28	≥ 0,02

Standardbreiten: b Riemenbreite, B Zahnscheibenbreite Maße in mm									
8 M	b B	20 22	30 33	50 53	85 89	14 M	b B	40 44	55 60	85 92	115 123	170 178

Standard-Riemenlängen $L = X \cdot p$									
8 M	$X =$	60 150	70 160	75 180	80 200	90 220	100 225	110 250	120 300	130 350	140
14 M	$X =$	69 200	85 225	100 250	115 275	127 309	135 327	150	165	175	185

Tab. 28.3 Faktor C_L und Zuschlag C_i für Power Grip HTD-Zahnriemen (nach WF)

Type		Längenfaktoren C_L						
8 M	L mm C_L	480...600 0,8	640...880 0,9	960...1200 1,0	1280...1760 1,1	1800...2800 1,2	
14 M	L mm C_L	966...1190 0,8	1400...1610 0,9	1778...1890 0,95	2100...2450 1,0	2590...3150 1,05	3500...4578 1,1

Übersetzungszuschlag C_i bei Übersetzungen ins Schnelle					
$1/i$	1,00...1,24	1,25...1,74	1,75...2,49	2,5...3,49	≥ 3,5
C_i	0	0,1	0,2	0,3	0,4

Tab. 28.4 Belastungsfaktoren C_B für Zahnriemen (Synchronriemen) (nach WF)

Maschinenart	Antreibende Maschinen, Gruppe									Antreibende Maschinen
	A			B			C			
Getriebene Maschinen	Tägliche Betriebsdauer in Stunden									
	bis 10	10...16	über 16	bis 10	10...16	über 16	bis 10	10...16	über 16	
Rührwerke Mischmaschinen, flüssig (Schaufel oder Schraube), halbflüssig	1,2 1,3	1,4 1,5	1,6 1,7	1,4 1,5	1,6 1,7	1,8 1,9	1,6 1,7	1,8 1,9	2,0 2,1	**C** Wechsel- und Drehstrommotoren mit hohem Anlaufmoment (über 2,5 × Nennmoment), z. B. Einphasen- und Synchronmotoren mit hohem Drehmoment; Drehstrom-Bremsmotoren; Verbrennungsmotoren bis 4 Zylinder; Hydraulikmotoren
Maschinen für die Ziegelei- und Tonindustrie Bohrgeräte, Mischmaschinen Kornmaschinen, Lehmmühlen	1,4 1,6	1,6 1,8	1,8 2,0	1,6 1,8	1,8 2,0	2,0 2,2	1,8 2,0	2,0 2,2	2,2 2,4	
Kompressoren Kolbenkompressoren Zentrifugalkompressoren	1,6 1,4	1,8 1,6	2,0 1,8	1,8 1,5	2,0 1,7	2,2 1,9	2,0 1,6	2,2 1,8	2,4 2,0	
Förderanlagen Bänder für leichtes Gut, Durchlauföfen Bänder für Erz, Kohle, Sand Plattenbänder, Becher, Elevatoren Schleuderförderer, Schraubenförderer	1,1 1,2 1,4 1,4	1,3 1,4 1,6 1,6	1,5 1,6 1,8 1,8	1,2 1,4 1,6 1,6	1,4 1,6 1,8 1,8	1,6 1,8 2,0 2,0	1,3 1,6 1,8 1,8	1,5 1,8 2,0 2,0	1,7 2,0 2,2 2,2	
Ventilatoren, Gebläse Exhaustoren, Zentrifugalgebläse Schraubengebläse, Grubenlüfter	1,4 1,6	1,6 1,8	1,8 2,0	1,6 1,8	1,8 2,0	2,0 2,2	1,8 2,0	2,0 2,2	2,2 2,4	
Wäschereimaschinen Extraktoren, allgemein Waschmaschinen	1,2 1,4	1,4 1,6	1,6 1,8	1,4 1,6	1,6 1,8	1,8 2,0	1,6 1,8	1,8 2,0	2,0 2,2	**B** Wechsel- und Drehstrommotoren mit normalem Anlaufmoment (1,5 bis 2,5 × Nennmoment), z. B. Kurzschlussläufermotoren; Gleichstrommotoren mit Doppelschlusswicklung; Verbrennungsmotoren 4 bis 6 Zylinder
Werkzeugmaschinen Drehmaschinen, Schraubenmaschinen Bohrmaschinen, Schleifmaschinen Walzmaschinen, Hobelmaschinen	1,2 1,3 1,3	1,4 1,5 1,5	1,6 1,7 1,7	1,4 1,5 1,5	1,6 1,7 1,7	1,8 1,9 1,9	1,6 1,7 1,7	1,8 1,9 1,9	2,0 2,1 2,1	
Maschinen für die Papierindustrie Rührwerke, Kalander, Trockenmaschinen Pumpen, Holzschleifer, Holländer	1,2 1,4	1,4 1,6	1,6 1,8	1,4 1,6	1,6 1,8	1,8 2,0	1,6 1,8	1,8 2,0	2,0 2,2	
Pumpen Zentrifugalpumpen, Zahnradpumpen Rotationspumpen, Ölleitungspumpen	1,2 1,7	1,4 1,9	1,6 2,1	1,4 1,9	1,6 2,1	1,8 2,3	1,6 2,1	1,8 2,3	2,0 2,5	
Siebmaschinen Vibration (Schütteln) Trommeln, auch konische	1,3 1,2	1,5 1,4	1,7 1,6	1,5 1,4	1,7 1,6	1,9 1,8	– –	– –	– –	
Textilmaschinen Webstühle, Spinn-, Zwirnmaschinen Zettelmaschinen, Spulmaschinen	1,3 1,2	1,5 1,4	1,7 1,6	1,5 1,4	1,7 1,6	1,9 1,8	1,7 –	1,9 –	2,1 –	
Holzbearbeitungsmaschinen Drehbänke, Bandsägen Schlichthobel, Kreissägen, Hobel	1,2 1,2	1,4 1,4	1,6 1,6	1,3 1,4	1,5 1,6	1,7 1,8	– –	– –	– –	**A** Elektromotoren mit niedrigem Anlaufmoment (bis 1,5 × Nennmoment), z. B. Gleichstrom-Nebenschluss-Motoren; Verbrennungsmotoren 8 und mehr Zylinder; Wasser- und Dampfturbinen
Bäckereimaschinen, Teigmaschinen	1,2	1,4	1,6	1,4	1,6	1,8	1,6	1,8	2,0	
Zentrifugen	1,5	1,7	1,9	1,7	1,9	2,1	–	–	–	
Generatoren, Erregermotoren	1,4	1,6	1,8	1,6	1,8	2,0	1,8	2,0		
Hammer-Mühlen	1,5	1,7	1,9	1,7	1,9	2,0	1,9	2,1	2,3	
Hebezeuge, Aufzüge	1,4	1,6	1,8	1,6	1,8	2,0	1,8	2,0	2,2	
Wellenstränge	1,2	1,4	1,6	1,4	1,6	1,8	1,6	1,8	2,0	
Mühlen Kugel-, Stab-, Kiesmühlen usw.	–	–	–	1,9	2,1	2,3	2,1	2,3	2,5	
Graphische Maschinen	1,2	1,4	1,6	1,4	1,6	1,8	1,6	1,8	2,0	
Maschinen für die Gummiindustrie	1,4	1,6	1,8	1,6	1,8	2,0	1,8	2,0	2,2	
Sägewerksmaschinen	1,4	1,6	1,8	1,6	1,8	2,0	1,8	2,0	2,4	

Tab. 28.5 Spezifische Nennleistungen P_N von Synchroflex-Zahnriemen (nach WHM)

Type	z_k	\multicolumn{13}{c}{P_N in W/cm bei n_k in min^{-1}}												
		100	300	600	1000	1500	2000	3000	4000	5000	6000	7000	8000	10000	12000	15000
T 2,5	10	0,33	1,0	2,0	2,9	4,4	5,9	7,2	8,9	10,5	11,9	12,4	12,6	13,4	13,9	14,8
	15	0,48	1,45	2,9	4,5	6,8	8,9	11,4	13,6	15,5	16,6	17,8	18,3	21,1	21,9	22,8
	20	0,68	2,1	4,1	6,2	9,5	12,5	15,5	19,0	21,8	23,9	25,8	26,7	29,6	30,8	32,3
	30	1,0	3,0	6,0	9,0	14,0	18,6	23,3	28,0	31,1	34,0	36,2	37,3	41,4	43,5	46,6
	40	1,3	4,0	8,0	12,5	18,8	25,0	30,0	37,5	42,8	50,0	53,7	55,3	58,6	59,8	62,5
T 5	10	1	4	8	12	18	22	31	39	44	51	57	63	74	83	94
	15	2	6	12	19	27	34	48	59	68	78	87	96	113	128	145
	20	3	9	16	26	37	46	64	79	92	105	118	130	153	172	195
	30	5	13	25	39	55	70	97	120	139	159	178	196	231	260	295
	40	6	17	33	52	74	94	130	161	186	213	238	263	309	348	395
	50	8	22	42	65	93	117	163	202	233	268	299	330	388	436	494
T 10	12	7	20	37	57	80	99	133	160	186	210	225	242	270	302	329
	15	9	26	47	72	101	125	168	202	235	265	284	306	341	381	315
	20	12	34	64	97	135	168	226	273	317	357	383	412	460	513	559
	30	19	52	97	146	205	255	342	413	480	540	580	624	696	778	
	40	25	70	129	196	275	341	458	553	643	724	777	836			
	50	31	88	162	246	345	428	575	694	807	908	974				
T 20	15	36	96	171	238	328	404	527	608	689	741					
	20	49	129	230	319	441	543	709	817	926						
	30	73	195	347	482	666	820	1071	1235							
	40	98	261	465	646	891	1098	1433								
	50	123	328	582	809	1116	1375									
	60	148	394	700	972	1341	1652									

Tab. 28.6 Spezifische Nennleistungen P_N von Power Grip HTD-Zahnriemen (nach WF)

Type	z_k	\multicolumn{13}{c}{P_N in W/cm bei n_k in min^{-1}}											
		20	100	300	500	800	1000	1200	1600	2000	2800	3500	4000	4500	5000	5500
8M	22	20	95	265	415	655	815	975	1300	1625	2255					
	26	25	125	335	520	770	960	1155	1535	1915	2650					
	30	35	170	470	715	995	1130	1330	1770	2200	3045	3750				
	36	70	290	720	1075	1525	1785	2020	2415	2715	3615	4430	4970	5048	5905	
	40	85	340	835	1250	1780	2090	2370	2860	3265	3980	4855	5425	5955	6425	6835
	56	110	460	1140	1695	2410	2815	3180	3780	4195	5340	6335	6910			
	80	165	655	1590	2335	3230	3710	4090	4530	5425	6910					
14M	28	93	458	1252	1798	2487	2898	3278	3968	4600	5870					
	30	98	488	1385	2042	2890	3388	3842	4648	5322	6325	7062				
	36	132	662	1985	3057	4212	4865	5438	6385	7095	7828	7730				
	40	188	938	2465	3525	4805	5512	6132	7128	7830	8408					
	56	262	1312	3932	5532	7150	7940	8542	9250	9328						
	80	392	1958	5722	7625	9460	10180	10548								

Tab. 28.7 Breitenfaktor k für Power Grip HTD-Zahnriemen (nach WF)

\multicolumn{5}{c}{Type 8 M}	\multicolumn{5}{c}{Type 14 M}					
$b \cdot k$ mm	≤ 20	$\leq 31{,}5$	≤ 54	$\leq 93{,}5$	$b \cdot k$ mm	≤ 40	$\leq 56{,}7$	$\leq 93{,}5$	$\leq 133{,}4$
k	1	1,05	1,08	1,1	k	1	1,03	1,1	1,16

Tab. 29.1 Bevorzugte DN-Stufen (nach DIN EN ISO 6708)

10	15	20	25	32	40	50	65	80
100	125	150	200	250	350	400	500	600	700	800
1000	in Sprüngen von 200 bis				4000			

Tab. 29.2 Nenndruckstufen (nach DIN EN 1333 (Fettdruck) und ISO 2944)

1				2,5			6	
10		**16**		**25**		**40**	63	
100		**160**	200	**250**	320	**400**	630	800
1000	1250	1600	2000	2500	3600	4000		

Tab. 29.3 Kennfarben für Rohrleitungen nach dem Durchflussstoff (nach DIN 2403)

Durchflussstoff	Farbe	Farbmuster	Durchflussstoff	Farbe	Farbmuster
Wasser	Grün	RAL 6018	Brennbare Gase	Gelb	RAL 1021
Wasserdampf	Rot	RAL 3000	Brennbare Flüssigkeiten	Braun	RAL 8001
Luft	Grau	RAL 7001	Säuren	Orange	RAL 2003
Sauerstoff	Blau	RAL 5015	Laugen	Violett	RAL 4001

Tab. 29.4 Normenübersicht für Stahlrohre

Norm	Gegenstand
DIN EN 10220	Nahtlose und geschweißte Stahlrohre – Allgemeine Tabellen für Maße und längenbezogene Masse
DIN EN 10216-1	Nahtlose Stahlrohre für Druckbeanspruchungen – Technische Lieferbedingungen – Teil 1: Rohre aus unlegierten Stählen mit festgelegten Eigenschaften bei Raumtemperatur
DIN EN 10216-2	Nahtlose Stahlrohre für Druckbeanspruchungen – Technische Lieferbedingungen – Teil 2: Rohre aus unlegierten und legierten Stählen mit festgelegten Eigenschaften bei erhöhten Temperaturen
DIN EN 10217-1	Geschweißte Stahlrohre für Druckbeanspruchungen – Technische Lieferbedingungen – Teil 1: Rohre aus unlegierten Stählen mit festgelegten Eigenschaften bei Raumtemperatur
DIN EN 10217-2	Geschweißte Stahlrohre für Druckbeanspruchungen – Technische Lieferbedingungen – Teil 2: Elektrisch geschweißte Rohre aus unlegierten und legierten Stählen mit festgelegten Eigenschaften bei erhöhten Temperaturen
DIN EN 10305-1	Präzisionsstahlrohre – Technische Lieferbedingungen – Teil 1: Nahtlose kaltgezogene Rohre
DIN EN 10305-2	Präzisionsstahlrohre – Technische Lieferbedingungen – Teil 2: Geschweißte kaltgezogene Rohre

Tab. 29.5 Stahlrohre (nach DIN EN 10216) – Nahtlose Stahlrohre, d_a Außendurchmesser. Bezeichnungsbeispiel für ein Rohr mit Außendurchmesser 168,3 mm und einer Wanddicke von 4,5 mm, hergestellt aus der Stahlsorte P265GH mit Abnahmeprüfzeugnis 3.1.C nach EN 10204: Rohr – 168,3 × 4,5 – DIN EN 10216-2 – P265GH – Option 12: 3.1.C

Wanddicken s in mm		1,6	1,8	2	2,3	2,6	2,9	3,2	3,6	4
		4,5	5	5,6	6,3	7,1	8	8,8	10	11
		12,5	14,2	16	17,5	20	22,2	25	28	30
		32	36	40	45	50	55	60	65	70
		80	90	100						

d_a mm	s in mm von	bis	d_a mm	s in mm von	bis	d_a mm	s in mm von	bis	d_a mm	s in mm von	bis
Reihe 1											
10,2	1,6	2,6	42,4	2,6	10	139,7	4	40	406,4	8,8	100
13,5	1,8	3,6	48,3	2,6	12,5	168,3	4,5	50	457	10	100
17,2	1,8	4,5	60,3	2,9	16	219,1	6,3	70	508	11	100
21,3	2	5	76,1	2,9	20	273	6,3	80	610	12,5	100
26,9	2	8	88,9	3,2	25	323,9	7,1	100	711	28	100
33,7	2,3	8,8	114,3	3,6	32	355,6	8	100			
Reihe 2											
12	1,8	3,2	25	2	6,3	51	2,6	12,5	127	4	36
12,7	1,8	3,2	31,8	2,3	8	57	2,9	14,2	133	4	40
16	1,8	4	32	2,3	8	63,5	2,9	16			
19	2	5	38	2,6	10	70	2,9	17,5			
20	2	5	40	2,6	10	101,6	3,6	28			
Reihe 3											
14	1,8	3,6	35	2,6	8,8	108	3,6	30	559	12,5	100
18	2	4,5	44,5	2,6	12,5	141,3	4,5	40	660	25	100
22	2	5	54	2,6	14,2	177,8	1,8	60			
25,4	2	6,3	73	2,9	17,5	193,7	5,6	60			
30	2,3	8	82,5	3,2	22,2	244,5	6,3	80			

Tab. 29.6 Stahlrohre (nach DIN EN 10217) – Geschweißte Stahlrohre, d_a Außendurchmesser. Bezeichnungsbeispiel für ein Rohr mit Außendurchmesser 168,3 mm und einer Wanddicke von 4,5 mm, hergestellt aus der Stahlsorte P235TR2 mit Abnahmeprüfzeugnis 3.1.C nach EN 10204: Rohr – 168,3 × 4,5 – DIN EN 10217-1 – P235 TR2 – Option 10: 3.1.C

Wanddicken s in mm			1,4	1,6	1,8	2	2,3	2,6	2,9	3,2	3,6
			4	4,5	5	5,6	6,3	7,1	8	8,8	10
			11	12,5	14,2	16	17,5	20	22,2	25	26
			30	32	36	40					
d_a mm	s in mm von	bis	d_a mm	s in mm von	bis	d_a mm	s in mm von	bis	d_a mm	s in mm von	bis
Reihe 1											
10,2	1,4	2,6	76,1	1,4	10	406,4	2,6	12,5	1118	5	40
13,5	1,4	3,6	88,9	1,4	10	457	3,2	12,5	1219	5	40
17,2	1,4	4	114,3	1,4	11	508	3,2	16	1422	5,6	40
21,3	1,4	4,5	139,7	1,6	11	610	3,2	26	1626	6,3	40
26,9	1,4	5	168,3	1,6	11	711	4	32	1829	7,1	40
33,7	1,4	8	219,1	2	12,5	813	4	32	2032	8	40
42,4	1,4	8,8	273	2	12,5	914	4	40	2235	8,8	40
48,3	1,4	8,8	323,9	2,6	12,5	1016	4	40	2540	10	40
60,3	1,4	10	355,6	2,6	12,5	1067	5	40			
Reihe 2											
12	1,4	3,2	32	1,4	8	101,6	1,4	10	1727	7,1	40
12,7	1,4	3,2	38	1,4	8,8	127	1,6	11	1930	8	40
16	1,4	3,6	40	1,4	8,8	133	1,6	11	2134	8,8	40
19	1,4	4	51	1,4	8,8	762	4	32	2337	10	40
20	1,4	4	57	1,4	10	1168	5	40	2438	10	40
25	1,4	5	63,5	1,4	10	1321	5,6	40			
31,8	1,4		70	1,4	10	1524	6,3	40			
Reihe 3											
14	1,4	3,6	35	1,4	8,8	108	1,4	11	193,7	2	11
18	1,4	4	44,5	1,4	8,8	141,3	1,6	11	244,5	2	12,5
22	1,4	5	54	1,4	10	152,4	1,6	11	559	3,2	20
25,4	1,4	5	73	1,4	10	159	1,6	11	660	4	30
30	1,4	6,3	82,5	1,4	10	177,8	2	11	864	4	40

Tab. 29.7 Abmessungen der Vorschweißflansche für PN 25 (nach DIN 2634) (Auszug, Maße in mm)

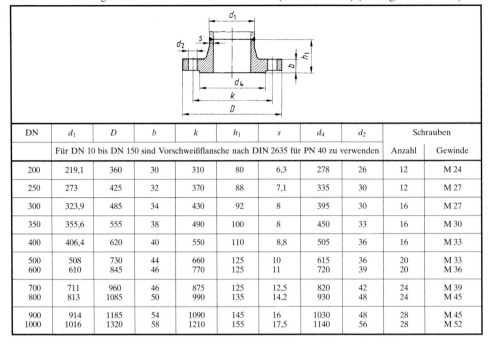

DN	d_1	D	b	k	h_1	s	d_4	d_2	Schrauben	
									Anzahl	Gewinde
	Für DN 10 bis DN 150 sind Vorschweißflansche nach DIN 2635 für PN 40 zu verwenden									
200	219,1	360	30	310	80	6,3	278	26	12	M 24
250	273	425	32	370	88	7,1	335	30	12	M 27
300	323,9	485	34	430	92	8	395	30	16	M 27
350	355,6	555	38	490	100	8	450	33	16	M 30
400	406,4	620	40	550	110	8,8	505	36	16	M 33
500	508	730	44	660	125	10	615	36	20	M 33
600	610	845	46	770	125	11	720	39	20	M 36
700	711	960	46	875	125	12,5	820	42	24	M 39
800	813	1085	50	990	135	14,2	930	48	24	M 45
900	914	1185	54	1090	145	16	1030	48	28	M 45
1000	1016	1320	58	1210	155	17,5	1140	56	28	M 52

Tab. 29.8 Beziehungen für Temperaturdifferenzen (nach GF)

Temperaturdifferenz	Temperaturbereich		
	$\vartheta_B \geq \hat{\vartheta}_U$	$\check{\vartheta}_U \leq \vartheta_B \leq \hat{\vartheta}_U$	$\vartheta_B \leq \check{\vartheta}_U$
$\Delta\vartheta =$	$\vartheta_B - \check{\vartheta}_U$	$\hat{\vartheta}_U - \check{\vartheta}_U$	$\vartheta_B - \hat{\vartheta}_U$
$\Delta\vartheta_V =$	$\vartheta_M - \check{\vartheta}_U$	$\hat{\vartheta}_U - \vartheta_M$	$\vartheta_M - \hat{\vartheta}_U$

Tab. 29.9 Richtwerte für die mittlere Strömungsgeschwindigkeit w

Durchflussstoff Art der Leitung	w in m/s	Durchflussstoff Art der Leitung	w in m/s
Wasser		**Luft**	
Saugleitung zu Pumpen	0,5 ... 1,5	Warmluftleitung	0,8 ... 1,0
Druckleitung von Pumpen	1,5 ... 3,0	Druckluftleitung	3,0 ... 20
Brauchwasserverteilung	0,4 ... 2,0		
Trinkwasser in Gebäuden	0,5 ... 1,5	**Gas**	
Kraftwerksleitung	1,5 ... 6,0	Haushaltleitung	0,5 ... 1,0
Wasserturbinenleitung	2,0 ... 7,0	Hochdruckleitung	5 ... 15
Presswasserleitung	10 ... 30	Fernleitung	20 ... 60
Dampf		**Öl**	
Sattdampfleitung	20 ... 40	Schmierölleitung	0,5 ... 1,0
Frischdampfleitung	40 ... 60	Fernleitung	1,5 ... 2,0

Tab. 29.10 Dichte ϱ und kinematische Viskosität v einiger Flüssigkeiten und Gase bei der Temperatur ϑ

Stoff	ϑ °C	ϱ kg/m^3	v 10^{-6} m^2/s	Stoff	ϑ °C	ϱ kg/m^3	v 10^{-6} m^2/s
Wasser	0	999,8	1,792	Wasserdampf	100	0,578	22,1
bei 1 bar	10	999,6	1,297	bei 0,981 bar	200	0,452	36,8
	20	998,2	1,004		300	0,372	54,1
	30	995,6	0,801		400	0,316	74,4
	40	992,2	0,658				
	60	983,2	0,474	Luft	−50	1,533	9,5
	80	971,8	0,365	bei 0,981 bar	0	1,251	13,6
					50	1,057	18,6
Schmieröl	20	871	15,0		100	0,916	23,8
bei 1,013 bar	40	858	7,93		200	0,722	35,9
	60	845	4,95		400	0,508	64,8
	80	832	3,4	bei 5 bar	20	6,99	2,61
Erdöl (Iran)	10	895	700	Erdgas			
	30	880	25	bei 1,013 bar	10	0,84	14,2
	50	868	12				

Tab. 29.11 Anhaltswerte für die absolute Rauigkeit k der Rohrinnenwand bei verschiedenen Rohrarten

Rohrwerkstoff	Zustand	k in mm
Glas, Kunststoff, Kupfer, Messing, Aluminium, Blei	technisch glatt, gezogen gebraucht	0,001 ... 0,0015 0,003 ... 0,03
Stahl	neu: nahtlos kalt gezogen oder gewalzt geschweißt bituminiert verzinkt, leicht angerostet zementiert gebraucht: Erdgas-, Druckluft-, Heißdampf-, Heisswasserleitungen Kaltwasserleitungen verkrustet, Rostwarzen	 0,03 ... 0,05 0,04 ... 0,1 0,05 ... 0,2 0,1 ... 0,2 0,16 ... 0,2 0,2 ... 0,4 0,4 ... 1,2 1,5 ... 3,0
Gusseisen	neu: bituminiert Gusshaut gebraucht: angerostet, Ablagerungen	 0,1 ... 0,15 0,2 ... 0,6 1,0 ... 2,0
Beton	glatt bis rau	0,3 ... 3,0
Zement	geglättet bis unbearbeitet	0,3 ... 2,0
Asbestzement	neu, ungestrichen	0,025 ... 0,1

Tab. 29.12 Zuschläge für Wanddickenunterschreitung

Rohrart	Durchmesserbereich	Wanddickenbereich	Zuschlag c_1 mm	c_1' %
Nahtlose Stahlrohre nach DIN EN 10216	$d_a \leq 219,1$		0,4 [1]	12,5 [1]
	$d_a > 219,1$	$s \leq 0,025 d_a$		20
		$0,025 d_a < s \leq 0,05 d_a$		15
		$0,05 d_a < s \leq 0,1 d_a$		12,5
		$s > 0,1 d_a$		10
Geschweißte Stahlrohre nach DIN EN 10217		$s \leq 5$ mm	0,3 [1]	10 [1]
		$s > 5$ mm	2 [2]	8 [2]

[1] Es gilt jeweils der größere Wert. [2] Es gilt jeweils der kleinere Wert.

Tab. 29.13 Anhaltswerte für die Verlustzahl ζ verschiedener Rohrleitungseinbauteile

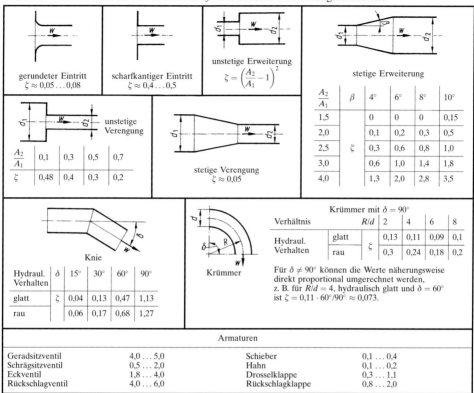

Armaturen			
Geradsitzventil	4,0 ... 5,0	Schieber	0,1 ... 0,4
Schrägsitzventil	0,5 ... 2,0	Hahn	0,1 ... 0,2
Eckventil	1,8 ... 4,0	Drosselklappe	0,3 ... 1,1
Rückschlagventil	4,0 ... 6,0	Rückschlagklappe	0,8 ... 2,0

Tab. 29.14 Festigkeitskennwert K und Sicherheitsbeiwert S (nach DIN 2413) (Auszug)

Geltungsbereich	Festigkeitskennwert K in N/mm²	Sicherheitsbeiwert S für Rohre		
		Bruchdehnung A_5	mit Abnahmeprüfzeugnis	ohne Abnahmeprüfzeugnis
I	Streckgrenze bzw. 0,2%-Dehngrenze bei 20 °C	$\geq 25\%$ $= 20\%$ $= 15\%$	1,5[1)] 1,6 1,7	1,7 1,75 1,8
II[2)]	1. 0,2%-Dehngrenze bei Berechnungstemperatur	–	1,5	1,7
	2. Zeitstandfestigkeit $R_{m/200000/\vartheta}$	–	1,0	–
III	Dauerschwellfestigkeit $\sigma_{Sch/D}$ (siehe unten)	–	1,5	–
Anhaltswerte für $\sigma_{Sch/D}$ in N/mm² nahtloser und HF-geschweißter[3)] Stahlrohre ($v_N = 1$)				
	Zugfestigkeit R_m in N/mm²	350	400	450	500	600
	Nahtlos und HF-geschweißt, $d_a > 114{,}3$ mm	140		155	185
	Nahtlos, $d_a \leq 114{,}3$ mm	170	190	210	230	–

[1)] Für erdverlegte Rohre mit Abnahmeprüfzeugnis gelten in Gebieten ohne besondere zusätzliche Beanspruchung um 0,1 kleinere Werte.
[2)] Für σ_{zul} ist der niedrigere Wert aus 1. und 2. in die Rechnung einzusetzen.
[3)] HF = Hochfrequenz-Widerstandsschweißen.

Tab. 29.15 Festigkeitswerte K in N/mm² von Stahlrohrwerkstoffen

Werkstoff	A_5	$R_{p0,2}$	s	Mindestdehngrenze $R_{p0,2}$ in N/mm² bei einer Temperatur in °C von							
				100	150	200	250	300	350	400	450	500
P235GH[1)]	25	235	≤ 60	198	187	170	150	132	120	112	108	–
P265GH[1)]	23	265	≤ 60	226	213	192	171	154	141	134	128	–
16Mo3[1)]	22	280	≤ 60	243	237	224	205	173	159	156	150	146
P235TR1[2)]	25	235										
P265TR1[2)]	21	265										
P355NH[3)]	22	355	≤ 20	304	284	255	235	216	196	167	–	–
P460NH[3)]	19	460	≤ 20	392	363	343	314	294	265	235	–	–

[1)] Auszug aus DIN EN 10216-2, [2)] Auszug aus DIN EN 10217-1
[3)] Auszug aus DIN EN 10217-3

Diagr. 29.1 λ, Re-Diagramm

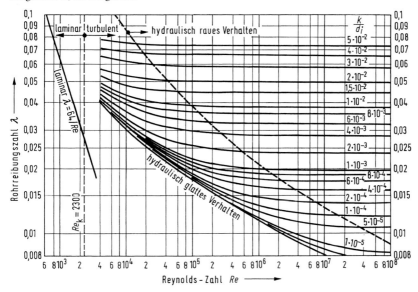

Sachwortverzeichnis

0,2%-Dehngrenzen, Kupfer-Gusslegierungen 19
0,2%-Dehngrenzen, Eisenwerkstoffe 17
0,2%-Dehngrenzen, Leichtmetall-Legierungen 18

Abmaße, obere, Bohrungen 36
Abmaße, obere, Wellen 34
Abmaße, untere, Bohrungen 34
Abmaße, untere, Wellen 35
Abmessungen, Halbrundniete 67
Abmessungen, kegelige Wellenenden 86
Abmessungen, Polygonprofile 86
Abmessungen, Rundbuckel 61
Abmessungen, Schraubenköpfe, Muttern 74
Abmessungen, Senkniete 67
Abmessungen, Sicherungsringe 88
Abmessungen, Punktschweißverbindungen 60
Abmessungen, warmgewalzter Federstahl 91
Achsneigung 157
Achsschränkung 157
Allgemeintoleranzen, Schweißkonstruktionen 42
Anisotropiefaktor 25
Anwendungsfaktoren 43, 155
Anziehfaktor 75
Anziehmomente, Schaftschrauben 77
Anziehmomente, Taillenschrauben 78
Ausschlagfestigkeit 79
Axial-Gleitlager, Reibbeiwert 132
Axial-Gleitlager, Tragzahl 132
Axial-Rillenkugellager 140
Axial-Wälzlager, Toleranzen für den Einbau 135

Baugrößen, zylindrische Schraubendruckfedern 92
Bauteilklassen 27
Beanspruchungen, zulässige, Stift- und Bolzenverbindungen 87
Beiwerte, zylindrische Schraubenfedern 93
Berechnungsbeiwerte, Böden und Platten 59
Berechnungsbeiwerte, gewölbte Böden 56
Betriebsfaktoren 43
Betriebsspannungen, zulässige, Schrauben 80
Biegelinien 106 ff.

Biegespannungen, zulässige, Blattfedern 97
BoWex-ELASTIC-Kupplungen 147, 148
Breitkeilriemen, Querschnittsabmessungen 184
Brems- und Kupplungsbeläge 152, 153
Buchsenketten, technische Daten 169

Dauerfestigkeitsschaubilder 32
Dicken, kaltgewalztes Band aus Stahl 91
DIN-VG 114
DN-Stufen, bevorzugte 193
Druckfestigkeitsfaktor 25
Durchgangslöcher, Schrauben 74
Durchmesser, effektiver 28
Durchmesser, genormte, Stifte und Bolzen 88

Eigenspannungsfaktor 27
Einfachketten, Leistungsschaubild 173, 174
Eingriffssteifigkeit 160
Einlegekeile 82
Eisenwerkstoffe, Zugfestigkeiten 17
Elastizitätsmodul, statischer 100
Elastizitätsmodul 70
Evolventenfunktion 154
Evolventenverzahnung, geometrische Grenzen 155
Evolventenzahnprofil 85
Extremultus-Mehrschichttriemen, Größenauswahl 178
Extremultus-Mehrschichttriemen, Nennleistung 178
Extremultus-Mehrschichttriemen, Biegefrequenzen 178

Federn, Kennwerte 91
Federstahldraht 89
Festigkeitskennwerte, Stahlrohrwerkstoffe 59
Festigkeitskennwerte, Gusseisen 20
Festigkeitskennwerte, Stahlwerkstoffe 20, 58
Festigkeitswerte, Achsen und Wellen 101
Festigkeitswerte, Schrauben- und Mutternstahl 74
Filzringe 143
Flächenmomente 22, 101
Flächenpressungen, zulässige, Bauteile in Schraubenverbindungen 79

Flachriemen, Auflagedehnung und Achskraft 177
Flachriemen, Innenlängen 176
Flachriemen, technische Daten 176
Flachriementriebe, Reibungsfaktoren 177
Flachriementriebe, Umschlingungsfaktoren 179
Flankenfestigkeit 161
Flankenpressungen, zulässige, Nabenverbindungen 82
Flüssigkeiten und Gase, Dichte 197
Flüssigkeiten und Gase, kinematische Viskosität 197
Formbeiwerte, Blattfedern 97
Formzahlen 23
Formzahlen, Achsen und Wellen 102–104
Fugenformen 39

Gleitlager, Belastungen, zulässige 124
Gleitlager, Blei- und Zinn-Gusslegierungen 119
Gleitlager, Kunststoffe, hermoplastische 128
Gleitlager, Kupfer-Blei-Zinn-Gusslegierungen 120
Gleitlager, Kupfer-Zinn- und Kupfer-Zinn-Zink-Gusslegierungen 120
Gleitlager, Lagerbelastung, spezifische 124
Gleitlager, Lagertemperatur, höchstzulässige 124
Gleitlager, Reibwerte 124, 126
Gleitlager, Schmierfilmdicke, kleinstzulässige 127
Gleitlager, Schmierstoffdurchsatz, bezogener 126, 127
Gleitlager, Sommerfeld-Zahl 125
Gleitlager, thermoplastische Kunststoffe 133
Gleitlager, Verbundwerkstoffe 121
Gleitlager, Verlagerungswinkel 125
Gleitlagerbuchsen, Abmessungen 122
Gleitlagerungen, Abmaße und Spiele 123
Gleitmodul, statischer 100
Graugussfaktor 25, 27
Grenzabmaße 36, 95
Grenzabmaße, runder Federstahldraht 90
Grenzabmaße, Stahlteile im Hochbau 44
Grenzabweichungen 95

Sachwortverzeichnis

Grenzschweißnahtspannungen 49
Grenzwerte für Unregelmäßigkeiten 41
Größenbeiwert 112
Größenbeiwert, Stähle 24
Größeneinfluss, geometrischer 110
Größeneinfluss, technologischer 109
Größeneinflussfaktor, technologischer 30
Grundöle 115
Grundtoleranzen 33
Gummifedern 98
Güteeigenschaften, kaltgewalzte Stahlbänder 89
Güteeigenschaften, warmgewalzte Stähle 89

Habasit-Mehrschichtriemen, Betriebsfaktoren 180
Habasit-Mehrschichtriemen, Dehnkraft 180
Habasit-Mehrschichtriemen, Mindestachsabstand 180
Habasit-Mehrschichtriemen, Scheibendurchmesser 179
Habasit-Mehrschichtriemen, Nennleistungen 181
Habasit-Mehrschichtriemen, technische Daten 179
Haftbeiwerte, Pressverbände 70
Haftsicherheiten, Pressverbände 70
HTD-Zahnriementriebe, Abmessungen 190
Hubfestigkeiten, Drehstabfedern 97
Hubfestigkeiten, Schraubendruckfedern 93
Hubfestigkeiten, Tellerfedern 96

ISO-Gewinde, metrisches 73
I-Träger 48

Kegelräder, Zahnfußspannung, Stirn-Breitenfaktor 164
Kegelrollenkugellager, Axialbelastungskräfte 141
Kegelrollenlager 139, 140
Keilnabenprofil 84
Keilriemen, Winkelfaktoren 188
Keilrippenriemen, Abmessungen 183
Keilrippenriemen, Längenfaktoren 188
Keilrippenriemen, Nennleistungen 186
Keilrippenriemen, Profilwahl 189
Keilrippenriemen, Winkelfaktoren 188
Keilwellenprofil 84
Kerbzahnprofil 85
Kettenräder, Detailabmessungen 171
Kettentriebe, Achsabstandsfaktor 172
Kettentriebe, Anwendungsfaktoren 171
Kettentriebe, Zähnezahlfaktor 171

Klebstoffe 63–65
Klebverbindungen, Zugscherfestigkeit 66
Knickgrenze, Schraubendruckfedern 94
Knickpunktzyklenzahlen 28
Knickzahlen, Aluminiumlegierungen 69
Knickzahlen, Druckstäbe 45, 55
Kontaktfaktoren 168
Kunststoffe für Gleitlager 131
Kunststoff-Gleitlager, Reibwerte 130
Kunststoff-Gleitlager, zulässige Belastungen 129
Kunststoffzahnräder, Belastungskennwerte 164
Kunststoffzahnräder, Elastizitätsfaktoren 164
Kunststoffzahnräder, Flankentemperatur 164
Kunststoffzahnräder, Zahntemperatur 164
Kunststoffzahnräder, Zeitschwellfestigkeit 165
Kunststoffzahnräder, Zeitwälzfestigkeit 166
Kupplungen, elastische, Einsatzbereiche 150

Lagerbelastungen, spezifische 133
Lagerschalen 133
Lastkorrekturfaktoren 159
Lebensdauerfaktoren 162
Linienbelastung, Korrekturfaktor 160
Loctite-Klebstoffe 65
Lotzusätze 62

Maschinen, angetriebene, Betriebsbedingungen 171
Maschinen, treibende, Betriebsbedingungen 171
Mehrschichtriemen, Betriebsfaktoren 179
Mindesteinschraubtiefen 75
Mindest-Festigkeitswerte, Aluminium und Aluminiumlegierungen 69
Mindest-Festigkeitswerte, Stahlsorten 15
Mindestzugfestigkeit, runder Federstahldraht 90
Minersumme, ertragbare 30
Mittelspannungsempfindlichkeit 27
Mittelspannungsfaktor 31
Moduln 154
Montagevorspannkräfte, Schaftschrauben 77
Montagevorspannkräfte, Taillenschrauben 78

Nadellager 136
Nasenkeile 82
Neigungsexponenten 28
Nenndruckstufen 193
NLGI-Konsistenzklassen 114
Normalkeilriemen 182
Normalkeilriemen, Längenfaktoren 187

Normalkeilriemen, Nennleistungen 184
Normalkeilriemen, Profilwahl 188
Normzahlen 33

Oberflächenbehandlung 65
Oberflächenbeiwert 112
Oberflächenrauheit, Einflussfaktor 110
Oberflächenverfestigung, Einflussfaktor 110
Öle, synthetische 145

Passfedern 82, 83
Passungen 37
Plastizitätsdurchmesser, bezogener 71
Power Grip HTD-Zahnriemen 190, 192

Querdehnzahlen 70
Querschnittsformzahl 21

Radial-Wälzlager, Toleranzen für den Einbau 134
Radial-Wellendichtringe, Abmessungen 144
Radial-Wellendichtringe, Elastomere 143
Rand- und Lochabstände, Nieten und Schrauben 68
Rautiefe, erreichbare 38
Reibpaarungen, Reibwerte 151
Reibwerte 76, 113
Reibwerte, Bewegungsschrauben 81
Reibwerte, Festschmierstoffe 115
Riemenscheiben, Hauptabmessungen 176
Riementriebe, Betriebsfaktoren 177
Rillenkugellager 135
RINGFEDER-Spannelemente 72
Ringnuten 143
RINGSPANN-Sternscheiben 72
Rohrarten, absolute Rauigkeit 198
Rohre, Festigkeitskennwert 200
Rohre, Sicherheitsbeiwert 200
Rohrleitungen, Kennfarben 193
Rohrleitungseinbauteile, Verlustzahl 199
Rohrreibungszahl-Re-Diagramm 201
Rollenketten, Gelenkpressungen 172
Rollenketten, Schmierungsart 175
Rollenketten, technische Daten 170
ROSTA-Gummifederelemente 99
ROTEX-Kupplungen 146

SAE-Klassen 114
Sägengewinde 81
Scheibenfedern 83
Schenkelfedern, Spannungsbeiwerte 97
Scherspannungen, zulässige, Aluminiumniete 68

Schichtung, Tellerfedern 96
Schmalkeilriemen, Abmessungen 182
Schmalkeilriemen, Längenfaktoren 185
Schmalkeilriemen, Nennleistungen 185
Schmalkeilriemen, Profilwahl 189
Schmierfettverhalten 116
Schmierlöcher 119
Schmiernuten 118
Schmiernuten, Randabstände 119
Schmieröle, dynamische Viskosität 117
Schmieröle, kinematische Viskosität 113
Schmieröle, Viskosität 159
Schmiertaschen 118
Schneckengetriebe, erforderliche Ölviskosität 168
Schneckengetriebe, Werkstoffkennwerte 169
Schneckenradsätze, Vorzugsreihe 168
Schneckenradsätze, wirksamer Reibwinkel 168
Schrägkugellager 136
Schrägkugellager, Axialbelastungskräfte 141
Schrauben, mittlere Vorspannungen 80
Schraubenverbindungen, Setzbeträge 79
Schubfestigkeitsfaktor 25
Schubspannungen, zulässige, Drehstabfedern 97
Schubspannungen, zulässige, Schraubendruckfedern 93
Schubspannungen, zulässige, zylindrische Schraubenfedern 91
Schubwechselfestigkeitsfaktor 26
Schweißanschlüsse, Kerbfälle 51
Schweißnahtfaktor 26
Sicherheiten, erforderliche 25
Sicherheiten, Schraubenverbindungen 80
Sicherheitsbeiwerte, Druckbehälter und Dampfkessel 57
Sicherheitsfaktor 26
Sicherheitsfaktor, Berechnungsfaktoren 163
Simmeringe 144
Spannungen, zulässige, Achsen und Wellen 101
Spannungen, zulässige, Aluminiumbauteile 68
Spannungen, zulässige, Betriebsfestigkeitsnachweis 50
Spannungen, zulässige, Bewegungsschrauben 81
Spannungen, zulässige, Gummifedern 99
Spannungen, zulässige, Lötverbindungen 62

Spannungen, zulässige, Nietverbindungen 67
Spannungen, zulässige, Punktschweißverbindungen 60
Spannungen, zulässige, Schraubenverbindungen 80
Spannungen, zulässige, Schweißnähte 43, 44
Spannungen, zulässige, Stahlbauteile 44
Spannungsgefälle, bezogene 29
Spannungsgefälle, bezogenes, Kerbformen 105
Spannungskollektive 52
Spannungsspielbereiche 52
Spiel, Führungselement – Federteller 96
Stabdurchmesser, warmgewalzter Federstahl 90
Stähle, Kurznamen 15
Stahlräder, Breitengrundfaktor 159
Stahlrohre 54, 194, 195
Stahlrohre, geschweißte 53
Stahlrohre, nahtlose 53
Stahlrohrwerkstoffe, Festigkeitswerte 200
Stahlwerkstoffe für Druckbehälter und Kessel 56
Stirnräder, Mindestzähnezahlen 156
Stirnräder, Zahnbreiten 156
Stirnradgetriebe, Achsabstandsmaße 157
Stirnradverzahnungen, Schrägungswinkelfunktion 154
Stirnverzahnung 87
Stoßfaktoren 43
Streckgrenzen, Eisenwerkstoffe 17
Strömungsgeschwindigkeit, mittlere, Richtwerte 197
Stützwirkung, statische 110
Stützziffern, dynamische 24, 111
Synchroflex-Zahnriemen, Nennleistungen 192
Synchrontriebe, Abmessungen 190

Tellerfedern 95, 96
Tellerfedern, Kennlinien 100
Temperaturdifferenzen 196
Thermoplaste 129
Toleranzklassen 37
Toleranzklassen, Keilnaben und Keilwellen 84
Träger, biegebeanspruchte 21
Trapezgewinde 81
Treibkeile 82
T-Stahl 47

Übermaße, Presspassungen 71
Umdrehungskerben, Erhöhungsfaktor 110
U-Stahl 47

Verzahnungen aus Metallen, Rauheitswert 156
Verzahnungen aus Metallen, Toleranzklasse 156
Verzahnungen aus Metallen, Verzahnungsqualität 156
Verzahnungen, Kopffaktor 160
Verzahnungen, Teilungs-Abweichungen 158
Viskosität, dynamische, Temperaturabhängigkeit 115
Vorschweißflansche, Abmessungen 196
Vorspannbeiwerte, zylindrische Schraubenzugfedern 94

Wälzlager, Beiwerte 142
Wälzlager, Drehzahlkonstanten 142
Wälzlager, Temperaturfaktor 141
Wälzlagerungen, Lebensdauer 141
Walzstahl 49
Wanddickenunterschreitung, Zuschläge 198
Wanddickenzuschläge, Druckbehälter, Dampfkessel 57
Wärmedehnungsbeiwerte 70
Wellenkupplungen, Einflussfaktoren 149
Werkstoffbezeichnungen, Gusseisen, Temperguss 16
Werkstoffbezeichnungen, Kupfer-Gusslegierungen 19
Werkstoffbezeichnungen, Leichtmetall-Legierungen 16
Werkstoffpaarungen, Elastizitätsfaktoren 162
Werkstoffpaarungsfaktor 160
Widerstandsmomente 22, 101
Winkelstahl 45, 46

Zahndickenabmaße 158
Zahndickentoleranzen 158
Zahnformfaktoren 167
Zahnfußfestigkeit 161
Zahnkranzmaterialien, Temperaturgrenzen 150
Zahnräder, Sicherheitsfaktoren 167
Schraub-Stirnradpaare, Belastungskennwerte 168
Zahnradwerkstoffe, Anhaltswerte 161
Zahnriemen, Belastungsfaktoren 191
Zahnriementriebe, Abmessungen 190
Zahnverformung, Beiwerte 166
Zug-Druck-Dauerfestigkeitsschaubilder 32
Zug-Druck-Wechselfestigkeitsfaktor 26
Zylinderrollenlager 137, 138